中国高等教育学会"机器人专业重点课程建设研究"专项课题支持

机器人学基础

魏洪兴　王殿君　陈　亚　刘淑晶
路敦民　张方杰　王　鹏　滕启治　编著

机械工业出版社

在中国高等教育学会"机器人专业重点课程建设研究"专项课题的支持下，本书的编写始终秉持"理论引导-项目教学"的理念，将基础理论知识与实际工程应用有机融合。通过前 7 章内容，全面阐述了机器人学的相关知识，包括机器人的定义和发展、机器人机构、机器人运动学和动力学、机器人轨迹规划，并且每部分知识点均通过仿真进行分析。第 8 章通过协作机器人实际工程案例的分析，使读者能够对前面的知识点融会贯通。

本书适合机器人工程、机械工程、机械电子工程等专业的高校师生以及从事机器人方向相关工作的技术人员阅读。

图书在版编目（CIP）数据

机器人学基础 / 魏洪兴等编著. -- 北京 ：机械工业出版社，2025.8. -- ISBN 978-7-111-78819-5

I. TP24

中国国家版本馆 CIP 数据核字第 2025DP7100 号

机械工业出版社（北京市百万庄大街22号　邮政编码100037）
策划编辑：吕德齐　　　　　　责任编辑：吕德齐　王春雨
责任校对：张　薇　王　延　　封面设计：马若漾
责任印制：邓　博
北京中科印刷有限公司印刷
2025年9月第1版第1次印刷
169mm×239mm・17.5印张・320千字
标准书号：ISBN 978-7-111-78819-5
定价：59.00 元

电话服务　　　　　　　　　　网络服务
客服电话：010-88361066　　　机　工　官　网：www.cmpbook.com
　　　　　010-88379833　　　机　工　官　博：weibo.com/cmp1952
　　　　　010-68326294　　　金　书　网：www.golden-book.com
封底无防伪标均为盗版　　机工教育服务网：www.cmpedu.com

前 言

机器人技术作为多学科交叉融合的前沿领域，正以前所未有的速度改变着我们的生活和生产方式。从工业制造中的自动化生产线，到日常生活里的智能服务助手；从医疗领域的精准手术辅助，到宇宙探索，机器人的身影无处不在。机器人技术成为推动社会进步和经济发展的重要力量。掌握机器人学的基础理论与实践方法已成为相关专业学习者和从业者的核心需求。本书作为机器人相关专业的核心入门书籍，旨在为读者搭建从理论认知到实践应用的桥梁，同时将 MATLAB 及其 Robotics Toolbox 工具箱的应用贯穿全书，帮助读者将抽象概念转化为可操作的实践能力。

本书在内容编排上，充分考虑初学者的认知规律和学习需求，遵循由浅入深、循序渐进的原则，并以工程实际为背景，理论知识、仿真技术、工程案例互为支撑。具体章节设计如下。

第 1 章：从机器人的定义切入，讲述了机器人的特点，然后介绍了机器人的发展史，分为机器人起源、国外机器人发展和国内机器人发展 3 部分，最后介绍了机器人的主要研究方向，让读者建立对机器人的整体认知。

第 2 章：聚焦机器人的机构基础，介绍常见机构类型、机构简图的规范画法，以及机器人的分类标准与方法，并引入了 Robotics Toolbox 工具箱。

第 3 章：讲解描述三维空间位置与姿态的数学工具，包括坐标变换、齐次矩阵等核心知识，并从这章开始介绍 Robotics Toolbox 的函数及函数的使用。

第 4 章与第 5 章：深入探讨机器人运动学的核心内容，分别阐述正运动学与逆运动学的原理与求解方法，并基于 Robotics Toolbox 对机器人建模及进行正、逆运动学分析。

第 5 章：概述了机器人动力学的基本概念，并重点讨论了牛顿-欧拉法和拉格朗日法两种动力学方法，最后基于 Robotics Toolbox 对机器人进行动力学仿真。

第 7 章：介绍了机器人的运动规则，首先介绍了轨迹规划的一般问题、生成方式等问题；其次介绍了几种轨迹规划方法，包括基于关节空间和笛卡儿空间的轨迹规划方法，并基于 Robotics Toolbox 进行轨迹规划。

第8章：以 AUBO-i5 协作机器人为实例，将前文所述的运动学理论应用于具体机型，通过实例分析加深对理论知识的理解与运用能力。

本书具有以下突出特色。

1）以协作机器人核心技术为主线：本书由高校一线从事机器人教学与科研的教师团队，携手国内首家生产协作机器人的遨博（北京）智能科技股份有限公司专家团队共同打造，以协作机器人核心技术为主线，对其构型、运动学等内容展开了详细讲解。通过对协作机器人典型机型的分析，将所讲的理论内容融汇到具体案例中，使读者能深入理解机器人学理论知识在实际中的应用，提高读者的实践能力和创新思维。

2）以 Robotics Toolbox 贯穿始终：各章节的核心知识点均配套相应的工具箱操作示例，从数学模型的仿真验证到运动学、轨迹规划的程序实现。读者很容易将本书中的知识点在 Robotics Toolbox 中进行仿真模拟实验，进行知识点的复现，更直观地体会和理解本书所讲的知识点及它们之间的内在联系。

本书可作为高等院校机器人工程、机械工程、机械电子工程相关专业的本科生和研究生教材，也可供对机器人技术感兴趣的工程技术人员参考学习。在使用本书时，建议读者在系统学习各章节理论知识的同时结合实际案例和练习题进行仿真操作，以达到更好的学习效果。

本书由魏洪兴、王殿君、陈亚、刘淑晶、路敦民、张方杰、王鹏、滕启治编著。其中，王鹏编写了各章节的 Robotics Toolbox 程序部分，滕启治编写了各章节的习题部分；其余部分的分工为魏洪兴编写了第1章和第8章，王殿君编写了第3章和第6章，陈亚编写了第4章和第5章前两节，刘淑晶编写了第2章，路敦民编写了第7章，张方杰编写了第5章后两节。全书由魏洪兴、王殿君和陈亚进行统稿。本书的编写工作得到了中国高等教育学会"机器人专业重点课程建设研究"专项课题的支持。硕士研究生王子龙、高林林、杨佳衡、王靓、徐超强、崔智国、陈嘉豪、宋志虎、刘丁赫、韩楠、杨晓凡、李旭静等参与了本书的校核工作。机械工业出版社对本书的编写给予了指导和帮助。对此深表感谢！

由于作者的水平有限，书中难免存在不足之处，希望得到广大读者的批评指正！

作　者

目 录

前言

第1章 绪论 ··· 1
  1.1 机器人的定义和特点 ··· 1
    1.1.1 机器人的定义 ·· 1
    1.1.2 机器人的特点 ·· 3
  1.2 机器人的发展简介 ··· 4
    1.2.1 机器人的起源 ·· 4
    1.2.2 国外机器人的发展 ··· 6
    1.2.3 国内机器人的发展 ·· 21
  1.3 机器人学的主要研究方向 ··· 30
  1.4 小结 ·· 31
  参考文献 ·· 31
  习题 ·· 34

第2章 机器人机构 ·· 35
  2.1 引言 ·· 35
  2.2 机器人机构简图画法 ··· 36
    2.2.1 典型机器人机构的图形符号 ································· 36
    2.2.2 其他机器人机构的简图画法 ································· 38
  2.3 机器人分类 ··· 39
    2.3.1 机器人按应用领域和服务对象划分 ························ 39
    2.3.2 机器人按机构划分 ··· 41
  2.4 MATLAB Robotics Toolbox ······································ 54
    2.4.1 Robotics Toolbox 简介 ······································· 54
    2.4.2 Robotics Toolbox 安装 ······································· 54
  2.5 小结 ·· 55
  参考文献 ·· 55

习题 ··· 56

第3章　空间描述和变换 ·· 58
3.1　引言 ·· 58
3.2　机器人位置、姿态与位姿 ·· 59
3.2.1　位置 ·· 59
3.2.2　姿态 ·· 59
3.2.3　位姿 ·· 61
3.3　坐标系变换 ··· 62
3.3.1　坐标系平移 ·· 62
3.3.2　坐标系旋转 ·· 63
3.3.3　坐标系变换综合 ··· 64
3.4　变换算子 ·· 66
3.4.1　平移算子 ··· 66
3.4.2　旋转算子 ··· 66
3.4.3　一般变换算子 ·· 68
3.5　变换算法 ·· 68
3.5.1　复合变换 ··· 68
3.5.2　逆变换 ·· 69
3.5.3　变换方程 ··· 70
3.6　绕一般轴的旋转 ·· 72
3.6.1　旋转矩阵通式 ·· 72
3.6.2　等效转轴与等效转角 ··· 74
3.7　其他姿态描述方法 ··· 76
3.7.1　固定角 ·· 77
3.7.2　欧拉角 ·· 79
3.7.3　四元数 ·· 81
3.7.4　空间姿态描述方法总结与对比 ··· 84
3.8　基于 Robotics Toolbox 的位姿描述 ·· 84
3.8.1　坐标系变换 ··· 84
3.8.2　姿态的描述 ··· 86
3.8.3　姿态可视化 ··· 90
3.9　小结 ·· 92
　　参考文献 ··· 92
　　习题 ··· 92

第4章 机器人正运动学 …… **95**

4.1 引言 …… 95
4.2 连杆的描述与定义 …… 96
4.2.1 连杆关节轴的描述 …… 96
4.2.2 相邻连杆连接方式的描述 …… 98
4.2.3 连杆参数 …… 100
4.3 机器人正运动学 …… 101
4.3.1 D-H 法介绍 …… 101
4.3.2 改进 D-H 法建模 …… 102
4.3.3 标准 D-H 法建模 …… 110
4.3.4 关节空间、笛卡儿空间和驱动器空间 …… 113
4.3.5 工业机器人运动学实例 …… 113
4.3.6 工具的定位 …… 118
4.3.7 基于 Robotics Toolbox 的机器人建模与正运动学 …… 120
4.4 小结 …… 129
参考文献 …… 130
习题 …… 130

第5章 机器人逆运动学 …… **135**

5.1 引言 …… 135
5.2 机器人逆运动学 …… 135
5.2.1 解的存在性与多解问题 …… 135
5.2.2 代数解法和几何解法 …… 143
5.2.3 三轴相交的 Pieper 解法 …… 147
5.2.4 工业机器人逆运动学实例 …… 151
5.2.5 机器人运动学逆解的实际应用 …… 154
5.2.6 基于 Robotics Toolbox 的机器人逆运动学 …… 156
5.3 雅可比矩阵 …… 160
5.3.1 雅可比矩阵的矢量积法 …… 162
5.3.2 微分变换原理 …… 164
5.3.3 雅可比矩阵的微分变换法 …… 169
5.3.4 雅可比矩阵参考坐标系的变换 …… 171
5.3.5 奇异性 …… 172
5.3.6 雅可比条件数及可操作性 …… 173
5.3.7 基于 Robotics Toolbox 的雅可比矩阵 …… 174

5.4 小结 ·········· 178
参考文献 ·········· 178
习题 ·········· 179

第6章 机器人动力学 **182**

6.1 概述 ·········· 182
6.2 动力学分析基础 ·········· 182
    6.2.1 广义坐标 ·········· 182
    6.2.2 虚位移和虚功原理 ·········· 183
    6.2.3 广义外力 ·········· 185
    6.2.4 达朗贝尔原理 ·········· 185
    6.2.5 拉格朗日方程 ·········· 186
    6.2.6 惯性张量 ·········· 188
    6.2.7 牛顿-欧拉方程 ·········· 191
6.3 机器人的牛顿-欧拉动力学建模 ·········· 193
    6.3.1 2自由度机器人的牛顿-欧拉动力学建模 ·········· 193
    6.3.2 封闭形式的牛顿-欧拉动力学方程 ·········· 195
6.4 机器人的拉格朗日动力学建模 ·········· 199
    6.4.1 2自由度机器人的拉格朗日动力学建模 ·········· 199
    6.4.2 多自由度机器人的拉格朗日动力学建模 ·········· 203
6.5 基于Robotics Toolbox的机器人动力学仿真 ·········· 209
    6.5.1 正向动力学仿真 ·········· 209
    6.5.2 逆向动力学仿真 ·········· 212
6.6 小结 ·········· 215
参考文献 ·········· 215
习题 ·········· 216

第7章 机器人轨迹规划 **217**

7.1 引言 ·········· 217
7.2 轨迹规划概述 ·········· 218
    7.2.1 机器人轨迹规划问题实例 ·········· 218
    7.2.2 机器人轨迹的生成方式 ·········· 220
7.3 关节空间轨迹规划方法 ·········· 221
    7.3.1 三次多项式插值 ·········· 221
    7.3.2 过路径点的三次多项式插值 ·········· 223
    7.3.3 高次多项式插值 ·········· 224

7.3.4　用抛物线过渡的线性插值 ………………………………………… 226
7.4　笛卡儿空间轨迹规划方法 …………………………………………………… 227
　　7.4.1　线性函数插值 ……………………………………………………… 228
　　7.4.2　圆弧插值 …………………………………………………………… 229
　　7.4.3　速度曲线 …………………………………………………………… 230
7.5　基于 Robotics Toolbox 的轨迹规划 …………………………………………… 234
7.6　小结 …………………………………………………………………………… 238
参考文献 ……………………………………………………………………………… 238
习题 …………………………………………………………………………………… 239

第8章　协作机器人实例与应用　**240**

8.1　引言 …………………………………………………………………………… 240
8.2　协作机器人体系结构 ………………………………………………………… 240
8.3　基于改进 D-H 法的协作机器人运动学建模与仿真 ………………………… 243
　　8.3.1　协作机器人正运动学建模 ………………………………………… 243
　　8.3.2　协作机器人正运动学仿真 ………………………………………… 247
　　8.3.3　协作机器人逆运动学建模 ………………………………………… 249
　　8.3.4　协作机器人逆运动学仿真 ………………………………………… 253
8.4　基于标准 D-H 法的协作机器人运动学建模与仿真 ………………………… 261
8.5　小结 …………………………………………………………………………… 263
参考文献 ……………………………………………………………………………… 263
习题 …………………………………………………………………………………… 264

部分习题答案 ……………………………………………………………………… **265**

第1章 绪论

机器人技术集中了机械工程、电子技术、计算机技术、自动控制理论及人工智能等多学科的研究成果，代表了机电一体化技术的最高成就，是现代高新技术的代表，也是当代科学技术发展最活跃的领域之一。机器人从产生开始，经历了几十年的迅速发展，已经越来越广泛、越来越深入地影响人类生产、生活的各个方面。

1.1 机器人的定义和特点

1.1.1 机器人的定义

虽然机器人问世已有几十年，但目前关于机器人仍然没有一个统一的定义。其原因之一是机器人一直处在发展阶段，新的构型不断涌现，可实现的功能不断增多。而根本原因则是机器人涉及了"人"的概念，这就使"什么是机器人"成为一个难以回答的哲学问题。就像"机器人"一词最早诞生于科幻小说中一样，人们对机器人充满了幻想。也许正是由于机器人定义的模糊，才给了人们充分的想象和创造空间。

关于机器人的定义，国际上主要有如下几种：

（1）《英国简明牛津字典》(Concise Oxford English Dictionary)的定义　机器人是"貌似人的自动机，具有智力的和顺从于人但不具人格的机器"。

（2）美国机器人工业协会（RIA）的定义　机器人是"一种用于移动各种材料、零件、工具或专用装置的，通过可编程序动作来执行种种任务的，并具有编程能力的多功能机械手（manipulator）"。尽管这一定义较实用些，但并不全面，这里指的是工业机器人。

（3）日本工业机器人协会（JIRA）的定义　工业机器人是"一种装备有

记忆装置和末端执行器（end effector）的，能够移动并通过自动完成各种移动来代替人类劳动的通用机器"；或者分为两种情况来定义：

① 工业机器人是"一种能够执行与人的上肢类似动作的多功能机器"；

② 智能机器人是"一种具有感觉和识别能力，并够控制自身行为的机器"。

前一定义是工业机器人的一个较为广义的定义，后一种则分别对工业机器人和智能机器人进行定义。

（4）美国国家标准局（NBS）的定义　机器人是"一种能够进行编程并在自动控制下执行某些操作和移动作业任务的机械装置"。这也是一种比较广义的工业机器人定义。

（5）国际标准化组织（ISO）的定义　机器人是"一种自动的、位置可控的、具有编程能力的多功能机械手，这种机械手具有几个轴，能够借助于可编程序操作来处理各种材料、零件工具和专用装置，以执行种种任务"。显然，这一定义与美国机器人协会的定义相似。

（6）我国对机器人的定义　随着机器人技术的发展，我国也面临讨论和制订关于机器人技术的各项标准问题，其中包括对机器人的定义。

《中国大百科全书》对机器人的定义为"能灵活地完成特定的操作和运动任务，并可再编程序的多功能操作器"。而对机械手的定义为"一种模拟人手操作的自动机械，它可按固定程序抓取、搬运物件或操持工具完成某些特定操作"。

我国科学家对机器人的定义为"机器人是一种自动化的机器，所不同的是这种机器具备一些与人或生物相似的智能能力，如感知能力、规划能力、动作能力和协同能力，是一种具有高度灵活性的自动化机器"。

我国机器人专家蒋新松在其著作中认为"机器人是传统的机构学与近代电子技术相结合的产物，也是当代高技术发展的一个重要内容""智能机器人是具有感知、思维和动作的机器"。

上述各种定义有共同之处，即认为机器人：

① 像人或人的上肢，并能模仿人的动作；

② 具有智力或感觉与识别能力；

③ 是人造的机器或机械电子装置。

在研究和开发未知及不确定环境下作业的机器人的过程中，人们逐步认识到机器人技术的本质是感知、决策、行动和交互技术的结合。随着人们对机器人技术智能化本质认识的加深，机器人技术开始源源不断地向人类活动的各个领域渗透。结合这些领域的应用特点，人们发展了各式各样的具有感知、决策、行动和交互能力的特种机器人和各种智能机器，如移动机器人、微机器人、水下机器人、医疗机器人、军用机器人、空间机器人、娱乐机器人等。对不同任务和特殊环境的适应性，也是机器人与一般自动化装备的重要区别。这些机器人从外观上已远远脱离了最初人形机器人和工业机器人所具有的形状，更加符合各种不同应用领域的特殊要求，其功能和智能程度也大大增强，从而为机器人技术开辟出更加广阔的发展空间。

现在，国际上对机器人的定义已经逐渐趋近一致。一般来说，人们都可以接受这种说法，即机器人是靠自身动力和控制能力来实现各种功能的一种机器。

机器人的完整意义在于可以代替人进行某种工作的自动化设备，并不一定就长得像人。中国工程院原院长宋健指出："机器人学的进步和应用是20世纪自动控制最有说服力的成就，是当代最高意义上的自动化。"机器人技术综合了多学科的发展成果，代表高技术的发展前沿，它在人类生产生活领域的应用不断扩大，正引起国际上重新认识机器人技术的作用和影响。

1.1.2 机器人的特点

机器人具有许多特点，其中通用性和适应性是机器人的两个最主要特征。

1. 通用性

机器人的通用性取决于其几何特性和机械能力，通用性指的是执行不同的功能和完成多样的简单任务的实际能力，即机器人可根据生产工作需要进行几何结构的变更，或者说，在机械结构上允许机器人执行不同的任务或以不同的方式完成同一工作。现有的大多数机器人都具有不同程度的通用性，包括机械手的机动性和控制系统的灵活性。

必须指出，通用性不是由自由度单独决定的。增加自由度一般能提高通用性，但还必须考虑末端执行器的结构和能力，以及能否适应不同的作业工具等因素。

2. 适应性

机器人的适应性是指其对环境的自适应能力，即所设计的机器人能够自我执行未经完全指定的任务，而不管任务执行过程中所发生的没有预计到的环境变化。这一能力要求机器人认识其环境，即具有人工知觉。在这方面，机器人使用它的下述能力：

① 运用传感器感知环境的能力；

② 分析任务空间和执行操作规划的能力；

③ 自动指令模式能力。

对于工业机器人来说，"适应"一般指的是其程序模式能够适应工件尺寸和位置以及工作场地的变化，这里主要考虑两种适应性：

1)点适应性。它涉及机器人如何找到目标点的位置,例如找到开始程序点的位置。

2)曲线适应性。它涉及机器人如何利用由传感器得到的信息沿着曲线工作。曲线适应性包括速度适应性和形状适应性两种。

1.2 机器人的发展简介

机器人可以帮助人们完成许多任务,在几千年以前人们就用原始的材料和简单的机械原理制作出了现在机器人的"祖先"。在漫长的历史长河中,人们不断完善机器人,使得机器人可以在越来越多的领域代替人,甚至能完成人们难以想象的任务。

1.2.1 机器人的起源

自古以来,有不少科学家和杰出工匠都曾制造出具有人类特点或具有模拟动物特征的机器人雏形。在我国,据《列子·汤问》记载,西周时期的能工巧匠偃师就研制出了能歌善舞的伶人,这是我国最早涉及机器人概念的记录文字。据《墨经》记载,春秋后期,著名的木匠鲁班曾制造过一只木鸟,能在空中飞行"三日而不下"。这些都体现了我国劳动人民的聪明才智。

在古希腊的传说中,公元前3世纪,发明家戴达罗斯用青铜为克里特岛国王麦诺斯塑造了一个守卫宝岛的青铜卫士塔罗斯,可以自动完成巡逻任务。公元前2世纪出现的书籍《阿尔戈英雄纪》中,描写过一个类似机器人角色的机械化剧院,这些角色能够在宫廷仪式上进行舞蹈和队列表演。

在我国古代有许多关于指南车的传说和记载,东汉时期的张衡发明了指南车,三国时期的马钧、南齐的祖冲之等都曾制造过指南车。指南车是中国古代用来指示方向的一种装置,它与指南针利用地磁效应不同,它是一种利用机械传动系统指明方向的机械装置,如图1-1所示。其原理是:两轮的指南车在外力驱动转向时,两车轮的差速运动带动车上机械传动系统传递转向,使车上的指向木人向车转向的反方向旋转相同角度。这样不论车子如何转向,车上木人的手始终指向指南车出发时设置的指示方向。

图1-1 指南车模型

除了指南车,我国历史上比较有名的机器人形象当属木牛流马,相传木牛流马是三国时期蜀汉丞相诸葛亮发明的运输工具，史载 231—234 年诸葛亮在北伐时所使用，其载重量大约四百斤，每日行程为"特行者数十里，群行三十里"。关于木牛流马有多种解释，其中一种说法是单轮木板车，是一种山路上用的带有摆动货箱的运送颗粒货物的木制人力步行车。木牛是有前辕的独轮车，流马是没有前辕的独挂小车，这也是一种关于木牛流马的主要观点。

1495 年，意大利人莱昂纳多·达·芬奇（Leonardo da Vinci）设计了一个铠甲武士，如图 1-2 所示。它用齿轮和连杆作为传动装置，能够像人一样完成挥动胳膊、坐下、起立、转动头部、开合下颌等动作。

1662 年，日本的竹田近江利用钟表技术发明了自动机器玩偶，并在大阪的道顿堀进行演出。

1738 年，法国技师杰克·戴·瓦克逊发明了一只机器鸭，能完成啄食、鸣叫、游泳等动作。

1768~1774 年，瑞士钟表名匠皮埃尔·雅克·德罗（Pierre Jaquet Droz）父子设计制造出 3 个像真人一样大小的机器人——写字人偶、绘图人偶和弹琴人偶，如图 1-3 所示。它们是由凸轮控制和弹簧驱动的自动机器，至今还作为国宝保存在瑞士纳沙泰尔艺术与历史博物馆内。

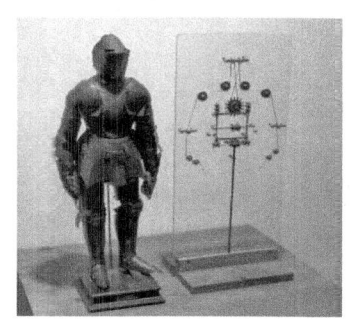

图 1-2　铠甲武士

图 1-3　3 种自动机械人偶

1792 年，英国马嘎尔尼使臣献给乾隆皇帝的礼品中有一件"铜镀金写字人钟"，该钟的钟表部分由英国著名钟表商 Williamson 制作，写字机械人部分由雅克·德罗工坊制作。如图 1-4 所示，钟型为铜镀金四层楼阁，高 231cm。写字机械人位于底层，是此钟最精彩、新异、结构最繁复的部分，它与计时部分机械不相连，是一套独立的机械装置。写字机械人单腿跪地，一手扶案，一手握毛笔，

图 1-4　铜镀金写字人钟

开动前需将毛笔蘸好墨汁,再启开关,写字机械人便在面前的纸上写下"八方向化,九土来王"八个汉字,且写字时机械人的头部随之摆动,栩栩如生。目前该写字人钟收藏于故宫博物院。

1893 年,加拿大摩尔设计了以蒸汽为动力的,能行走的机器人"安德罗丁"。

这些机器人的动作都是靠机械设定与转动的,通过巧妙的设计与精心的制作,实现了较复杂的动作,达到了相当高的水平。这些机器人工艺珍品,标志着人类在机器人从梦想到现实这一漫长道路上前进了一大步。

1920 年,捷克作家卡雷尔·凯佩克(Karal Capak)在他的幻想剧《罗萨姆万能机器人》中,根据 Robota(捷克文,原意为劳役、苦工)和 Robotnik(波兰文,原意为工人),创造出"机器人(Robot)"这个词,这也被当成了机器人一词的起源。

1939 年,美国纽约世博会上展出了西屋电气公司制造的家用机器人 Elektro,如图 1-5 所示。它由电缆控制,可以行走,会说 77 个字,甚至可以抽烟,不过离真正干家务活还差得远,但它让人们对家用机器人的憧憬变得更加具体。

随着科学技术的发展,针对人类社会对即将问世的机器人的不安,美国著名科学幻想小说家艾萨克·阿西莫夫(Isaac Asimov)于 1942 年在他的小说中,提出了著名的"机器人三守则":

图 1-5　Elektro 机器人

① 机器人必须不危害人类,也不允许它眼看人类受害而袖手旁观;

② 机器人必须绝对服从于人类,除非这种服从有害于人类;

③ 机器人必须保护自身不受伤害,除非为了保护人类或者是人类命令它做出牺牲。

这三条守则,给机器人赋以新的伦理性,并使机器人的概念通俗化,更易于被人类社会所接受。至今,它仍为机器人研究人员、设计制造厂家和用户提供了十分有意义的指导方针。

1.2.2　国外机器人的发展

现代机器人出现于 20 世纪中期,当时数字计算机已经出现,电子技术也有了长足的发展,在产业领域出现了受计算机控制的可编程的数控机床,与机器人技术相关的控制技术和零部件加工也已有了扎实的基础。同时,人类需要开发自动机械,替代人去从事一些在恶劣环境下的作业。正是在这一背景下,机器人技术的研究与应用得到了快速发展。

1954年，美国人德沃尔（G. C. Devol）制造出了世界上第一台可编程的机械手，并注册了专利，这种机械手能按照不同的程序从事不同的工作，因此具有通用性和灵活性。

1955年，J. Denavit 和 R. S. Hartenberg 联合在 *Applied Mechanics* 期刊上发表了论文 "A kinematic notation for low-pair machanisms based on matrices"，用齐次变换矩阵描述两个相邻连杆坐标系间的空间位姿关系，为机器人的运动学建模提供了重要的理论基础，迄今该方法仍然被广泛采用。

1959年，德沃尔与合伙人约瑟夫·恩格尔伯格（Joseph Engelberger）成立了世界上第一家机器人制造工厂——Unimation 公司，并联手制造出世界上第一台工业机器人 Unimate（意为万能伙伴），如图1-6所示。该机器人具有5个自由度，采用真空管控制、液压驱动。由于恩格尔伯格对工业机器人富有成效的研发和宣传，他被称为"工业机器人之父"。

图 1-6　Unimate 机器人

1962年，美国 AMF 公司生产出第一台圆柱坐标机器人 Verstran（意为万能搬运），如图 1-7 所示。它与 Unimation 公司生产的 Unimate 机器人一样成为真正商业化的工业机器人，并出口到世界各国，掀起了全世界对机器人研究的热潮。

1967年，日本川崎重工公司和丰田公司分别从美国购买了工业机器人 Unimate 和 Verstran 的生产许可证，日本从此开始了机器人研究和制造。20 世纪 60 年代后期，喷漆、焊接机器人问世并逐步应用于工业生产。

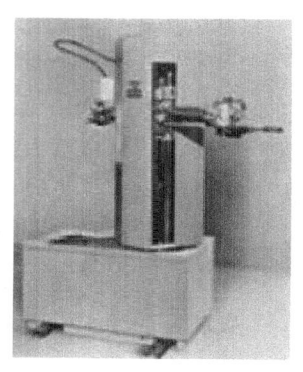

图 1-7　Verstran 机器人

20 世纪 60 年代中期开始，美国麻省理工学院、斯坦福大学、英国爱丁堡大学等陆续成立了机器人实验室。美国开始研究第二代带传感器、有感知的机器人，并向人工智能领域进军。

1968 年，美国斯坦福研究所研发成功机器人 Shakey（见图 1-8），由此拉开了第三代机器人研发的序幕。Shakey 安装了摄像机、三角测距仪、碰撞传感器、视觉传感器等，能够自主进行感知、环境建模、行为规划等，能根据人的指令发现并抓取积木。虽然控制它的计算机体积庞大，但运算速度很慢。Shakey 被认为是世界上第一台智能机器人。

20 世纪 60 年代，挪威一家生产独轮手推车的公司 Trallfa（后被 ABB 公司收购）所生产的独轮车设计新颖、成本低廉，获得了巨大成功。独轮车的喷漆工作是由人工完成的，效率低下的问题使喷漆环节成为生产过程中的一个瓶颈。1967 年，在该公司经理 Ole Molaug 的带领下开发出喷漆机器人，为独轮手推车进行喷漆，大大提高了生产率和喷漆质量。在此基础上，1969 年该公司推出了世界上第一个商业化应用的喷漆机器人（见图 1-9）。

图 1-8　Shakey 机器人

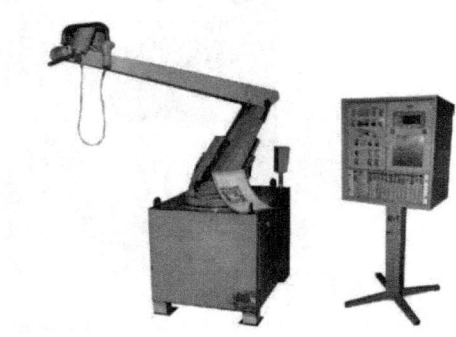
图 1-9　Trallfa 喷漆机器人

1969 年，斯坦福大学机械工程系学生 Victor Scheinman 设计出了 Stanford Arm（见图 1-10），这是世界上第一台全电驱动的 6 自由度机器人。6 自由度机器人的出现，使得机器人跟踪空间中的任意路径成为可能，推动了机器人向更加复杂领域的应用。该机器人的出现是机器人，尤其是工业机器人发展历程上的里程碑事件。

1969 年，通用汽车公司在 Lords-town 装配厂安装了首台 Unimation 点焊机器人，机器人的使用大大提高了生产率，90%以上的车身焊接作业可通过机器人来自动完成。

1969 年，日本早稻田大学加藤一郎实验室研发出第一台以双脚走路的机器人 WAP-1（见图 1-11）。1973 年又开发出世界上第一个全尺寸的人形机器人

WABOT-1（见图 1-12），该机器人具有视觉和语音对话系统，能以日语与人对话，能搬运物品，智力水平与一岁半儿童相当。加藤一郎作为人形机器人研究的先驱，长期致力于研究人形机器人，被誉为"人形机器人之父"。

图 1-10 Stanford Arm 机器人

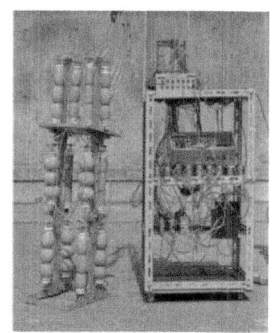

图 1-11 WAP-1 机器人

图 1-12 WABOT-1 机器人

1970 年 11 月 17 日，苏联的"月球 17 号"探测器把世界上第一台月球表面巡视机器人——"月球车 1 号"（Lunkhood 1）送到了月球（见图 1-13），第一次实现了在地球上对另一个星球上机器人的远程遥控。"月球车 1 号"主要由仪器舱和自动行走底盘组成，重 756kg，长 2.2m，宽 1.6m，高 1.35m，由太阳能电池板和备用电池联合供电，由同位素热源保持系统温度。车上装有电视摄像机和多种环境科学测量仪器，可把拍摄的月面照片和测量结果发回地球。"月球车 1 号"由两列独立驱动的车轮（每列 4 个）实现在月面

图 1-13 月球车 1 号

的运动,能转弯、倒退和爬上30°的斜坡,轮子直径0.51m。"月球车1号"在月球表面工作到1971年10月4日,总行程约10.54km。拍摄了2万多张照片,对500个地点进行了土壤物理测试,对25个地点进行了土壤化学分析,总考察面积接近8万m²。

1970年,第一届国际工业机器人学术会议在美国召开。一年以后,机器人的研究得到迅速、广泛的普及。

1973年,世界上机器人和小型计算机第一次"携手合作",诞生了美国Cincinnati Milacron公司的T3(The Tomorrow Tool的缩写)机器人,如图1-14所示。它采用液压驱动,有效提升负载可以达到45kg。

1973年,德国库卡公司研发出第一台工业机器人——Famulus(见图1-15),这是世界上第一台电动机驱动的6轴工业机器人。

图1-14 T3机器人

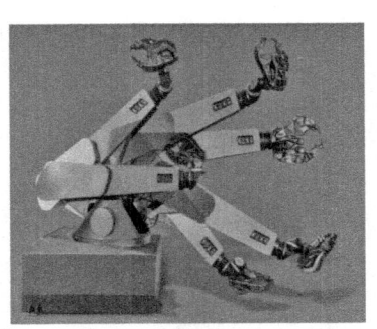
图1-15 Famulus机器人

1974年,瑞典通用电机公司ASEA(ABB公司的前身)开发出世界上第一台全电驱动、由微处理器控制的5自由度工业机器人IRB 6(见图1-16),主要用于工件取放和物料搬运。该机器人负载能力为6kg,使用英特尔8位微处理器控制,该微处理器的内存容量仅为16KB。

1975年,意大利的Olivetti公司开发出直角坐标机器人SIGMA,如图1-17所示。它是一台应用于组装领域的工业机器人,在意大利一家组装厂安装运行。

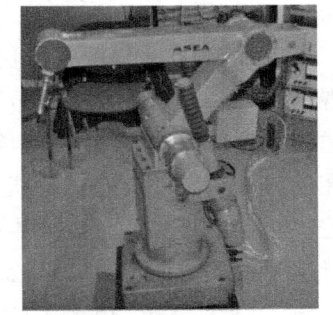
图1-16 IRB 6机器人

1978年,日本山梨大学牧野洋发明了平面关节型机器人SCARA(见图1-18)。SCARA机器人一般有4个自由度,特别适合于轻型物品的快速转移和装配,在装配作业中得到了广泛应用。

图 1-17 SIGMA 机器人

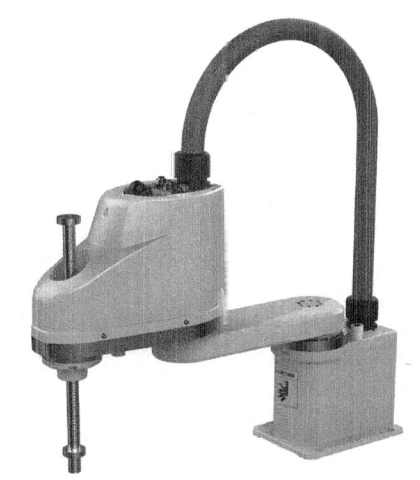

图 1-18 SCARA 机器人

1978 年，美国 Unimation 公司推出通用工业机器人（programmable universal machine for assembly，PUMA），如图 1-19 所示。这标志着工业机器人技术已经成熟。PUMA 至今仍然工作在生产第一线，许多机器人技术的研究都以该机器人为模型和对象。

国外对农业机器人的研究起步较早，日本、美国等发达国家走在世界前列。日本是农业机器人研究最早、市场发育最为成熟的国家之一。于 20 世纪 70 年代末开始了农业机器人的研究；此后约 10 年间，从收获作业开始，进行了插条、移植、采摘、喷洒、套袋等各种机器人研究。到 1995 年时，日本参与农业机器人研究的私营制造商达到 41 家。所研制的多种农业

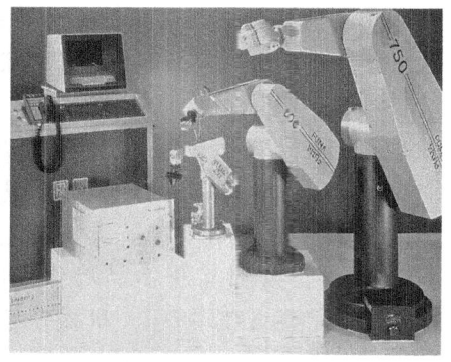

图 1-19 PUMA 机器人

机器人，在理论与应用方面均居世界前列。图 1-20 所示为日本国家农业和食品研究所发明的能够采摘草莓的机器人。该机器人装有一组摄像头，能够精确捕捉草莓的位置，还有配套软件能根据草莓的红色程度来确保机器人采摘的是成熟的草莓。

由于领土广阔及自身先进的工业技术，美国研究的重点在于行走式农业机器人，在理论与技术上都比较成熟。典型代表是美国新荷兰农业机械公司发明

的多用途自动化联合收割机器人,很适合在美国一些专属农垦区的大片规划整齐的农田里收割庄稼。另外比较典型的还有斯坦福公司开发的智能生菜生产机器人 Lettuce Bot(见图 1-21),可以实现生菜的精耕细作、施肥除草等。它会操纵拖拉机,并为沿途经过的植株拍摄照片,通过多种计算机视觉算法,辨认出野草和密度过大的植株。

图 1-20　日本草莓采摘机器人　　　　图 1-21　生菜生产机器人 Lettuce Bot

20 世纪 80 年代,工业机器人独领风骚,在制造业尤其是汽车制造业得到了大规模的推广和应用。

1980 年,工业机器人在日本开始普及。随后,工业机器人在日本得到了巨大发展,日本也因此而赢得了"机器人王国"的美称。

1981 年,美国宇航局将世界上第一款大型空间遥控机械臂 Canadarm 1 搭载在哥伦比亚号航天飞机上进行了在轨测试。该机械臂由加拿大国家研究委员会(Canadian National Research Council)历时 6 年组织研制,安装在航天飞机货舱的一侧,主要用于在航天飞机上进行展开、操纵和捕获物品等作业。Canadarm 1 如图 1-22 所示,机械臂重 410kg,长 15.2m,直径 38cm,结构与人的手臂类似,分成 3 节,共有 6 个自由度,能搬运 332.5kg 的有效载荷。机械臂上装有电视摄像机和照明设备,座舱内的航天员通过摄像机传过来的前方图像,操纵机械臂完成抓举或释放任务。

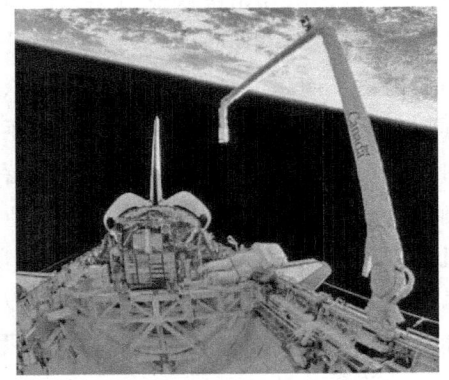

图 1-22　Canadarm 1(STS-72)

1982 年,Salisbury 设计了具有代表性意义的 Stanford/JPL 灵巧手,如图 1-23 所示。灵巧手有 3 根手指,共有 9 个自由度,采用腱驱动方式。Stanford/JPL

灵巧手集成了位置传感器和指尖力/触觉传感器,将位置和力信息反馈引入了灵巧手控制策略,并进行了力控制和刚度控制的抓取操作试验以及力和被抓取物体形状的感知试验。Stanford/JPL 灵巧手的驱动控制器及主控制器均放置于灵巧手外部,采用集中控制的方式进行抓取操作控制。

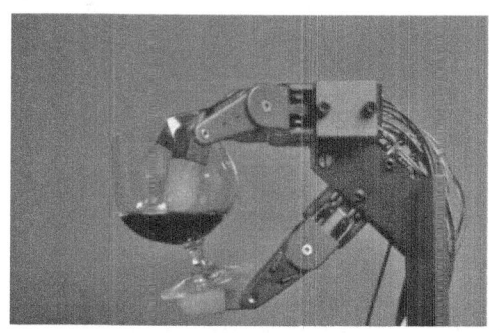

图 1-23　Stanford/JPL 灵巧手

1984 年,日本早稻田大学研制出世界首台弹电子琴的人形机器人 WABOT-2(见图 1-24),该机器人高 189cm,重 82kg,配备两只 5 指仿人手,能够与人交谈,能读乐谱,能在电子琴上用手指弹奏中等难度的乐曲。

1985 年,犹他大学和麻省理工学院研制了 Utah/MIT 灵巧手,如图 1-25 所示。它采用了模块化设计的理念,共有 4 根手指、16 个自由度。该灵巧手采用气缸驱动,腱加滑轮传动,安装了位置传感器和腱张力传感器。采用分层控制的方式,抓取和运动规划层采用工作站进行运算,协调运动控制层由集成微处理器完成,由驱动控制模块实现驱动器控制。

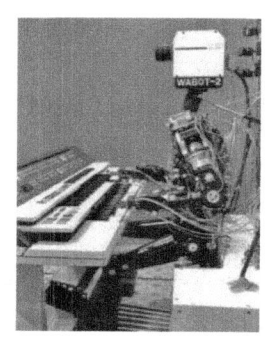

图 1-24　WABOT-2 机器人

图 1-25　Utah/MIT 灵巧手

20 世纪 80 年代开始,恩格尔伯格认为家用机器人比工业机器人有更广阔的市场前景。1983 年,他将 Unimation 公司出售给西屋公司,退出了工业机器人行业。1984年他又创建了TRC公司，研发服务机器人。1988年，恩格尔伯格推出了世界上第一台服务机器人"护士助手（Helpmate）"（见图1-26），这种机器人在医院走廊穿行，为病人送饭、送药、送邮件，并记录病人的情况。

图1-26　Helpmate机器人

1993年，德国宇航中心在哥伦比亚航天飞机上开展了一项名为ROTEX（见图1-27）的舱内机器人试验。利用一台安装在空间实验室支架上的带有多传感器手爪的6自由度机械臂，进行了装配机械构架、插拔在轨可更换单元、抓取漂浮物体等实验，并测试了预编程自动控制、在轨遥操作、地面远程遥操作等不同的控制方式，为空间遥操作机器人的研究和应用提供了重要参考。

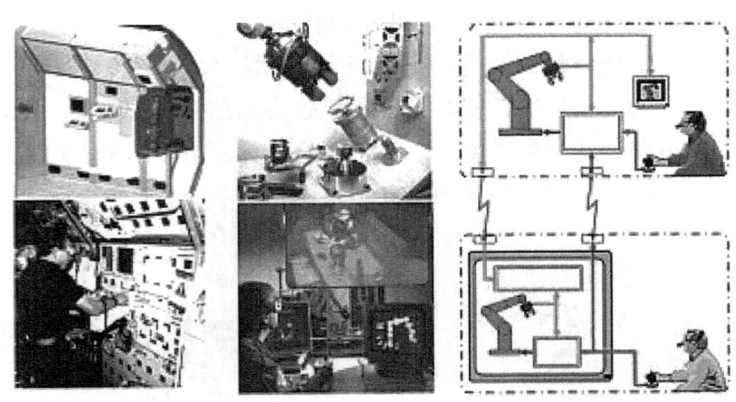

图1-27　ROTEX

1996年，本田公司推出人形机器人P2（见图1-28），使双足行走机器人的研究达到了一个新的水平。随后，许多国际著名企业争相研制代表自己公司形象的人形机器人，以展示公司的科研实力。

1996年12月4日，美国国家宇航局发射的探测机器人索杰纳（Sojourner）成功登陆火星（见图1-29），这是世界上第一台自主式星球探测机器人，它能利用激光传感器和摄像机识别环境障碍，自主规划出安全路径。

图 1-28　P2 机器人　　　　　图 1-29　Sojourner 机器人

1997 年，日本宇宙开发集团（NASDA）发射了国际上第一个自由飞行空间机器人系统——工程试验卫星 7 号（ETS Ⅶ），如图 1-30 所示。该系统由追踪卫星和目标卫星两部分组成。追踪卫星上装有一条长约 2m、6 个自由度的机械臂，末端安装有长约 15cm 的 3 指灵巧手。首次试验了在无人干预的情况下，目标卫星远离 20cm 后经过位姿测量再用机器人抓回并放在预定位置，验证了多自由度、多传感器机械手空间在轨服务的可行性。

1998 年，德国宇航中心基于研制成功的新型驱动器设计了第一个真正的完全内置式灵巧手 DLR Hand Ⅰ（见图 1-31），它有 4 个手指，共 12 个自由度。DLR Hand Ⅰ在手指末端关节采用了腱驱动，所有驱动及传动装置、控制系统、传感器及通信系统均集成在灵巧手的内部，使灵巧手独立于机械臂成为一个模块化的局部自主系统。

 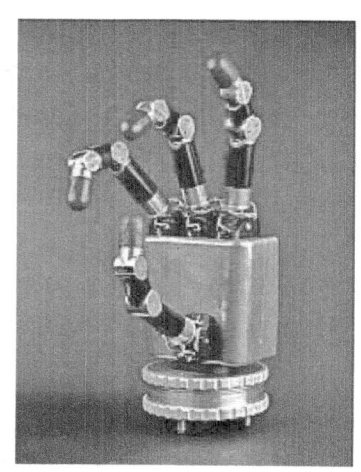

图 1-30　ETS Ⅶ　　　　　　图 1-31　DLR Hand Ⅰ

1998 年，丹麦乐高公司推出机器人 Mind-storms 套件，让机器人制造变得跟搭积木一样相对简单又能任意拼装，使机器人开始走入个人世界。

1999 年，日本索尼公司推出机器狗爱宝（artificial intelligence robot，Aibo），当即销售一空，从此娱乐机器人迈进普通家庭。从面世到 2006 年停产，索尼共卖出超过 15 万只 Aibo 机器人。Aibo 机器人有 18 个自由度，其中嘴部 1 个自由度，头部 3 个自由度，每条腿 3 个自由度，尾巴 2 个自由度。头部和 4 个爪端各有一个触觉传感器，头部还有一个 CCD 相机。Aibo 机器人在摔倒后能自动复位，还能通过 LED 灯光表达高兴（绿色）和生气（红色）等情绪。Aibo 机器人共有 5 种不同的外形，如图 1-32 所示。

图 1-32　Aibo 机器人

1999 年，美国国家宇航局和通用电气公司设计开发了世界上第一个面向太空任务的人形机器人 Robonaut 1（R1），如图 1-33 所示。R1 共有 47 个自由度，其中，颈部有 2 个自由度，两条臂各有 7 个自由度，每条臂末端携带的 5 指灵巧手有 12 个自由度，还有一条 7 自由度的腿，用于固定在空间站上。设计 R1 的目的是可以替代宇航员完成各种枯燥、重复甚至危险的任务。此外，可以根据不同工作环境更换 R1 下半身结构，如果在空间站工作，R1 的下半身为零重力腿；如果在地面工作，R1 的下半身可更换为轮式移动平台。

图 1-33　Robonaut 1

2000 年，美国食品药品监督管理局批准了 Intuitive Surgical 公司开发的达·芬奇外科手术机器人系统（da Vinci surgical system）在泌尿外科等手术中的应用，由此拉开了医疗机器人商业化应用的序幕。如图 1-34 所示，该机器人系统由三部分组成：外科医生控制台、机械臂系统、成像系统。床旁机械臂系统一般由 2~3 只器械臂和 1 只摄像臂组成，器械臂有 7 个自由度，可以模拟人手完成各种操作。

 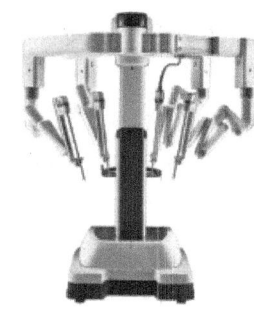 

a) 外科医生控制台　　　　b) 机械臂系统　　　　c) 成像系统

图 1-34　达·芬奇外科手术机器人系统

2000 年，本田公司推出了新一代人形机器人 ASIMO（阿西莫），如图 1-35 所示。它高 120cm，重 52kg，行走速度 1.6km/h。与本田公司早先研究的人形机器人相比，阿西莫具有体型小、重量轻、动作轻柔灵活等特点，更适合在家居环境中应用。

2002 年，美国 iRobot 公司推出了扫地机器人 Roomba，如图 1-36 所示。它是目前世界上销量最大、商业化最成功的家用机器人。

图 1-35　ASIMO 机器人　　　　　　图 1-36　Roomba 扫地机器人

2003 年，索尼公司推出 QRIO（Quest for cuRIOsity）人形机器人，高约 0.6m，重约 7.3kg，步行速度 0.8km/h（见图 1-37）。QRIO 配置了 3 个功能强大的微处理器，38 个驱动电动机，3 个加速度计，2 个 CCD 摄像头和 7 个麦克风。QRIO 具备听、说、唱歌、识别物体和人脸的能力，还可以走路、奔跑、跳舞、踢足球、抓取物体，并能与人互动，能根据声音识别发声的人和判断声音的方向，是世界上第一个可以跑的双足人形机器人。QRIO 能理解口头命令，并且能够学习新的命令，可以说一千多个单词，它还能通过闪烁的彩色灯光来表达情感。如果跌倒了，它会自己站起来。

2004 年，卡内基梅隆大学的 Marc·Raibert 创立的波士顿动力公司研制出了首款由液压驱动的四足机器人——Big Dog，该机器人的负载能力可以达到大约 180kg。为了能够在野外环境中行走和适应复杂地形，Big Dog 机器人身上装有大量传感器，这些传感器能够采集机器人周围的环境信息，机载计算机则对环境信息做出分析处理，并依据这些信

图 1-37　QRIO 机器人

息实时调整机器人位姿，从而保证机器人运动的稳定性与鲁棒性。2015 年，该公司研制出了电液混合驱动的四足机器人 Spot。后来该公司又在 Spot 的基础上进一步做了优化，推出了运动速度更快、稳定性更高的 Spotmini 机器人。以上三种四足机器人如图 1-38 所示。

a) Big Dog

b) Spot

c) Spotmini

图 1-38　波士顿动力公司的四足机器人

另外，美国麻省理工学院研制了四代四足机器人 Cheetah（猎豹）系列，比较有代表性的是第三代 Cheetah 3 和第四代 Mini Cheetah，如图 1-39 和图 1-40 所示。第一代四足机器人 Cheetah 1 可以实现高速奔跑，第二代四足机器人 Cheetah 2 装载了激光雷达，能在快速运动中识别障碍，能够以 2.4m/s 的速度运行时越过高达 40cm 的障碍物。Cheetah 3 使用触觉感知周边环境，可以在不借助视觉传感器和摄像头的情况下攀爬散落障碍物的楼梯，具备在可视度较低的复杂环境中的盲行运动能力，并且具有极强的弹跳能力，可以跃至一米多高的桌面。Mini Cheetah 是一种价格低廉、重量轻的四足机器人，身高 0.3m，重量仅 9kg，能够进行奔跑、行走、跳跃和转弯等行为，不仅具有高动态性能，

而且能成功地完成后空翻动作，低成本，高性能。

图 1-39　Cheetah 3 四足机器人

图 1-40　Mini Cheetah 四足机器人

意大利工业技术研究所研制的 HyQ 和 HyQ2Max 四足机器人，苏黎世联邦理工学院研制的 StarlETH 和 ANYmal 四足机器人也都各具特色。

2006 年，微软公司推出 Microsoft Robotics Studio 机器人，从此机器人模块化、平台统一化的趋势越来越明显，比尔·盖茨预言，家用机器人很快将席卷全球。

2009 年，丹麦优傲机器人公司推出第一台轻量型的 UR5 系列工业机器人，如图 1-41 所示。它是一款 6 自由度串联的创新性机器人产品，重 18kg，负载高达 5kg，工作半径为 85cm，适合中小企业选用。UR5 机器人拥有轻便灵活、易于编程、高效节能、成本低和投资回报快等优点。UR5 机器人的另一显著优势是不需要安全围栏即可直接与人协同工作。一旦人与机器人接触并产生 150N 的力，机器人就自动停止工作。

图 1-41　UR5 机器人

另外，2019 年，UR16e 机器人的诞生为制造商提供了更高载荷的自动化解决方案。UR16e 机器人外形小巧，能灵活处理 16kg 的有效载荷，专为重型任务设计，如机床管理、物料搬运、包装、材料去除以及螺钉及螺母拧紧应用。这款功能强大的协作式机器人支持更重的末端工具和多零件处理，并且可一次拾取多个零件，从而通过缩短循环时间来提升工作效率。UR16e 机器人也是一款定点生产（original equipment manufacture，OEM）机器人，且带有 3 档位示教器。UR16e 机器人设计的目的是用于承担更重的任务，同时保证精度和可靠性，是优傲负载能力最大的机器人产品。

2011 年，美国国家宇航局和通用电气公司通过对 R1 的改进，成功研制出新一代的太空人形机器人 Robonaut 2（R2），如图 1-42 所示。它成为第一个进入国际

图 1-42　Robonaut 2 机器人

空间站的人形机器人。R2 共有 42 个自由度,其中颈部有 3 个自由度,两条臂各有 7 个自由度,每条臂末端携带的 5 指灵巧手有 12 个自由度,还有 1 个腰转自由度。R2 的动作速度是 R1 的 4 倍,整体设计更加紧凑,更具灵活性,且具备更广的感知范围。

2012 年,Rethink Robotics 公司推出 Baxter 双手臂工业机器人(见图 1-43),单臂最大工作范围为 1.21m,Baxter 可同时处理不同的两项任务以增加适用性。其示教过程简易,能安全和谐地与人协同工作。在未来的工业生产中,双手臂机器人将会发挥越来越重要的作用。

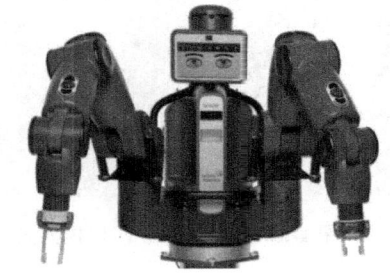

图 1-43　**Baxter** 机器人

2015 年,ABB 公司开发的 YuMi 双手臂工业机器人(见图 1-44),能够满足电子消费品行业对柔性和灵活制造的需求,未来也将逐渐应用于更多领域。

图 1-44　YuMi 机器人

2019 年,波士顿动力公司展示了人形机器人 Atlas(见图 1-45)的新技能。该机器人像人一样有头部、躯干和四肢,"双眼"是两个立体传感器。机器人高 1.5m,重量约 89kg,采用液压驱动,具有 28 个关节,运动速度达到 2.5m/s。控制系统根据身体状态和环境信息通过复杂的动态交互来实现运动规划,可以实现空翻、双脚或单脚的跳跃、奔跑等多样化而敏捷的动作,能够非常娴熟地驾驭自己的身体。

2022 年,Fanuc 公司推出 CRX"工业"协作机器人系列,该系列协作机器人扫除了人机协作的障碍,既能与人类并肩协同工作,又可确保周边区域安全无虞。其中,CRX-10iA(见图 1-46)作为一款小型协作机器人,最大负载为 10kg,可达半径为 1249mm,其长臂机型 CRX-10iA/L,可达半径为 1418mm。CRX 工业协作机器人系列针对小型部件的搬运、装配等应用需求,可以为用户提供精准、灵活、安全的人机协作解决方案。该机器人系列具有优秀的运动性能，机器人最高运动速度达到1000mm/s。

图1-45　Atlas机器人

图1-46　CRX-10iA机器人

1.2.3　国内机器人的发展

我国对机器人的研究起步较晚，从20世纪70年代初才开始。经过"七五"重点攻关、"八五"应用工程开发及"863计划"实施，逐渐从最初缓慢的自主研发转变成国家重视的有计划的研究、开发和推广应用。

20世纪70年代初，我国开始关注机器人的发展，并开始尝试机器人的研发。1977年，全国机械手技术交流大会在浙江嘉兴召开，这是我国历史上第一个以机器人为主题的大型学术会议，开启了我国机器人学术交流的新纪元。为促进日后中外学术交流活动的广泛开展、机器人研究机构的建立及推动我国机器人战略的实施打下了坚实基础。1978年，日本早稻田大学著名的机器人专家加藤一郎教授来北京访问交流，从此打开了我国机器人对外交流的窗口。此后，美国、日本等国家的学者陆续来华访问交流，我国机器人领域的专家也开始走出国门。

为加快机器人研究步伐，自20世纪70年代末至80年代中期，国内先后在航空部、机械部、中科院沈阳自动化研究所及多所高校成立机器人科研机构，开展机器人的研发工作，并协助国家主管部门开展有关机器人发展战略的规划工作。"七五计划"期间，国家将"工业机器人开发研究"作为重大科技攻关项目，重点对点焊、弧焊、喷漆、搬运等用途的工业机器人及其零部件进行攻关，形成了我国工业机器人的第一次研发高潮。

1985年，哈尔滨工业大学蔡鹤皋教授团队率先研制出我国第一台弧焊机器人——华宇Ⅰ型（HY-Ⅰ）弧焊机器人（见图1-47），两年之后又研制出国内第一台点焊机器人——HRGD-Ⅰ型点焊机器人。

1985年，中科院沈阳自动化研究所蒋新松研究员主持研制了"海人一号"

100m水下机器人（见图1-48），并先后于1985年及1986年获得首航及深潜试验的成功，在技术上达到了20世纪80年代国际同类产品水平。

图1-47　HY-Ⅰ弧焊机器人

图1-48　"海人一号"水下机器人

1986年，国家"863计划"开始实施，确定了特种机器人与工业机器人并重的发展方针，项目实施期间共研制开发出7种工业机器人和102种特种机器人。

从1987年开始，北京航空航天大学的张启先教授带领团队持续开展了机器人仿生灵巧手的研究，并于20世纪90年代初研制出了BH-1三指9自由度灵巧手，填补了当时的国内空白。后来又陆续研制出BH-2、BH-3灵巧手（见图1-49）。1993年，张启先教授完成了国内首个7自由度冗余机器人样机的研制，此项成果不仅在我国处于领先地位，而且在某些方面达到了20世纪80年代末国际先进水平。

1990年，北京机械工业自动化研究所成功研制出我国第一台喷漆机器人PJ-1，其主要性能达到20世纪80年代中期国外同类产品水平。

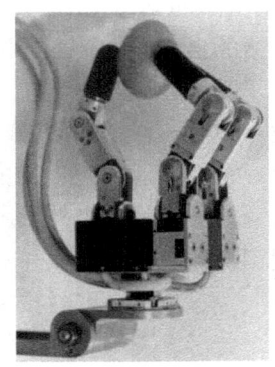

图1-49　BH-3灵巧手

1994年，中科院沈阳自动化研究所研制成功"探索者"号水下机器人（见图1-50），其工作深度达到了1000m，并且甩掉了与母船间联系的电缆，实现了我国水下机器人从有缆向无缆的飞跃。

1995年8月，CR-01 6000m无缆自治水下机器人研制成功（见图1-51），使我国机器人的总体技术水平跻身于世界先进行列，成为世界上拥有潜深6000m自治水下机器人的少数国家之一。

除此之外，我国还先后研制出了具有自主知识产权的点焊、弧焊、装配、喷漆、切割、搬运、包装、码垛等用途的工业机器人，并实施了一批机器人应用工程，形成了一批机器人产业化基地，为我国机器人产业的腾飞奠定了基础。"863 计划"的成功实施，使我国机器人技术的研究、开发、应用和产业化从最开始的无序分散、低水平重复状态推进到初具行业性的新阶段。从此以后，我国机器人产业开始逐渐走向规范化、规模化。

图 1-50 "探索者"号水下机器人

图 1-51 CR-01 水下机器人

随着中国经济的快速发展、科技水平的不断提高及制造工艺的日益成熟，进入 21 世纪，我国机器人产业迎来了第二次发展的高潮期，国内机器人公司纷纷成立，开始研发各类机器人产品。与此同时，企业与高校、科研机构之间广泛建立合作关系，掀起了一股新的机器人研发热潮。

工业机器人方面，国内工业机器人的需求越来越迫切，涌现出沈阳新松、哈尔滨博实、广州数控等一批优秀的本土机器人公司，工业机器人也开始在中国形成了初步产业化规模。喷涂、弧焊、点焊、装配、搬运、码垛等机器人在很多自动化生产线上获得了规模应用。

其中，协作机器人作为一种可以实现机-机协作或者是人-机协作的工业设备，能够完成一些自主行为并且具有与人协作的能力，可以在一些工业场景中和人协作，以此来完成一些复杂或者危险的工作，将成为未来工业机器人领域的重点发展对象。沈阳新松作为我国机器人行业的标杆，推出了我国第一台具有 7 自由度的协作机器人 SCR（见图 1-52）。

图 1-52 沈阳新松 7 自由度机器人

哈工大机器人（合肥）国际创新研究院自主设计研发了 HRG 轻巧并联协作机器人（见图 1-53），其拥有 6 个自由度，运用牵引示教的"高效学习方法"，简单易用，无须编程；工作人员可直接手工拖动，"示范"复杂路径及操作手法；拖动示教技术可大幅提高机器人应用部署阶段的编程效率，降低对操作人员的要求，降本增效。

JAKA 公司推出的 JAKA Zu 3 协作机器人（见图 1-54），自重 12kg，负载

3kg，工作半径可达到626mm。机器人使用一体化关节设计，易组装、易拆卸、小巧轻便，能够适应狭小的空间安装、高精度密度要求的搬运组装等工作，无须安装安全栅栏，与人、机器人、周围环境共融协作。

图 1-53　HRG 并联协作机器人　　　　图 1-54　JAKA 协作机器人

遨博（AUBO）i 系列协作机器人是高品质、低成本的 6 自由度人机协作轻型机器人（见图 1-55），具有 3~20kg 不同负载能力。协作机器人完全基于模块化的理念研发设计而成，采用开放型软件架构，方便用户和开发人员对系统的扩展使用，可覆盖各行业差异性应用，丰富的配置选择能够实现快速适配各种行业应用场景的需求，是提升生产率、低成本运作的理想选择。

埃夫特 ECR5 协作机器人（见图 1-56）的设计创意来源于海豚的微笑曲线，可适用于汽车、3C、食品饮料、医药等领域。整机采用模块化设计、轻量化设计和 DFX 设计，具有高集成度关节模组，关节置换轻松快捷，支持用户重组关节配置新结构。其完善了多级安全设计，能够保障人机安全。ECR5 协作机器人遵循 ISO/TS 15066：2016 设计规范，安全协作、轻量美观、编程简单、拆装便捷、部署灵活，具有灵敏的碰撞检测功能和良好的拖动示教功能。

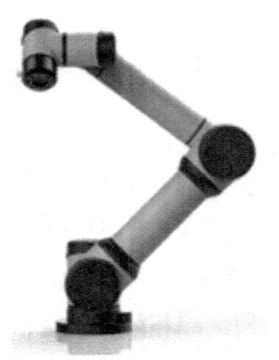 

图 1-55　遨博 i 系列协作机器人　　　　图 1-56　埃夫特 ECR5 协作机器人

农业机器人方面,直到20世纪90年代中期,我国才开始农业机器人技术的研发,比一些发达国家起步晚了十余年。我国目前研发并投入使用的农业机器人有除草机器人、采摘机器人、嫁接机器人、扦插机器人、育苗机器人等,并在生产方面已取得很大的进展。图1-57所示为2010年中国农业大学研制的嫁接机器人,可以实现营养钵苗嫁接的自动化。图1-58所示为2019年福建省农业科学院与同行业科技公司联合研制的农业信息采集机器人"小睿",实现了对农业生产环境的智能感知和实时采集。

图1-57 嫁接机器人

图1-58 农业机器人"小睿"

外科手术机器人方面,北京航空航天大学、天津大学、清华大学、中科院自动化研究所、哈尔滨工业大学、北京理工大学、上海交通大学等分别联合医院,开展了不同类型医疗手术机器人系统的研究并开发了机器人系统。后期产业化落地过程中,涌现出一些优秀企业,有的已投入临床应用,有望打破达·芬奇机器人在国内的垄断局面。图1-59所示为柏惠维康开发的"睿米"神经外科手术机器人(Remebot),图1-60所示为天智航开发的"天玑"骨科手术机器人系统,是国际上唯一能够开展脊柱全节段(颈椎、胸椎、腰椎、骶椎)、骨盆及四肢骨骼手术的骨科机器人系统。

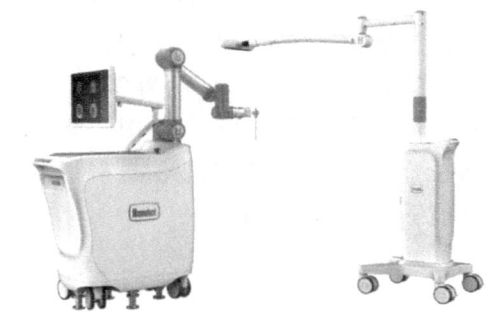

图 1-59　Remebot

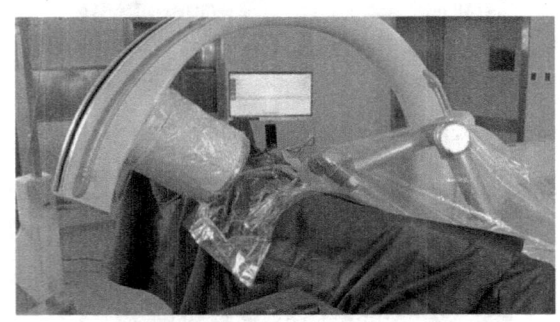

图 1-60　"天玑"骨科手术机器人

水下机器人方面，2012 年 6 月，我国深海载人潜水器"蛟龙号"成功下潜至海平面以下 7062m（见图 1-61）；2020 年 10 月 27 日，"奋斗者号"在马里亚纳海沟成功下潜突破 10000m，创造了中国载人深潜的新纪录。在无人潜器产业化方面，以沈阳自动化研究所为例，开发了以"潜龙"AUV［"潜龙一号"和"潜龙四号"，工作水深 6000m；"潜龙二号"和"潜龙三号"（见图 1-62），工作水深 4500m］、"探索"AUV（覆盖从 100m 到 4500m 海域）、"海翼"Glider、"海星"ROV、

图 1-61　"蛟龙号"机器人

"北极/海斗"ARV 为核心的极端环境科考技术体系，初步构建了全系列水下机器人的装备谱系。

外星探索机器人方面，2013 年 12 月 15 日，我国研制的"玉兔号"月球车成功登陆月球表面,成为继美国、苏联之后第三个登陆月球的国家,"玉兔号"月球车长 1.5m,宽 1m,高 1.1m,重约 140kg,具备 20°爬坡和 20cm 越障能力,配备了全景相机、红外成像光谱仪、测月雷达等仪器。2019 年,我国的"嫦娥四号"历史性地登陆了月球背面,"玉兔二号"(见图 1-63)随后第一次驶到月球背面的土地上。"玉兔二号"原本设计寿命仅 3 个月,现在 3 年过去了,它还在月球背面上超期探测,三年累计行驶超过 1km。2021 年 5 月 22 日,我国研制的"祝融号"火星车安全驶离"天问一号"的着陆平台(见图 1-64),到达火星表面,开始巡视探测。中国成为第二个将足迹留在火星的国家。

图 1-62 "潜龙三号"机器人

图 1-63 "玉兔二号"月球车　　图 1-64 "祝融号"火星车和着陆平台

四足机器人方面,国内对于四足机器人的研究起步时间虽然较晚,但是技术水平已经有了长足的进步。上海交通大学、清华大学、西北工业大学、山东大学、北京理工大学、上海大学、哈尔滨工业大学、浙江大学等高校分别进行了四足机器人设计及控制等方面的相关理论研究。目前国内比较有代表性、实现商业化的四足机器人有杭州宇树科技开发的 Laikago(2017 年,见图 1-65)、Aliengo(2019 年)、A1(2020 年)、Go1(2021 年,见图 1-66),以及云深处科技开发的绝影系列等。

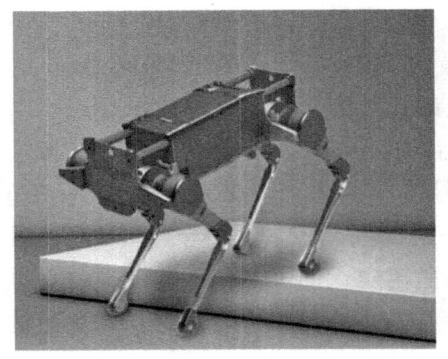
图 1-65　Laikago 机器人

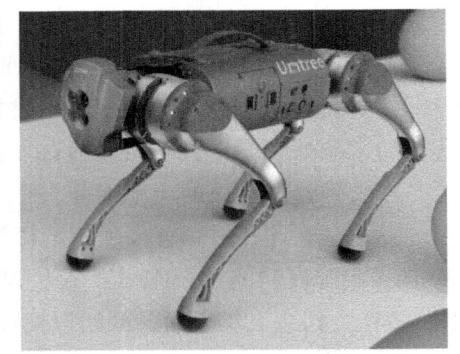
图 1-66　Go1 机器人

人形机器人方面，国防科学技术大学研制开发了 KDW 系列双足机器人，研制了人形机器人"先行者"。哈尔滨工业大学研制开发了 HIT 系列双足步行机器人。清华大学研制开发了人形机器人 HBIP-I。北京理工大学研制了 BHR（汇童）系列人形机器人，图 1-67 所示为 2012 年开发的 BHR-5（汇童 5 代）机器人，高 1.62m，重 63kg，有 30 个自由度，突破了基于高速视觉的灵巧动作控制、全身协调自主反应等关键技术，具有高超的运动能力。BHR-5 机器人能进行乒乓球人机对打，两台机器人对打的最高纪录达到 200 多个回合。图 1-68 所示为深圳优必选公司开发的大型人形机器人"Walker X"，高 1.3m，重 63kg，具备 41 个高性能伺服关节以及多维力觉、多目立体视觉、全向听觉和惯性、测距等全方位的感知系统，基于视觉定位导航和手眼协调操作技术，自主运动及决策能力大幅提高，能实现平稳快速的行走和精准安全的交互，可在多种场景下提供智能化、有温度的服务。图 1-69 所示为北京钢铁侠公司开发的人形机器人，该公司重点研发大型双足人形机器人的本体、"运动"以及核心零部件。

图 1-67　BHR-5

图 1-68　Walker X

图 1-69　钢铁侠人形机器人

图 1-70 所示为宇树科技公司开发的人形机器人 H1，高 1.8m，重 47kg，具备 360°深度感知能力，拥有稳定的步态，能够在复杂的地形和环境中自主行走和奔跑。图 1-71 所示为动子科技公司开发的人形机器人 Bruce，高 0.7m，重 4.8kg，有 16 个自由度。这类机器人需具备动态双足行走功能，可抵抗≥0.1kg·m/s 的冲击，且具备跳跃和奔跑的能力，双腿跳跃可实现 20cm 的质心升高。

图 1-70 H1 人形机器人

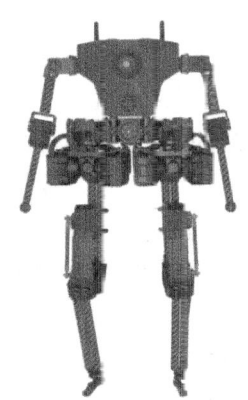

图 1-71 Bruce 人形机器人

图 1-72 所示为追觅科技公司开发的 Eame One 二代人形机器人，高 1.78m，重 56kg，具备 44 个自由度，能够完成单腿站立、爬坡、上楼梯、跨越障碍、后空翻、跳舞等高难度动作。该机器人还集成了 AI 大型语言模型，具备较强的沟通能力。图 1-73 所示为小米公司开发的 Cyberone 人形机器人，高 1.77m，重 52kg，四肢强健、动力峰值力矩达 300N·m，可实现双足运动和姿态平衡调整。

图 1-72 Eame One 人形机器人

图 1-73 Cyberone 人形机器人

2025 年 4 月 13 日，全球首场人形机器人半程马拉松比赛在北京亦庄举行，20 余家人形机器人企业代表队的"机器选手"共同起跑，图 1-74 所示为北京人形机器人创新中心研发的"天工 Ultra"机器,它以 2 小时 40 分钟 42 秒的成绩夺冠,此次赛事成为人形机器人产业从实验室迈向商业化的重要里程碑。

从 20 世纪 70 年代开始,我国的机器人研究与应用经历了从无到有、从小变大、从弱渐强的发展历程,取得了一定的成就。研究领域从早先的工业应用扩展到更多的非工业应用领域,从最早只能执行简单程序、重复简单动作的工业机器人向具有感知能力的智能型机器人发展。但是和世界先进

图 1-74 "天工 Ultra"机器人在半程马拉松比赛中夺冠

技术水平、完善的产业化程度相比,还具有一定的差距,以工业机器人为例,国内市场的 60%~70% 份额被称为国际工业机器人领域"四大家族"的德国 KUKA、瑞士 ABB、日本 Fanuc 和 Yaskawa 占据。在机器人核心部件高性能交流伺服电动机、精密减速器、控制器方面还需进一步发展和提高。

国家对机器人产业化、智能机器人、服务机器人等的发展非常重视,在"十二五""十三五"和"十四五"国家规划,以及《机器人产业发展规划》《中国制造 2025》等各项规划和政策中均出台了相应的支持政策,为我国机器人产业带来了重大发展机遇。

1.3 机器人学的主要研究方向

机器人学是多学科与多技术交叉的新兴前沿学科,涉及机械、控制、计算机、仿生学等不同学科,同时包含传感器、机械电子和执行机构等不同技术。目前机器人的主要研究方向有机器人机构、机器人运动学、机器人动力学、机器人控制、机器人感知等。

1. 机器人机构

机器人机构是用来将输入的运动和力转换成期望的运动和力的输出。机器人机构按工作空间可分为平面机构和空间机构,按刚度可分为刚性机构和柔性机构。机器人机构主要研究机构的构型、尺度、速度、负载能力及机构的刚度。

2. 机器人运动学

机器人运动学主要研究机器人的位置、速度、加速度及其他位置变量的高阶导数,包括正运动学和逆运动学两大类问题。

1)正运动学问题,是已知各关节变量,描述机器人末端执行器相对于基座的位置、姿态以及其中的函数关系。

2)逆运动学问题,是已知工具坐标系相对于固定坐标系的期望位置和姿态,求解一系列满足期望要求的关节角。

运动学研究机器人的运动,但不考虑产生运动的力或力矩。

3. 机器人动力学

机器人动力学主要研究机器人运动和受力之间的关系,目的是对机器人进行控制、优化设计和仿真。它同样有动力学正、逆两类问题。

1)动力学正问题,是已知各关节的驱动力(或力矩),求解各关节位移、速度和加速度,进而求得机械手的运动轨迹,主要用于机器人的仿真。

2)动力学逆问题,是已知机械手的运动轨迹,即已知机器人关节的位移、速度和加速度,求解所需要的关节力(或力矩),源于实时控制的需要。

机器人动力学的基础是牛顿力学、拉格朗日力学等。

4. 机器人控制

机器人的控制是机器人控制系统采用相应的控制方法,控制机器人按照期望的参数(例如位置、姿态、轨迹、操作顺序等)进行运行,完成特定的工作任务。机器人控制涉及机器人运动学、动力学、控制理论、机器智能等方面,包括位置控制、力控制、力位混合控制等类型。机器人的智能是由其控制系统和控制方法来体现的。

5. 机器人感知

机器人感知是通过不同的传感器来实现的,正因为有了传感器,机器人才具备了类似人类的知觉功能和反应能力。机器人传感器主要包括内部传感器和外部传感器两大类,分别用于感知机器人的自身状态和外部环境。机器人通过感知到的信息来决策和控制自身完成作业任务。机器人感知主要研究机器人专用传感器的研制及相关的传感信息处理方法和技术。

1.4 小结

本章首先介绍了机器人的定义和特点,然后重点介绍了机器人的起源以及国外、国内各种类型机器人的发展,最后介绍了机器人学的研究方向。

参考文献

[1] 伍赛特. 机器人技术概述 [EB/OL]. (2019-10-02) [2023-04-23]. https://blog.scien-

cenet.cn/blog-3393151-1194546.html.

[2] 马文倩, 晁林. 机器人设计与制作 [M]. 北京: 北京理工大学出版社, 2016.

[3] 王一樵. 马嘎尔尼的礼物: 紫禁城里"写字人钟"的秘密故事 [EB/OL]. (2019-10-02) [2023-04-23]. https://www.thepaper.cn/newsDetail_forward_4394263.

[4] 刘永加. "机器人梦", 古人有哪些奇思妙想 [EB/OL]. (2021-10-12) [2023-04-23]. https://www.chinawriter.com.cn/n1/2021/1012/c404063-32250359.html.

[5] 福州市林则徐纪念馆. 指南针: 最早在中国广州海面上普及 [EB/OL]. (2018-12-24) [2023-04-23]. https://www.sohu.com/a/284085095_99904027.

[6] 御凰品冰岛. 故宫中两百多年前的写字机器人堪称AI鼻祖, 打脸许多当代书法家 [EB/OL]. (2018-09-13) [2023-04-23]. https://www.sohu.com/a/253593989_776727.

[7] 刘林华. 近代机器人发展历程 [EB/OL]. (2018-12-18) [2023-04-23]. https://www.elecfans.com/jiqiren/833310.html.

[8] 群学书院. 阿西莫夫的科幻世界: 一百年来, 我们仍活在他的预言之下 [EB/OL]. (2022-04-07) [2023-04-23]. https://m.thepaper.cn/baijiahao_17482365.

[9] Silicon Valley. Father of robotics Joseph F. Engelberger dies at age 90 [EB/OL]. (2015-12-01) [2023-04-23]. https://robohub.org/father-of-robotics-joseph-f-engelberger-dies-at-age-90/.

[10] DROBOT. Unimate: 工业机器人的鼻祖 [EB/OL]. (2022-12-15) [2023-04-23]. https://blog.csdn.net/m0_72676510/article/details/128320638.

[11] SZONDY DAVID. Fifty years of Shakey, the "world's first electronic person" [EB/OL]. (2015-06-18) [2023-04-23]. https://newatlas.com/shakey-robot-sri-fiftieth-anniversary/37668.

[12] Cybrne1. 1965-7-Trallfa spray-paint robot-Ole Molaug and Sverre Bergene (Norweigan) [EB/OL]. (2013-03-12) [2023-04-23]. http://cyberneticzoo.com/early-industrial-robots/1965-7-trallfa-spray-paint-robot-ole-molaug-and-sverre-bergene-norweigan/.

[13] 邓志东. 智能机器人发展简史 [J]. 人工智能, 2018 (3): 6-11.

[14] 李航, 宋春华, 罗胜彬, 等. 机器人的研究现状及其发展趋势 [J]. 微特电机, 2013, 41 (4): 49-51.

[15] 黄佳雷, 高一丹, 叶志彪, 等. 行星探测机器人的研究现状与技术发展 [J]. 机械制造与自动化, 2023, 52 (2): 153-156.

[16] 李丹. 拓荒者"月球车1号" [EB/OL]. (2013-12-03) [2023-04-23]. https://news.cntv.cn/2013/12/03/ARTI1386077720364207.shtml.

[17] 君子. 机器人的发展史 [EB/OL]. (2016-08-03) [2023-04-23]. https://zhuanlan.zhihu.com/p/21843918.

[18] 李欣, 仪德刚. 美国工业机器人初创期的技术创新 [J]. 科技和产业, 2017, 17 (10): 138-143.

[19] 李倩文, 晏敬东. 全球工业机器人产业发展现状与趋势分析 [J]. 科技创业月刊, 2016, 29 (5): 21-23.

[20] 严易. 回望60年世界机器人历史, 展望中国机器人未来! [EB/OL]. (2019-10-01)

[2023-04-23]. https://www.163.com/dy/article/EQD5PD6Q05328J4K6.html.

[21] 张士鹏, 何勋, 张守一. 农业机器人的应用现状及发展趋势 [J]. 农业开发与装备, 2021 (8): 91-92.

[22] 侯方安, 祁亚卓, 崔敏. 农业机器人在我国的发展与趋势 [J]. 农机科技推广, 2021 (2): 25-27.

[23] 这不科学啊. 人工智能在农业的发展分析 [EB/OL]. (2018-09-06) [2023-04-23]. https://www.sohu.com/a/252273473_760015.

[24] 刘尚. 机械臂速成小指南 (一): 机械臂发展概况 [EB/OL]. (2022-06-16) [2023-04-23]. https://blog.csdn.net/m0_53966219/article/details/125304668.

[25] 雷峰网. 孙宇: 我们与灵活的机器手之间, 还差了一个"智能大脑" [EB/OL]. (2016-09-25) [2023-04-23]. https://www.sohu.com/a/115025296_114877.

[26] MUKHERJEE ARNAB. Robotics has come a long way, but where is that robot butler? [EB/OL]. (2017-03-27) [2023-04-23]. https://www.digit.in/features/general/robotics-has-come-a-long-way-but-where-is-that-robot-butler-34314.html.

[27] GLOAGUEN LAURENT. New dog, new tricks [EB/OL]. (2017-10-11) [2023-04-23]. https://www.spiria.com/en/blog/tech-news-brief/new-dog-new-tricks/.

[28] 机器人学院. 七轴工业机器人比六轴工业机器人强在哪? [EB/OL]. (2018-09-29) [2024-03-16]. https://www.sohu.com/a/256943858_100024552.

[29] 新战略移动机器人. 波士顿动力机器人十年进化史 [EB/OL]. (2019-04-20) [2024-03-16]. https://www.sohu.com/a/309220725_218783.

[30] CHU JENNIFER. "Blind" Cheetah 3 robot can climb stairs littered with obstacles [EB/OL]. (2018-07-04) [2023-04-23]. https://news.mit.edu/2018/blind-cheetah-robot-climb-stairs-obstacles-disaster-zones-0705.

[31] 沈关哲. 70%靠进口, 中国工业机器人该如何避免芯片式悲剧? [EB/OL]. (2021-03-15) [2024-03-16]. https://www.thepaper.cn/newsDetail_forward_11709394.

[32] 中国科普博览. 我国的仿人形机器人研究 [EB/OL]. (2021-05-07) [2024-03-16]. http://www.kepu.net.cn/gb/technology/robot/advance/adv104.html

[33] 中国科普博览. 历史性突破——水下6000米无缆自治机器人 [EB/OL]. (2021-05-07) [2024-03-16]. http://www.kepu.net.cn/gb/technology/robot/special/spe202.html.

[34] 于海斌. 走向大洋深处的中国探海利器 [N]. 光明日报, 2018-08-09 (13).

[35] 中科院之声_wtg1. "潜龙三号"首潜告捷 综合性能指标得到全面验证 [EB/OL]. (2018-04-24) [2023-10-27]. https://www.sohu.com/a/229241643_166433.

[36] 材料万物通. 协作机器人最新行业发展现状分析, 国内外新品一览 [EB/OL]. (2019-11-25) [2024-03-16]. https://www.xianjichina.com/special/detail_4330.html.

[37] 王培欣, 房小奇. 福建发布首款人工智能农业机器人 [EB/OL]. (2019-06-17) [2024-03-16]. http://fjnews.fjsen.com/2019-06/17/content_22405702.htm.

[38] 观察者. 知识贴丨国产手术机器人"四小龙": 目标打破达芬奇国内垄断 [EB/OL].

(2017-11-21) [2024-03-16]. https://www.sohu.com/a/205635838_115479.

[39] 阳春白雪. 玉兔号 [EB/OL]. (2021-06-12) [2023-08-02]. https://baike.sogou.com/v62789273.htm.

[40] 火星科普. 玉兔二号新发现！月球背面发现粘稠月壤，与美国登月所见截然不同 [EB/OL]. (2022-01-22) [2023-08-02]. https://news.sohu.com/a/518272765_120623883.

[41] 杜壮. 沈阳新松：靠创新颠覆传统制造 [J]. 中国战略新兴产业，2017（17）：58-59.

[42] 云鹏. 五年四次迭代，优必选首发 WalkerX，人形服务机器人商业化再提速 [EB/OL]. (2021-07-11) [2024-03-16]. https://www.ubtrobot.com/cn/products/walker-x.

[43] 谭民，王硕. 机器人技术研究进展 [J]. 自动化学报，2013，39（7）：963-972.

[44] 沈春蕾. 国产自主水下机器人从追赶到并跑 [N]. 中国科学报，2022-01-25（1）.

[45] 全色猜想. 来自火星的旅拍：祝融号传图回家，我国火星探测圆满成功 [EB/OL]. (2021-06-12) [2023-08-02]. https://www.sohu.com/a/471687242_120737018.

[46] 新京报. 机器人跑马拉松，每一次踉跄跌倒都积蓄进步力量 [EB/OL]. (2025-04-19) [2025-04-21]. https://www.163.com/dy/article/JTMIBNJ20512D3VJ.html.

[47] 刘华秋，黄磊，陈逸维. 协作机器人国内外发展现状与技术研究 [J]. 现代制造技术与装备，2023，59（3）：93-96.

[48] 周鹏云. 遨博智能：做强中国协作机器人 [J]. 中关村，2021（4）：58-59.

[49] 徐如玉. 承载 20kg UR20 重新定义大负载协作机器人 [J]. 现代制造，2022（9）：18.

[50] 李丁丁，石秀敏，邓三鹏，等. 协作机器人产业技术与发展趋势综述 [J]. 装备制造技术，2021（8）：73-76.

[51] 韩建海. 工业机器人 [M]. 武汉：华中科技大学出版社，2019.

[52] 陶勇，王田苗. 机器人学及其应用导论 [M]. 北京：清华大学出版社，2021.

[53] 蔡自兴，等. 机器人学基础 [M]. 3版. 北京：机械工业出版社，2021.

[54] 战强. 机器人学：机构、运动学、动力学及运动规划 [M]. 北京：清华大学出版社，2019.

[55] 樊泽明，吴娟，任静，等. 机器人学基础 [M]. 北京：机械工业出版社，2022.

[56] 杨润贤，曾小波. 工业机器人技术基础 [M]. 北京：化学工业出版社，2018.

[57] CRAIG J J. 机器人学导论 [M]. 3版. 负超，等译. 北京：机械工业出版社，2018.

习题

1. 请阐述机器人的定义。
2. 机器人的特点是什么？
3. 机器人的主要研究方向有哪些？

第 2 章 机器人机构

机构是指由两个或两个以上构件通过活动连接形成的构件系统,是机器的某种抽象表示形式,它有两个核心组成要素:构件和运动副。虽然目前世界上有各种各样的机器人,但是其机构类型是很有限的。本章首先介绍机器人的组成及机器人机构简图的绘制方法,其次介绍机器人机构的分类及特点,然后介绍 5 种典型串联机器人机构和 3 种典型并联机器人机构,最后介绍机器人仿真工具箱 MATLAB Robotics Toolbox。

2.1 引言

一个机器人系统一般由 4 个相互作用的部分组成,即任务、控制器、执行机构和环境。机器人系统的基本结构如图 2-1 所示。

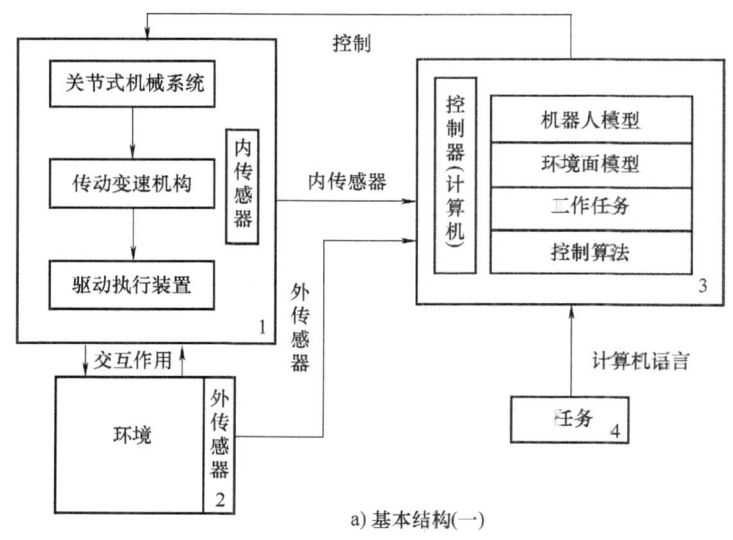

a) 基本结构(一)

图 2-1 机器人系统的基本结构

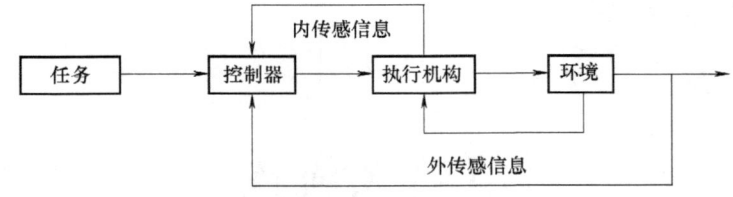

b) 基本结构(二)

图 2-1 机器人系统的基本结构（续）

环境，指机器人所处的周围状态，不仅由几何条件（可达空间）决定，而且由环境和它所包含的每个事物的全部自然特性决定。在环境中，机器人会遇到一些障碍物和其他物体，它必须避免与这些障碍物发生碰撞，并与这些物体发生作用。

机器人体系结构中的任务一般定义为环境的两种状态（初始状态和目标状态）间的差别，必须用适当的程序语言来描述，并能为计算机所理解。

机器人的控制器一般为控制计算机，接收来自传感器的信号，对其进行数据处理，并按照预存信息，即机器人的状态及环境情况等，生成控制信号来驱动机器人各个关节运动。

2.2 机器人机构简图画法

对于绪论中的机器人，很难从实物图中看出其自由度数、关节类型及关节之间的连接关系。那么能否采用一种直观的形式表示机器人机构信息呢？答案是肯定的，就是机器人机构简图。它采用简单的图形符号来表示机器人机构。

在绘制机器人机构简图时，应首先确定表示机器人机构的图形符号，然后根据机器人机构的具体组成及连接关系进行绘制。

2.2.1 典型机器人机构的图形符号

串联机器人机构与并联机器人机构属于典型机器人机构，它们的机构主要由关节和连杆组成。因此可用表示关节和连杆的图形符号来绘制机器人机构简图。

运动副是两构件直接接触并能产生相对运动的活动连接，主要包括高副和低副两大类。构成高副的两构件之间是线接触或点接触，接触压强比较大，如凸轮与从动件、两齿轮传动等。构成低副的两构件之间是面接触，接触压强比较小，如旋转副、移动副、圆柱副等。由于高副一般比低副容易磨损，因此机器人中的运动副一般都是低副。

在机器人中,机器人的关节就是运动副,主要包括两类关节:转动关节和移动关节,分别如图2-2和图2-3所示。转动关节是一个构件(转动件)相对于另一个构件(基座)绕铰接的转轴产生相对旋转运动。移动关节是一个构件(滑动件)相对于另一个构件(固定件)沿直线导路产生相对移动。这两类关节都只有一个自由度。

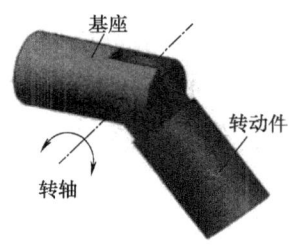

图2-2 转动关节

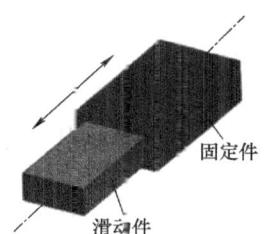

图2-3 移动关节

在典型机器人机构简图的绘制中,会用到表2-1列出的图形符号。需要说明的是,目前机器人机构图形符号的表示方式还不统一,而且这些图形符号只是一种象形表达,因此对于同样的机器人机构,在不同的资料中会有不同的图形符号表示方式。

表2-1 典型机构图形符号

名称	图形符号
移动关节	
转动关节	
球关节	
圆柱关节	
连杆	
末端执行器	
基座	

在表2-1中,移动关节有四种图形符号:前两种都表示矩形滑块可沿平行于纸面的轴线移动,只是滑块的画法不同;第三种表示矩形滑块可沿垂直于纸面的轴线移动(为了便于理解,方向用斜双箭线辅助标记);第四种多用于表

示电动缸、液压缸等驱动的沿直线移动的关节，在并联机器人机构中这种符号使用最多。

转动关节也有四种图形符号：第一种表示绕垂直于纸面的轴线转动的关节；第二种和第三种表示绕平行于纸面的轴线转动的关节；第四种也表示绕平行于纸面的轴线转动的关节，但其画法更加简洁。

球关节有一种图形符号，表示圆球可在球窝中任意转动。球关节也就是球副，有 3 个转动自由度。

圆柱关节有一种图形符号，表示该关节可以绕中间的轴线转动和移动。圆柱关节也就是圆柱副，有 2 个自由度。

连杆的表示很简单，用直线段表示。

末端执行器采用的是象形的表示方法，用一个渔叉状的图形符号表示机器人末端安装的机械手等执行器。

基座是工业机器人必不可少的组成部分，一般表示机器人固连于地面，因此用剖面线表示地面。

在 2.3 节中将采用上述图形符号绘制机器人的机构简图。

2.2.2 其他机器人机构的简图画法

对于其他机器人机构的简图，一般采用"机械原理"课程中学过的机构简图的画法或象形画法，主要表示出其运动机构的组成及运动类型。例如，如图 2-4a 所示的扫地机器人，其运动底盘机构由两个独立驱动的轮子（单向轮）和一个随动轮（万向轮）组成，其机构简图如图 2-4b 所示；如图 2-5a 所示的四轮移动机器人，其运动底盘机构由 4 个独立驱动的轮子组成，其机构简图如图 2-5b 所示。

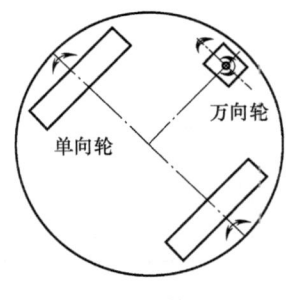

a) 扫地机器人　　　　　　　　b) 机构简图

图 2-4　扫地机器人及机构简图

第 2 章 机器人机构

 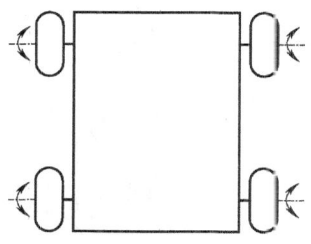

a) 四轮移动机器人　　　　　　　　　　b) 机构简图

图 2-5　四轮移动机器人及机构简图

2.3　机器人分类

目前，机器人的功能多种多样，外形也千奇百怪，对现有机器人进行分类不是一件容易的事情。依据国际机器人联合会（International Federation of Robotics，IFR）的分类，目前的机器人主要分为工业机器人（industrial robot）和服务机器人（service robot）两大类。这种分类主要是依据机器人的应用领域及服务对象来划分的。

在本书中，为了便于介绍，将机器人分别按照应用领域和服务对象以及机器人机构两部分进行划分。

2.3.1　机器人按应用领域和服务对象划分

根据机器人应用领域和服务对象可将其分为工业机器人和服务机器人。

工业机器人主要用于生产制造流通领域，应用场合是工厂，用途包括焊接、铸造、喷涂、冲压、装配、搬运等。工业机器人的主要结构形式为多自由度机械臂（见图 2-6）和轮式移动机器人（见图 2-7）。其中轮式移动机器人主

 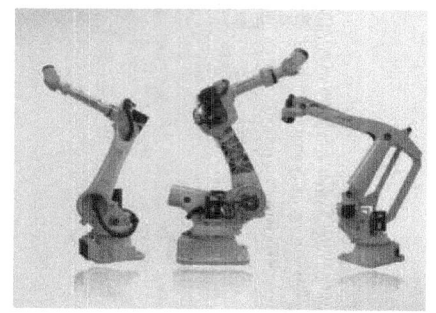

a) 多自由度机械臂夹取　　　　　　　　b) 多自由度机械臂搬运

图 2-6　多自由度机械臂

39

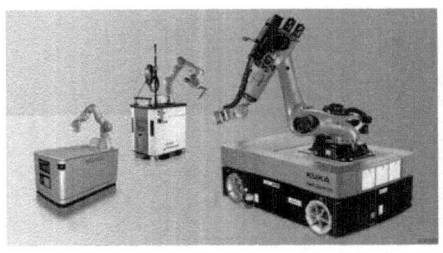

a) 常规轮式移动机器人　　　　　　　　b) 全向移动机器人

图 2-7　轮式移动机器人

要包括常规轮式移动机器人和全向移动机器人（例如麦克纳姆轮）。自 2013 年起，中国市场销售的工业机器人数量连续排名世界第一，超越了日本、美国等发达国家。

服务机器人主要为人类提供最直接的服务或替代，主要包括专业服务机器人（professional service robots）、个人及家用服务机器人（service robots for personal and domestic use）两大类。专业服务机器人主要包括爆破机器人、航天探索机器人、巡检机器人、迎宾机器人、医疗机器人、军用机器人等，如图 2-8 所示。个人及家用服务机器人主要包括玩具机器人、扫地机器人、教育机器人、陪护机器人等，如图 2-9 所示。目前，服务机器人的应用范围及类型远比工业机器人广泛。

a) 爆破机器人　　　　　　　　　　　　b) 航天探索机器人

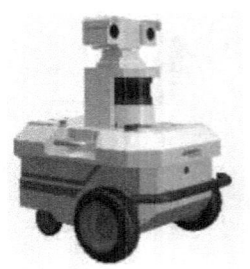

c) 巡检机器人　　　　　　　　　　　　d) 迎宾机器人

图 2-8　专业服务机器人

a) 陪护机器人   b) 扫地机器人   c) 教育机器人

图 2-9 个人及家用服务机器人

2.3.2 机器人按机构划分

根据构成机器人机构的运动链的类型，可以将机器人分为串联机器人和并联机器人。运动链是由两个或两个以上的构件通过运动副的连接而构成的具有相对运动的系统。运动链主要有两种类型：开式链、闭式链。机器人机构本质上也是由运动链构成的，是一种具有机架的运动链。

1. 串联机器人机构

串联机器人机构（serial robot mechanism）是从基座开始由连杆和关节顺序连接而构成的开式链机构。典型的例子有 6 自由度的工业机器人、4 自由度的码垛机器人、4 自由度的 SCARA 机器人等，构成这些机器人机构的运动链都是开式链。

通常所说的串联机器人是从机构类型的角度来称呼的。

串联机器人机构具有下列优缺点：

1）优点。工作空间大，运动速度快，正解计算比较简单。
2）缺点。刚度较弱，定位精度较低，逆解计算复杂。

从运动学构型上区分，串联机器人还可分为 5 种：直角坐标机器人、圆柱坐标机器人、球坐标机器人、SCARA 机器人、通用多关节型机器人。下面对各种类型的串联机器人的机构、特点和用途进行介绍并给出其机构简图。

（1）直角坐标机器人 直角坐标机器人也被称为笛卡儿机器人（Cartesian robot）或 X-Y-Z 机器人，是指机器人的三个关节分别沿着直角坐标系的 X、Y、Z 坐标轴做直线运动，由此在末端产生可控运动轨迹和任意点的定位，如图 2-10 所示。直角坐标机器人主要有龙门结构、壁挂结构、垂挂结构，多用于物品搬运、工件加工和 3D 打印等。

从该机构简图可以清楚地看出，该机器人是由 3 个正交垂直的移动关节组成，其末端的位置可表示为 $P=F(x,y,z)$，即关节变量是 3 个移动变量。

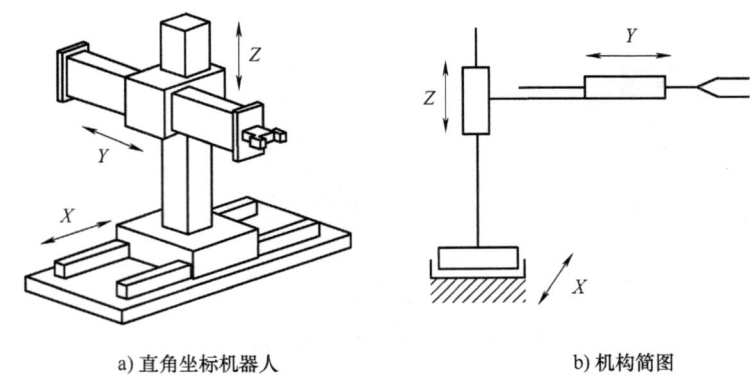

a) 直角坐标机器人　　　　　　　b) 机构简图

图 2-10　直角坐标机器人及其机构简图

机器人的工作空间是机器人正常运动时末端（腕部）坐标系原点能到达的空间点的集合，即能覆盖的空间，又称可达工作空间或总工作空间。工作空间是表示机器人运动范围的一个重要参数。

直角坐标机器人的工作空间如图 2-11 所示。从图中可以看出，直角坐标机器人的工作空间是一个规则的长方体，它的长、宽、高分别对应机器人在 X、Y、Z 三个方向的运动范围。

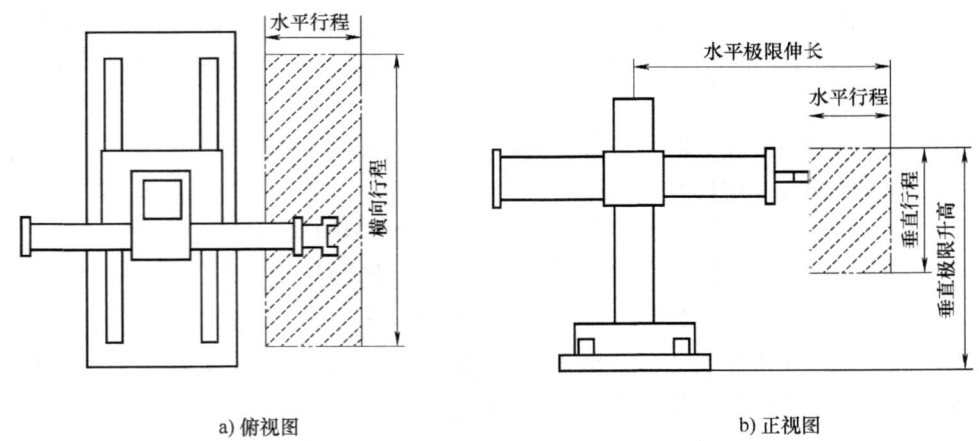

a) 俯视图　　　　　　　　　　　b) 正视图

图 2-11　直角坐标机器人的工作空间

直角坐标机器人具有下列特点：
① 三个移动关节的运动相互独立，因此运动学建模及逆解简单；
② 运动速度快，定位精度高；
③ 结构简单，控制容易；
④ 移动副可两端支撑，结构刚性大；

⑤ 占据空间大。

（2）圆柱坐标机器人　圆柱坐标机器人是由一根立柱和安装在立柱上的水平臂组成，立柱安装在基座上，水平臂可绕立柱做旋转运动，可伸缩并沿立柱上下移动，如图 2-12 所示。因此该机器人具有一个转动关节和两个移动关节。该类机器人被称为圆柱坐标机器人是因为其末端可到达的工作空间的形状是一个空心的圆柱。圆柱坐标机器人可用于物品搬运、喷涂、焊接等。

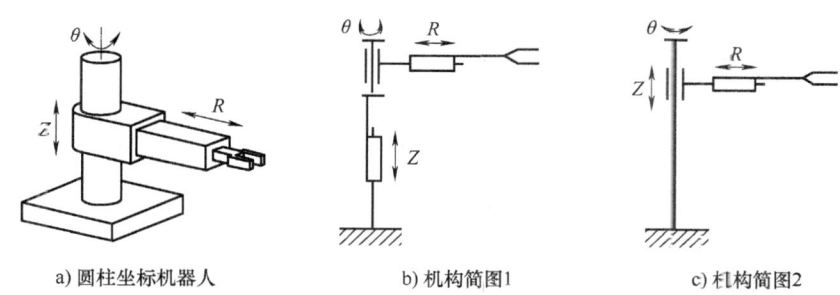

a) 圆柱坐标机器人　　　　b) 机构简图1　　　　c) 机构简图2

图 2-12　圆柱坐标机器人及其机构简图

图 2-12a 中的圆柱坐标机器人的机构简图有两种画法：一种是采用两个独立的移动副和一个转动副绘制，如图 2-12b 所示；另一种是将机器人的前两个关节用圆柱副表示，再加一个移动副来绘制，如图 2-12c 所示。

圆柱坐标机器人的工作空间如图 2-13 所示。从图中可以看出，该机器人在水平面的工作空间很大，这主要得益于腰转关节。

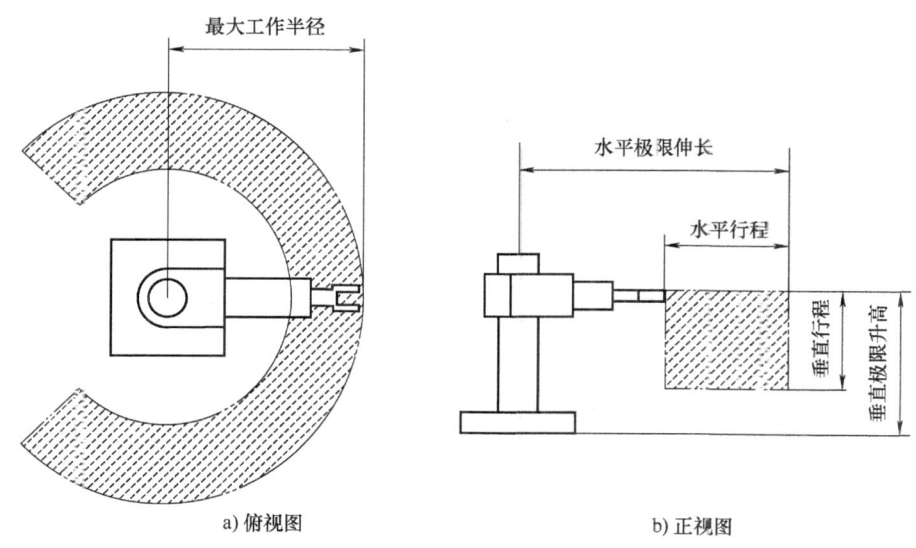

a) 俯视图　　　　　　　　　b) 正视图

图 2-13　圆柱坐标机器人的工作空间

圆柱坐标机器人具有下列特点：

① 三个关节的运动耦合性较弱，运动学建模及逆解较简单；
② 运动灵活性较好，能够伸入型腔式结构内部；
③ 手臂可达空间受限，不能到达靠近立柱或地面的空间；
④ 结构简单，自身占据空间也较大。

（3）球坐标机器人　球坐标机器人也被称为极坐标机器人，由腰转关节、俯仰关节和伸缩臂组成，共3个自由度，如图2-14a所示。由于其末端工作空间的几何形状为球面，因此被称为球坐标机器人。球坐标机器人可用于物品搬运、喷涂、焊接等。

球坐标机器人的机构简图如图2-14b所示。球坐标机器人末端的位置可表示为 $P = F(\theta, \beta, R)$，即关节变量包括2个转动变量和1个移动变量。

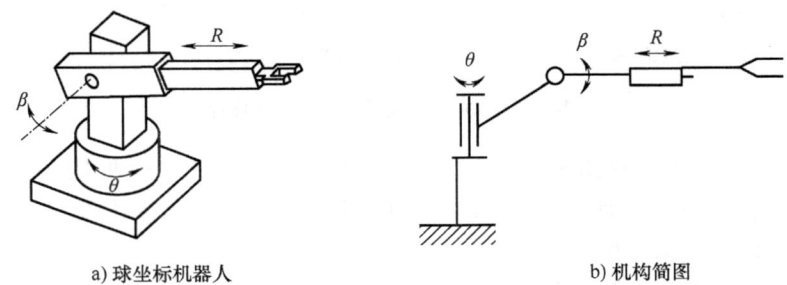

a) 球坐标机器人　　　　　　　　　b) 机构简图

图 2-14　球坐标机器人及其机构简图

球坐标机器人的工作空间如图2-15所示。从图中可以看出，该类机器人在水平面上具有较大的工作空间，但在垂直面上的工作空间比较小。

球坐标机器人具有下列特点：

① 三个关节的运动耦合性强，运动学建模和逆解复杂；
② 工作空间较大；
③ 运动灵活性好，自身占据空间小；
④ 存在工作死区，控制复杂。

（4）SCARA机器人　SCARA（selective compliance assembly robot arm）机器人是日本山梨大学牧野洋教授发明的一种用于装配作业的机器人手臂，有三个转动关节和一个移动关节，如图2-16a所示。三个转动关节实现平面内的快速定位，移动关节用于提取和放置物品。

SCARA机器人的机构简图如图2-16b所示。从该机构简图中可以清楚地看出SCARA机器人的三个转动关节是轴线相互平行的关系。SCARA机器人末端的位置可表示为 $P = F(\theta, \phi, \gamma, l)$，即关节变量包括3个转动变量和1个移动变量。

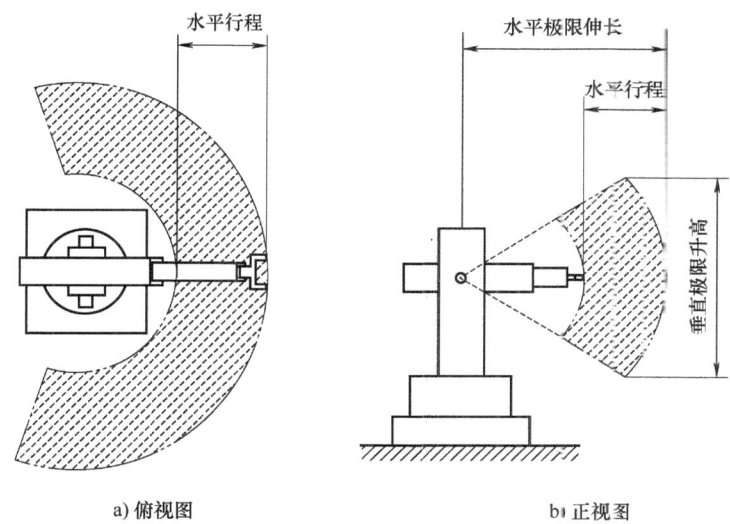

图 2-15 球坐标机器人的工作空间

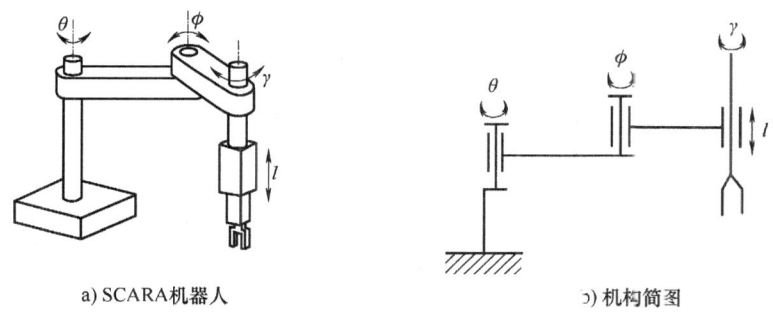

图 2-16 SCARA 机器人及其机构简图

SCARA 机器人的工作空间如图 2-17 所示。从图中可以看出，该类机器人在水平面和垂直平面内都具有较大的工作空间。

SCARA 机器人具有下列特点：

① 在水平方向上具有柔顺性，在垂直方向上具有良好刚度，特别适合平面定位、垂直方向装配作业；

② 运动灵活，速度快，速度可达 10m/s；

③ 采用串联的两杆结构，类似人的手臂，可伸进受限空间中作业；

④ 三个转动关节相互平行，具有耦合性，运动学建模与控制比较复杂。

（5）通用多关节型机器人 通用多关节型机器人主要是指 6 自由度或 5 自由度的关节型工业机器人，该类机器人一般是由 5 个或 6 个独立的转动关节构

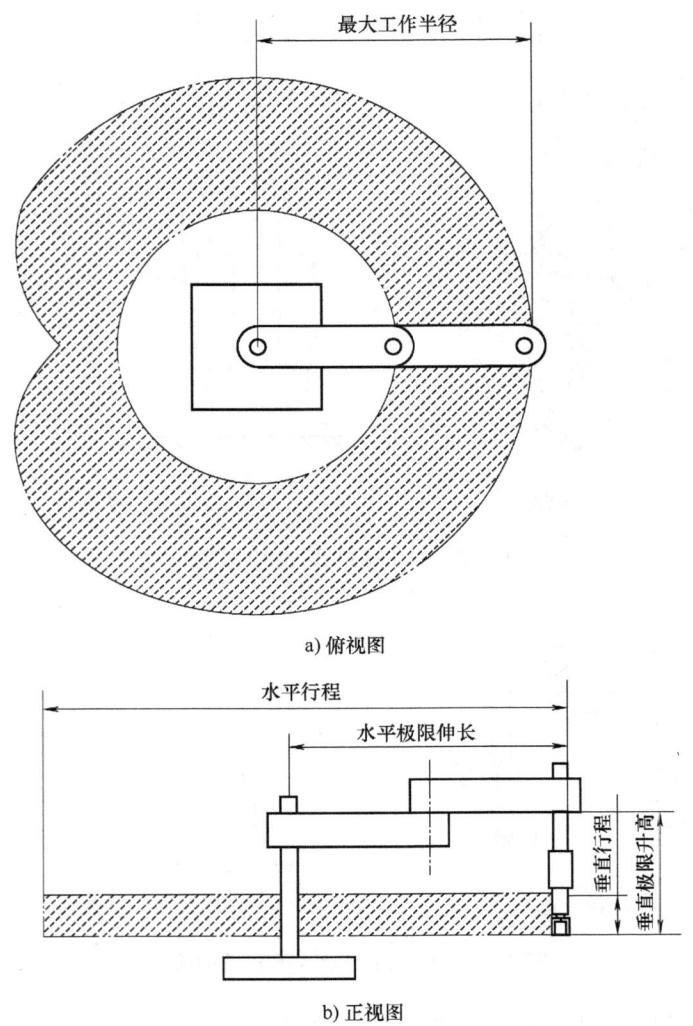

图 2-17 SCARA 机器人的工作空间

成,主要包括基座、大臂和小臂三个部分,在外形结构上类似人的胳膊。以遨博 6 自由度机器人为例(见图 2-18),机器人有 6 个关节,能完全控制末端执行器在三维空间的位置和姿态,因而具有很高的操作灵活性,广泛应用于各个行业和领域。为了保证解析逆解的存在,6 自由度机器人一般设计为连续 3 个关节轴线平行或相交于一点的构型。

通用多关节型机器人可采用坐立式、吊挂式和斜挂式三种安装方式,主要用于焊接、装配、搬运、喷涂等,具有广泛的应用。

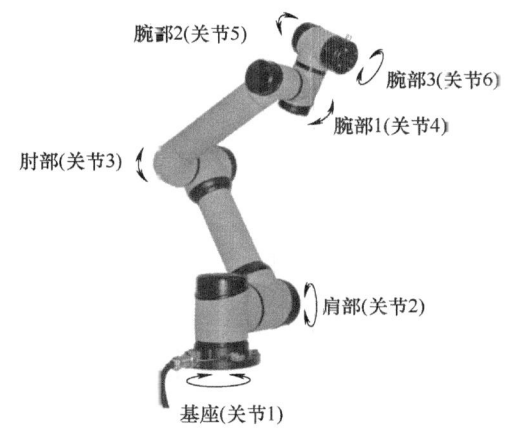

图 2-18　遨博 6 自由度机器人（AUBO-i5）

对于图 2-19a 中的 6 自由度通用关节型机器人，其机构简图的画法有两种（见图 2-19b 和图 2-19c），它们的主要区别在于轴线平行于纸面的转动关节的画法不同，采用第二种画法更简单些，机器人的构型也显得更简洁，所以目前多采用第二种画法来表示 6 自由度通用多关节型机器人的机构。

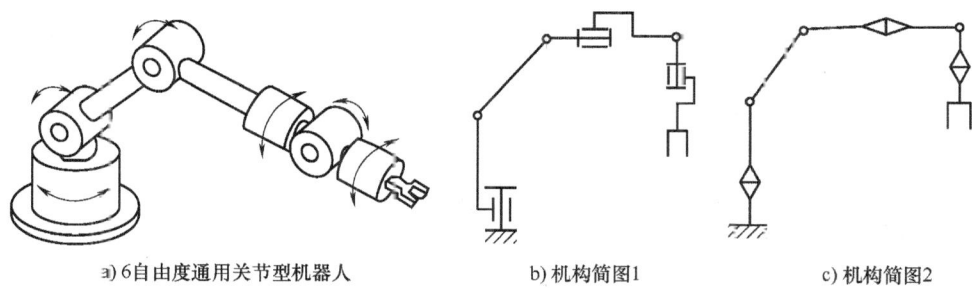

图 2-19　6 自由度通用多关节型机器人及其机构简图

通用多关节型机器人的工作空间如图 2-20 所示。从图中可以看出，该类机器人在水平面和竖直面内都具有较大的工作空间，与前面介绍的其他机器人相比，在垂直平面内具有最大的工作空间。

通用多关节型机器人具有下列特点：
① 动作灵活，工作空间大；
② 结构复杂但可以实现标准化，具有通用性；
③ 速度快，重复定位精度高；
④ 绝对定位精度相对较低，系统刚度小；
⑤ 各关节运动具有复杂的耦合关系，运动学建模和逆解复杂，控制复杂。

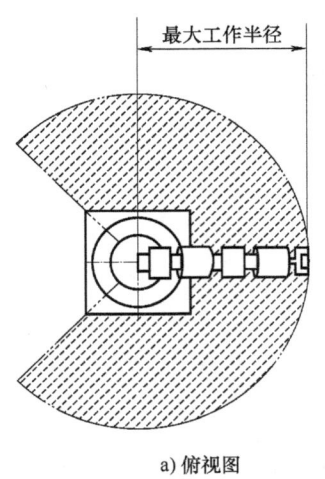
a) 俯视图

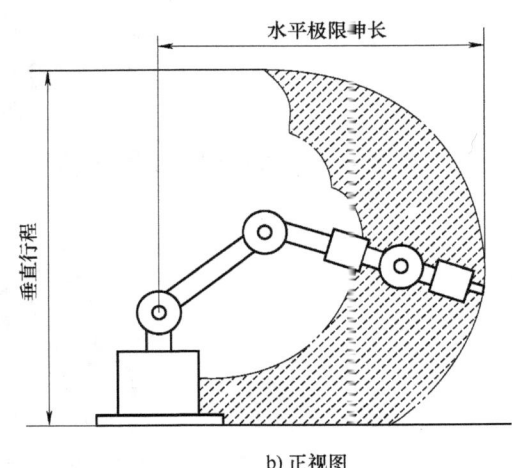
b) 正视图

图 2-20 通用多关节型机器人的工作空间

上述 5 种串联机器人的特点对比见表 2-2。

表 2-2 5 种串联机器人的特点对比

类型	运动特点	工作范围	结构	定位精度	所占空间
直角坐标机器人	机器人臂部由 X、Y、Z 坐标轴方向的直线运动关节组成	小	简单	高	大
圆柱坐标机器人	机器人臂部具有回转、伸缩、升降 3 个自由度	较大	简单	较高	较大
球坐标机器人	机器人臂部分由一个直线运动的关节与两个旋转关节组成,即由一个伸缩、一个俯仰与一个回转运动组成	大	复杂	较低	极小
SCARA 机器人	在水平方向上具有顺从性,在垂直方向具有良好的刚度,速度快	较小	简单	很高	较小
通用多关节型机器人	由多个旋转关节组成,具有多个自由度	很大	复杂	高	较大

2. 并联机器人机构

并联机器人机构（parallel robot mechanism）是动平台和静平台通过至少两条独立的运动链相连接,具有两个或两个以上自由度且以并联方式驱动的一种闭链机构。典型的并联机器人机构类型有三种,包括 6 自由度的 Stewart 并联机器人、3 自由度的 Delta 并联机器人、5 自由度的 Tricept 并联机器人。

并联机器人机构具有如下优缺点：

1) 优点。刚度大，微动精度高，逆解计算简单。
2) 缺点。工作空间小，运动速度低，正解计算复杂。

需要说明的是，前面提到的串联机器人机构和并联机器人机构的优缺点是以两种机构对比得出的结果，比如这里讲并联机器人的运动速度低，是相对于串联机器人而言的，它实际的运动速度是很快的。

下面对各种并联机器人的机构、特点和用途进行介绍并给出其机构简图。

(1) Stewart 并联机器人　1965 年，德国人 Stewart 发明了 6 自由度并联机构，用于设计飞行模拟器，因此采用该机构的机器人被称为 Stewart 并联机器人。Stewart 并联机器人及其机构简图如图 2-21 所示。Stewart 并联机器人主要由动、静两个平台和连接两个平台的 6 条驱动支链构成，通常采用液压驱动或电驱动，主要特点包括：

① 具有 6 个自由度；
② 运动无奇异，定位精度高，刚度大，负载大；
③ 运动学模型有极强的非线性，运动空间小；
④ 单根支链上的定位误差被其他支链平均，没有累积误差；
⑤ 球关节是被动的，没有驱动和制动，其位置由其他支链约束确定；
⑥ 体积较大，需要预留支链运动空间，适合固定安装。

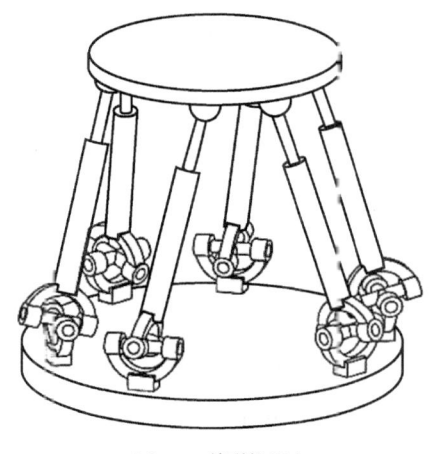
a) Stewart 并联机器人

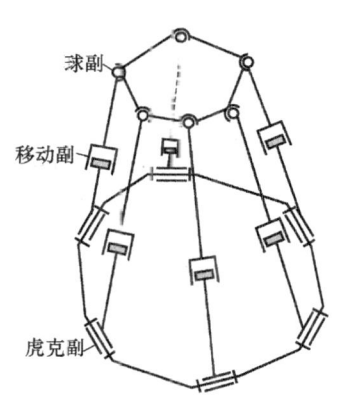
b) 机构简图

图 2-21　Stewart 并联机器人及其机构简图

Stewart 并联机器人主要由球副和移动副组成，每条驱动支链的结构比较简单，但因为有 6 条支链，所以总体看起来机构简图比较复杂。

Stewart 并联机器人主要用于飞行模拟器、粒子加速器中的电镜或磁镜机构、高精度和大负载定位器等，如图2-22所示。

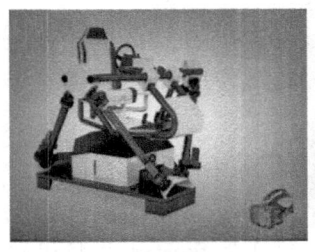
a) 飞行模拟器

b) 电镜机构

c) 大负载定位器

图 2-22　Stewart 并联机器人的应用

（2）Delta 并联机器人　Delta 并联机器人是由瑞士洛桑联邦理工学院（EPFL）的 Reymond Clavel 教授在 20 世纪 80 年代初提出的。Delta 并联机器人的动、静平台之间有 3 条带有四边形机构的传动支链，3 个驱动器安装在静平台上，末端的动平台只有 X、Y、Z 方向的移动，没有转动自由度。Delta 并联机器人及其机构简图如图 2-23 所示。

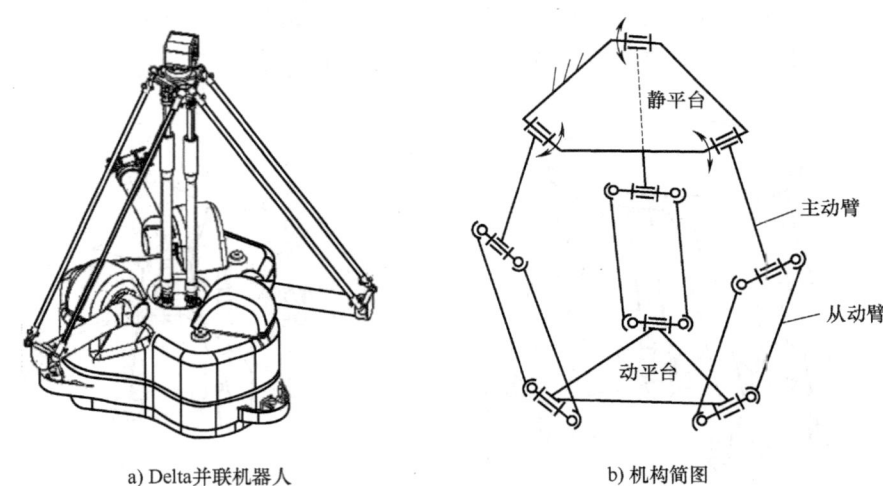

a) Delta并联机器人　　　　b) 机构简图

图 2-23　Delta 并联机器人及其机构简图

Delta 并联机器人的特点主要包括：

① 具有 3 个自由度（也有 4、5、6 自由度的混联结构）；

② 静平台安装 3 个驱动器，有 3 条带四边形机构的驱动支链，通常采用电动机驱动；

③ 运动无奇异，定位精度高，负载小；

④ 运动学模型有极强的非线性，运动空间小；

⑤ 单根支链上的定位误差被其他支链平均,没有累积误差;
⑥ 球关节是被动的,没有驱动和制动,其位置由其他支链约束确定;
⑦ 工作空间呈圆柱形或球形,横向范围大但高度有限,适合高速分拣、包装。

3 自由度 Delta 并联机器人主要由球副和转动副构成,三条支链具有相同的结构。

Delta 并联机器人主要用于包装或医药行业取放物品、电子产品装配、触觉交互设备、3D 打印设备等,如图 2-24 所示。

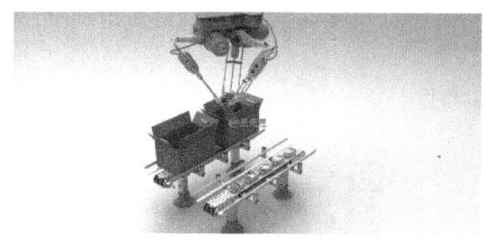

a) 取放物品的Delta并联机器人　　b) 工业生产线上的Delta并联机器人

图 2-24　Delta 并联机器人的应用

传统的 Delta 并联机器人只有 3 个平动自由度,但在一些应用场合需要机器人具有转动自由度,即调整姿态的能力,因此具有 4 个或更多自由度的 Delta 并联机器人逐步被开发出来。图 2-25 所示为 ABB 公司的 4 自由度 Delta 并联机器人及其机构简图,该机器人是在传统 3 自由度 Delta 并联机器人的基础上增加了 1 个自由度的旋转运动,该自由度相对于其他 3 个并联支链是独立的,严格意义上讲是一个串、并联混合机器人。

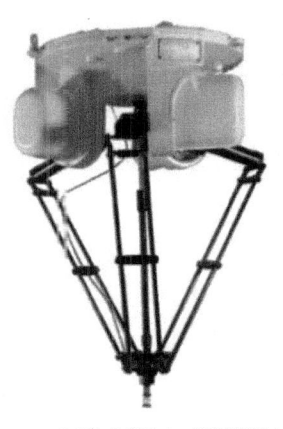
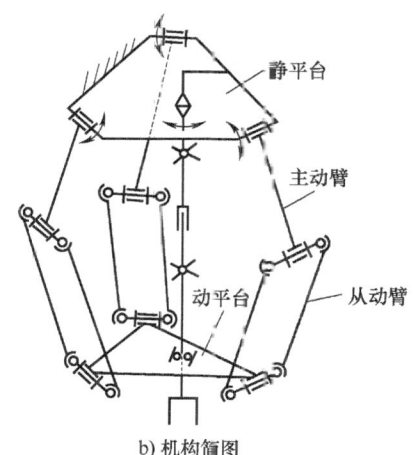

a) 4自由度Delta并联机器人　　b) 机构简图

图 2-25　4 自由度 Delta 并联机器人及其机构简图

（3）Tricept 并联机器人　1985 年，瑞典 Neos Robotics 公司创始人和总裁 Karl-Erik Neumann 发明了 Tricept 并联机器人。这是一个 5 自由度的串、并联混合机构：并联部分有 3 条支链，共 3 个自由度，驱动安装在静平台上；2 自由度的串联机构安装在动平台上。因为此发明，Karl-Erik Neumann 在 1999 年被授予国际金机器人奖（Golden Robot Award），这是工业领域最有威信的奖项之一。图 2-26 所示为 Tricept 并联机器人应用于并联机床的场景。

Tricept 并联机器人具有下列特点：

① 5 个自由度，串、并联混合结构，并联 3 自由度，串联 2 自由度；

② 静平台安装有 3 条支链，动平台末端连接 2 自由度串联结构；

③ 定位精度高，负载大；

④ 工作空间大，刚度大；

⑤ 占用空间中等，需要兼顾并联支链和串联臂的运动范围。

图 2-26　Tricept 并联机器人应用于并联机床

Tricept 机器人主要由移动副，转动副等构成，如图 2-27a 所示，其机构简图如图 2-27b 所示。

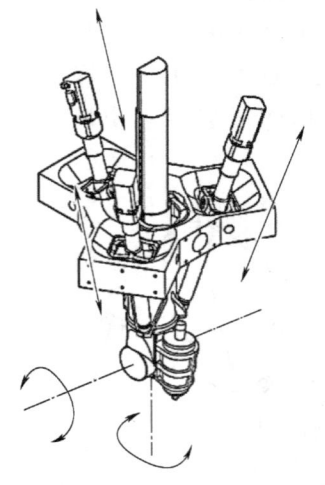

a) Tricept 并联机器人

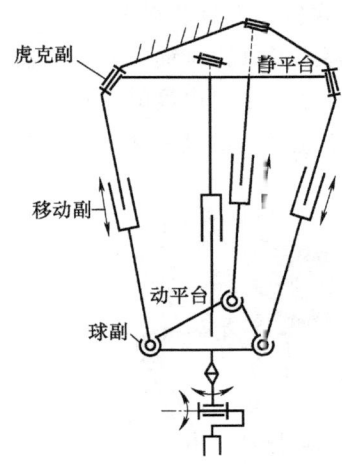

b) 机构简图

图 2-27　Tricept 并联机器人及其机构简图

目前，Tricept 并联机器人主要用于汽车装配自动生产线，完成加工、装配、焊接等工序，如图 2-28 所示。

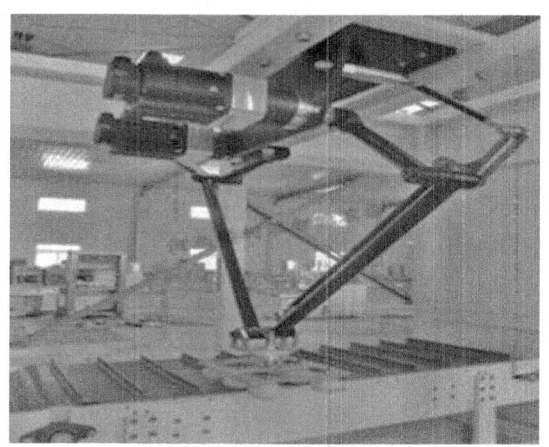

图 2-28 Tricept 并联机器人的应用

上面介绍的 3 种并联机器人的特点对比见表 2-3。

表 2-3 3 种并联机器人的特点对比

名称	自由度数	工作范围	结构	定位精度	所占空间	刚度
Stewart 并联机器人	6	小	复杂	高	大	很大
Delta 并联机器人	3	小	简单	较高	小	较大
Tricept 并联机器人	5	较大	复杂	高	较大	大

3. 其他机器人机构

串联机器人机构和并联机器人机构一般被称为典型机器人机构,除此以外,还有一些其他机器人机构,例如移动机器人机构、飞行机器人机构等,如图 2-29 和图 2-30 所示。它们主要由连杆机构、齿轮机构等传统机构构成。这些机器人机构大多来自于过去已有的机器系统,最主要的变化是其控制方式,由过去的人工操控变为自动控制。

图 2-29 移动机器人机构

图 2-30 飞行机器人机构

机器人机构可能由单一机构类型构成，也可能是多种机构类型的组合。例如，如图 2-9a 所示的机器狗是由串联机构和其他机构组合而成的。

2.4 MATLAB Robotics Toolbox

2.4.1 Robotics Toolbox 简介

MATLAB Robotics Toolbox 是由澳大利亚昆士兰理工大学机器人与控制专业的教授 Peter Corke 开发和维护的一套基于 MATLAB 的机器人工具箱（Robotics Toolbox）。

机器人工具箱包含了用于模拟移动机器人和机械臂的各种不同的函数，例如 Link、SerialLink、display、fkine 和 jtraj 函数，其分别对应机器人的连杆配置、机器人连接、可视化演示、运动学正解和给定位置的轨迹规划。由于高自由度机器人的运动学和动力学模型较为复杂，容易产生计算错误，Robotics Toolbox 可以通过相应的封装函数极大地提高计算效率，验证模型正确性，并通过 MATLAB 强大的可视化功能，对机器人的实际机理有更加清晰的认识。工具箱中还包含了对诸如向量的数据类型进行操作及转换的函数、齐次变换函数、三角度表示函数，以及单位四元数函数，它们对于描述刚体三维位置和姿态非常有用。简言之，就是可以提供机器人学研究中的许多重要功能函数，包括齐次变换求解、正逆运动学求解、雅可比矩阵、动力学仿真以及轨迹规划等功能函数，可以对机器人进行图形仿真，并能分析真实机器人控制时的实验数据结果。

2.4.2 Robotics Toolbox 安装

本书中使用机器人工具箱（Robotics Toolbox）的 9.10 版本。要运行本书中提供的程序，请安装 MATLAB 2019b 或之后的版本，并安装机器人工具箱，步骤如下：

1) 将 Robotics_9.10 工具箱文件夹拷贝到 MATLAB 安装目录的 toolbox 目录下。

2) 启动 MATLAB，单击 file→setpath→add with subfolder，并选择 Robotics_9.10 工具箱文件夹，再单击 save→close。

3) 在 MATLAB 命令行中输入并运行 ver 命令，打印 MATLAB 工具箱列表，观察列表中是否有 Robotics Toolbox，若有即代表安装成功。

4) 运行 rtbdemo 命令并观察工具箱的演示窗口，或调用工具箱的函数进行操作。具体操作详见后面章节,这里不再赘述。

2.5 小结

本章主要介绍了机器人机构的类型及其机构简图的画法,重点介绍了5种串联机器人机构和3种并联机器人机构的结构、特点、用途及机构简图。另外,对机器人的组成和典型机器人案例进行了讲解。最后介绍了MATLAB Robotics Toolbox。

参考文献

[1] 智能佳机器人. 从未见过的 ROS 机械臂 [EB/OL].(2021-09-17)[2023-05-22]. https://www.sohu.com/a/490446094_100113457.

[2] 制造业生态圈. 国产机器人进步神速,这些企业是脊梁 [EB/OL].(2018-10-02)[2023-05-22]. https://m.sohu.com/a/257396615_821100.

[3] 压力士. 机器人学:(1)机器人基础 [EB/OL].(2023-03-19)[2023-05-22]. https://blog.csdn.net/weixin_43724057/article/details/129637697.

[4] 摩方物联. 工业 4.0 时代的智能仓库有哪些亮点与难点 [EB/OL].(2018-08-09)[2023-05-24]. https://m.sohu.com/a/246106837_100085523/?pvid=000115_3w_a.

[5] 吴丽媛. 浅谈工业机器人的分类与发展趋势 [J]. 科技风,2017(6):5-6.

[6] 大风号. 承德开展警务技能和装备展示活动 [EB/OL].(2018-03-01)[2023-05-24]. https://news.ifeng.com/c/7fZs6gAnu16.

[7] 东邦. 美国很久没登月,嫦娥四号恰好发现新"石碑",二者有什么联系?[EB/OL].(2021-08-24)[2023-05-24]. https://m.sohu.com/a/485259878_121066694/?pvid=000115_3w_a.

[8] 匡辰机器人. 安防巡逻机器人是如何提供安防服务的?[EB/OL].(2020-11-03)[2023-05-24]. https://zhuanlan.zhihu.com/p/272751293.

[9] 陈燕妮. 波士顿动力新 SpotMini 机器狗,网友称像长了腿的巨型 U 盘 [EB/OL].(2017-11-14)[2023-09-04]. https://www.guancha.cn/TMT/2017_11_14_434822.shtml.

[10] 徐晓兰. 中国机器人产业战略研究及西部发展机遇 [J]. 中国发展,2015,15(5):61-65.

[11] 罗日钦,赵星. 我国工业机器人应用技术及发展趋势研究 [J]. 科技广场,2021(6):59-64.

[12] 张涛,施天宇,孙春霞,等. 服务机器人研究 [J]. 科技资讯,2017,15(15):99-100.

[13] 朱茜. 预见 2021:2021 年中国工业机器人行业全景图谱(附市场现状、竞争格局和

发展趋势等)[EB/OL].(2021-06-29)[2023-05-24]. https://www.qianzhan.com/analyst/detail/220/210629-87ed81bf.html.

[14] 谷明信,赵华君,董天平.服务机器人技术及应用[M].成都:西南交通大学出版社,2019.

[15] 物流搜索.工业4.0技术:中日并联机器人大PK![EB/OL].(2017-02-06)[2023-05-27]. https://www.sohu.com/a/125601027_610732.

[16] 水泽国度.Delta机器人在产线应用[EB/OL].(2016-02-24)[2024-03-19] https://www.mfcad.com/tuzhi/solidworks/jixieshebei/175943.html.

[17] 机电号.从部分展品看数控机床机械结构创新与发展[EB/OL].(2019-08-28)[2024-03-19]. http://www.jdzj.com/news/127089.html.

[18] 烽火台.上下料移动机器人[EB/OL].(2021-08-19)[2023-10-14]. https://detail.fht360.com/pro117676.html.

[19] 伺服与运动控制.小而分散的底盘市场,松灵机器人如何突围?[EB/OL].(2020-12-29)[2023-10-14]. https://www.chuandong.com/news/news242909.html.

[20] PETER CORKE.机器人学、机器视觉与控制:MATLAB算法基础[M].刘荣,等译.北京:电子工业出版社,2016.

[21] 战强.机器人学:机构、运动学、动力学及运动规划[M].北京:清华大学出版社,2019.

[22] 西西利亚诺,哈提卜.机器人手册:第3卷 机器人应用[M].机器人手册翻译委员会,译.北京:机械工业出版社,2016.

[23] 哈米德,塔吉拉德.并联机器人:机构学与控制[M].刘山,译.北京:机械工业出版社,2018.

[24] 刘辛军,谢福贵,汪劲松.并联机器人机构学基础[M].北京:高等教育出版社,2018.

[25] 孟庆鑫,王晓东.机器人技术基础[M].哈尔滨:哈尔滨工业大学出版社,2006.

习题

1. 试绘制图2-31所示直角坐标机器人的机构运动简图。
2. 试绘制图2-32所示圆柱坐标机器人的机构运动简图。
3. 试绘制图2-33所示多关节型机器人的机构运动简图。
4. 试绘制图2-34所示2自由度Diamond并联机器人的机构运动简图。
5. 简述工业机器人与服务机器人的区别。
6. 依据机构类型来划分,串联机器人可分为哪几种?分别有什么特点?
7. 依据机构类型来划分,并联机器人可分为哪几种?分别有什么特点?

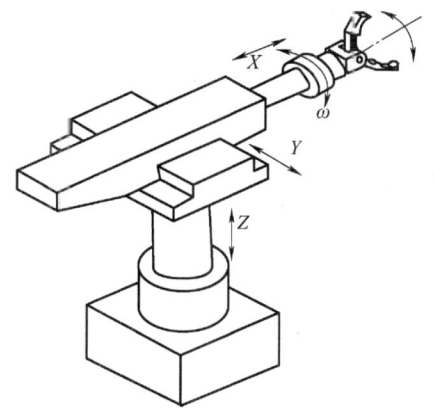

图 2-31 直角坐标机器人

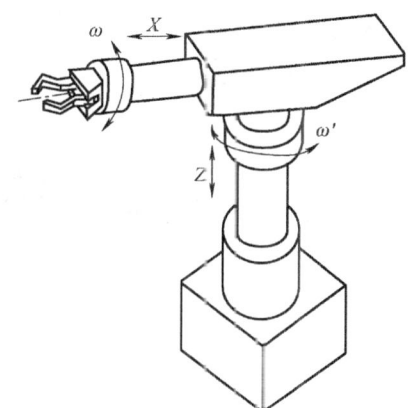

图 2-32 圆柱坐标机器人

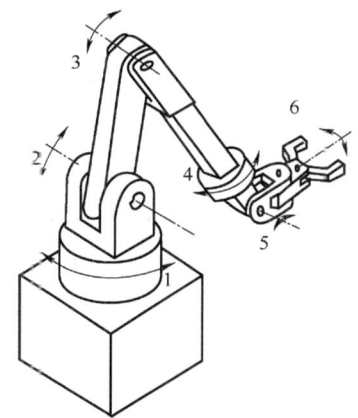

图 2-33 多关节型机器人

图 2-34 2自由度 Diamond 并联机器人

第 3 章

空间描述和变换

运动是机器人的基本功能,为了控制机器人实现特定的运动,首先要对机器人进行定量描述,在此基础上建立数学模型。本章将介绍机器人的空间描述方法、坐标系变换、变换算子等内容,并借助 MATLAB Robotics Toolbox 完成坐标系变换的相关计算。

3.1 引言

机器人是由一系列构件和运动副组合而成的机构,它能够在三维空间中实现各种复杂运动和预定操作。为了实现机器人的运动及操作,首先需要定量描述操作对象、工具以及机器人本体的位置与姿态。以图 3-1 所示的机器人为例,为了让机器人抓取传送带上的包裹,首先要得知包裹在三维空间中的位置,以及包裹的姿态,然后控制机器人末端吸盘的位置和姿态,使其与包裹的位置和姿态一致。由此可见,位置和姿态是机器人控制和应用中的关键要素。为了表示机器人的位姿,首先必须给出具有通用性的定义和表达规则。

图 3-1 机器人抓取货物

3.2 机器人位置、姿态与位姿

在本节中,将分别讨论三维空间中物体的位置和姿态,并给出包含这两个描述的统一体——位姿。

3.2.1 位置

以机械臂抓取包裹为例,要实现这一任务,首先要确定包裹的位置,实际上只需要确定包裹中心点的位置。因此,首先需要能够描述空间中任一点的位置。为了定量描述位置,必须要有参考坐标系,在三维空间中建立一个坐标系,则三维空间中的任一点均可以用坐标系原点到该点的 3×1 向量进行定位,这个向量称为空间点在此坐标系下的位置(或空间点在此坐标系下的坐标,或空间点相对于此坐标系的位置)。应注意的是,若在三维空间中建立了若干个不同的坐标系,则同一点在不同坐标系下的位置(坐标)是不同的,为了加以区分,常在向量记号上添加上标或下标,以表明其参考的坐标系。在本书中,没有特殊说明的情况下,用左上标来表明位置向量坐标系。例如,$^A\boldsymbol{P}$ 是空间点 P 在坐标系 $\{A\}$ 下的位置向量,向量 $^A\boldsymbol{P}$ 的各个分量是其在 $\{A\}$ 的各坐标轴上的投影。

如图 3-2 所示,现有一个空间点 P,建立坐标系 $\{A\}$,则可以用一个向量 $^A\boldsymbol{P}$ 描述点 P 的位置,向量 $^A\boldsymbol{P}$ 的各个元素分别用下标 x、y 和 z 来区分,即

$$^A\boldsymbol{P} = \begin{bmatrix} p_x \\ p_y \\ p_z \end{bmatrix} \quad (3-1)$$

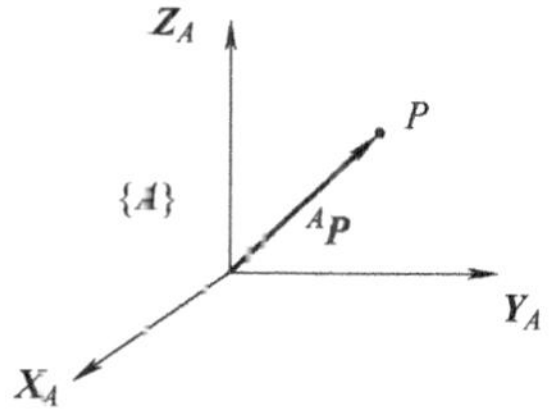

式(3-1)即为空间中一点的位置描述。

图 3-2 空间点的位置描述

请读者注意区分"点"和"点的坐标"。"点"是三维空间的元素,是一个几何对象;"点的坐标"是在某一参考坐标系下对"点"的描述,是一个代数对象。点的存在不依赖于对它的描述,并且同一个点在不同的参考坐标系下有不同的坐标。

3.2.2 姿态

仍以机械臂抓取包裹为例,在得知包裹的位置后,还需要确定包裹的姿态,通俗来讲,就是包裹的朝向。将包裹视为一个刚体,则根据刚体力学,可

在包裹的几何中心（或质心）上固连一个坐标系，此坐标系随包裹一起平移、旋转，称为包裹的固连坐标系。于是，描述包裹的姿态就是描述包裹中心点的固连坐标系的姿态，要描述固连坐标系的姿态，必须参考另一个坐标系。在图 3-3 中，坐标系 $\{B\}$ 是某一刚体的固连坐标系，坐标系原点为 P，下面描述固连坐标系 $\{B\}$ 相对于参考坐标系 $\{A\}$ 的姿态。

描述坐标系相对姿态的方法有若干种，此处先介绍旋转矩阵描述法。

分别用 $\boldsymbol{X}_B$、$\boldsymbol{Y}_B$ 和 $\boldsymbol{Z}_B$ 表示坐标系 $\{B\}$ 主轴方向的单位向量，这三个单位向量在坐标系 $\{A\}$ 下的坐标分别为 $^A\boldsymbol{X}_B$、$^A\boldsymbol{Y}_B$ 和 $^A\boldsymbol{Z}_B$，它们均为 3×1 单位列向量，这三个向量构成了一个单位正交向量组，因此由它们组成的 3×3 矩阵是一个正交矩阵，由于它是坐标系 $\{B\}$ 相对于坐标系 $\{A\}$ 的表达，因此用符号 $^A_B\boldsymbol{R}$ 来表示（在本书中，用左上标表示参考坐标系，用左下标表示当前坐标系，阅读时应从左下到左上），称 $^A_B\boldsymbol{R}$ 为坐标系 $\{B\}$ 相对于坐标系 $\{A\}$ 的旋转矩阵（或简称为 $\{B\}$ 到 $\{A\}$ 的旋转矩阵），即

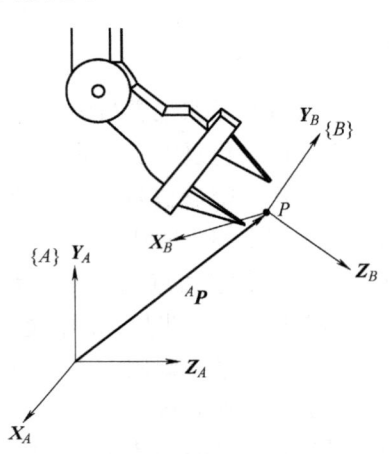

图 3-3 空间中刚体的姿态描述

$$^A_B\boldsymbol{R} = \begin{bmatrix} ^A\boldsymbol{X}_B & ^A\boldsymbol{Y}_B & ^A\boldsymbol{Z}_B \end{bmatrix} = \begin{bmatrix} r_{11} & r_{12} & r_{13} \\ r_{21} & r_{22} & r_{23} \\ r_{31} & r_{32} & r_{33} \end{bmatrix} \qquad (3\text{-}2)$$

在式（3-2）中，旋转矩阵的各个元素是坐标系 $\{B\}$ 的主轴单位向量在坐标系 $\{A\}$ 的主轴单位向量上的投影，因此矩阵的每个元素均可用一对单位向量的内积来表示，即

$$^A_B\boldsymbol{R} = \begin{bmatrix} ^A\boldsymbol{X}_B & ^A\boldsymbol{Y}_B & ^A\boldsymbol{Z}_B \end{bmatrix} = \begin{bmatrix} \boldsymbol{X}_B \cdot \boldsymbol{X}_A & \boldsymbol{Y}_B \cdot \boldsymbol{X}_A & \boldsymbol{Z}_B \cdot \boldsymbol{X}_A \\ \boldsymbol{X}_B \cdot \boldsymbol{Y}_A & \boldsymbol{Y}_B \cdot \boldsymbol{Y}_A & \boldsymbol{Z}_B \cdot \boldsymbol{Y}_A \\ \boldsymbol{X}_B \cdot \boldsymbol{Z}_A & \boldsymbol{Y}_B \cdot \boldsymbol{Z}_A & \boldsymbol{Z}_B \cdot \boldsymbol{Z}_A \end{bmatrix} \qquad (3\text{-}3)$$

为简化描述，式（3-3）中旋转矩阵中向量的左上标被省略了。由于两个单位向量的内积等于它们夹角的余弦值，因此旋转矩阵的各元素也称为方向余弦。

注意到，式（3-3）中矩阵的行向量组刚好是 $\{A\}$ 的主轴单位向量在 $\{B\}$ 下的坐标，即

$${}_B^A\boldsymbol{R} = \begin{bmatrix} {}^A\boldsymbol{X}_B & {}^A\boldsymbol{Y}_B & {}^A\boldsymbol{Z}_B \end{bmatrix} = \begin{bmatrix} {}^B\boldsymbol{X}_A^{\mathrm{T}} \\ {}^B\boldsymbol{Y}_A^{\mathrm{T}} \\ {}^B\boldsymbol{Z}_A^{\mathrm{T}} \end{bmatrix} \tag{3-4}$$

因此，按照旋转矩阵的定义，将式（3-3）转置即可得到坐标系 {A} 相对于坐标系 {B} 的旋转矩阵 ${}_A^B\boldsymbol{R}$，即

$${}_A^B\boldsymbol{R} = {}_B^A\boldsymbol{R}^{\mathrm{T}} \tag{3-5}$$

另一方面，旋转矩阵一定是正交矩阵，其逆矩阵等于它的转置，可以简单证明如下：

$${}_B^A\boldsymbol{R}^{\mathrm{T}} {}_B^A\boldsymbol{R} = \begin{bmatrix} {}^B\boldsymbol{X}_A^{\mathrm{T}} \\ {}^B\boldsymbol{Y}_A^{\mathrm{T}} \\ {}^B\boldsymbol{Z}_A^{\mathrm{T}} \end{bmatrix} \begin{bmatrix} {}^A\boldsymbol{X}_B & {}^A\boldsymbol{Y}_B & {}^A\boldsymbol{Z}_B \end{bmatrix} = \boldsymbol{I}_3 \tag{3-6}$$

式中，$\boldsymbol{I}_3$ 是 3×3 单位矩阵。因此 {A} 相对于 {B} 的旋转矩阵和 {B} 相对于 {A} 的旋转矩阵互为逆矩阵，且可以通过矩阵转置进行转换，即

$${}_B^A\boldsymbol{R} = {}_A^B\boldsymbol{R}^{-1} = {}_A^B\boldsymbol{R}^{\mathrm{T}} \tag{3-7}$$

3.2.3 位姿

根据上述讨论，要描述空间中包裹的位置和姿态，只需要建立一个作为基准的参考坐标系 {A}，并在包裹上固连一个坐标系 {B}，确定 ${}^A\boldsymbol{P}$ 和 ${}_B^A\boldsymbol{R}$，也就确定了包裹的位置和姿态。现希望用一个矩阵表示这两部分信息，首先将 ${}^A\boldsymbol{P}$ 记为 ${}^A\boldsymbol{P}_{BORG}$，其含义是 {B} 的原点（Origin）在 {A} 下的位置，用包含 ${}_B^A\boldsymbol{R}$ 和 ${}^A\boldsymbol{P}_{BORG}$ 的矩阵来描述 {B} 相对于 {A} 的位置、姿态，此矩阵称为 {B} 相对于 {A} 的位姿矩阵，表达式为

$$\{B\} = \{{}_B^A\boldsymbol{R}, {}^A\boldsymbol{P}_{BORG}\} \tag{3-8}$$

位姿矩阵的具体表达方式将在后面讲解，这里先讨论多个坐标系位姿之间的关系。

如图 3-4 所示，有作为基准的"世界坐标系" {U} 以及另外三个坐标系 {A}、{B}、{C}，现引入位姿的图解表示法，即用坐标系 {U} 原点到坐标系 {A} 原点的箭头 ${}^U\boldsymbol{T}_A$ 表示 {A} 相对于 {U} 的位姿。这一记号的含义将在后面解释。

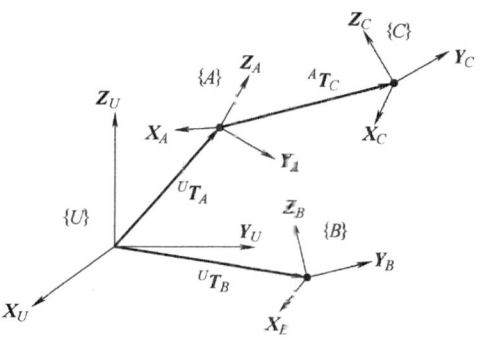

图 3-4　多个坐标系的位姿关系

3.3 坐标系变换

在机器人学中，常希望在不同的参考坐标系中表达同一刚体的位姿。在 3.2 节中介绍了位置、姿态和位姿的描述方法；本节主要讲述坐标系的变换，主要包括：坐标系的平移、坐标系的旋转以及包含平移与旋转的综合变换。

3.3.1 坐标系平移

如图 3-5 所示，坐标系 $\{A\}$ 与 $\{B\}$ 的姿态相同，但原点位置不同，$\{B\}$ 的原点在 $\{A\}$ 下的位置为 $^{A}P_{BORG}$，将坐标系 $\{A\}$ 的原点沿向量 $^{A}P_{BORG}$ 平移，即得到坐标系 $\{B\}$。对于同一个空间点 P，其在坐标系 $\{A\}$ 下的位置为 ^{A}P，在坐标系 $\{B\}$ 下的位置为 ^{B}P，下面确定 ^{A}P 和 ^{B}P 的关系。

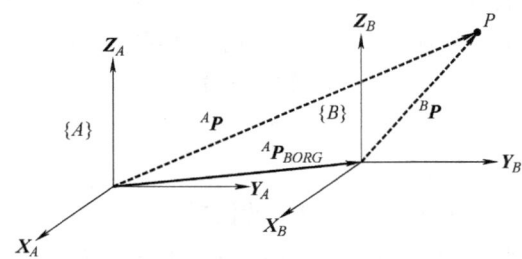

图 3-5 坐标系平移

由于 ^{A}P 和 ^{B}P 的参考坐标系具有相同的姿态，因此可以通过向量加法建立两者的关系，即

$$^{A}P = {}^{A}P_{BORG} + {}^{B}P \tag{3-9}$$

应注意的是，通过坐标系平移，空间点 P 本身没有变化，变化的仅是点 P 的描述，即坐标。实际上，向量 $^{A}P_{BORG}$ 定义了这个平移变换，因为它包含了平移变换的全部信息。

例 3-1：如图 3-6 所示，坐标系 $\{B\}$ 由坐标系 $\{A\}$ 沿其 Y 轴方向平移得到，已知空间点 P 在坐标系 $\{B\}$ 下的位置为 $^{B}P = [3 \ 5 \ 6]^T$，求点 P 在坐标系 $\{A\}$ 中的位置。

解：由式（3-9）可得点 P 在坐标系 $\{A\}$ 中的位置为

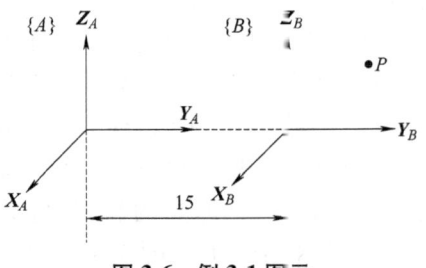

图 3-6 例 3-1 图示

$$^A\boldsymbol{P} = {}^A\boldsymbol{P}_{BORG} + {}^B\boldsymbol{P}$$
$$= \begin{bmatrix} 0 & 15 & 0 \end{bmatrix}^{\mathrm{T}} + \begin{bmatrix} 3 & 5 & 6 \end{bmatrix}^{\mathrm{T}}$$
$$= \begin{bmatrix} 3 & 20 & 6 \end{bmatrix}^{\mathrm{T}}$$

3.3.2 坐标系旋转

3.2 节介绍了用坐标系间的旋转矩阵来描述姿态的方法。假设有坐标系 $\{A\}$ 和 $\{B\}$，则有

$$^A_B\boldsymbol{R} = {}^B_A\boldsymbol{R}^{-1} = {}^B_A\boldsymbol{R}^{\mathrm{T}} \tag{3-10}$$

式中，$^A_B\boldsymbol{R}$ 的列是 $\{B\}$ 的主轴单位向量在 $\{A\}$ 中的描述，$^A_B\boldsymbol{R}$ 的行是 $\{A\}$ 的主轴单位向量在 $\{B\}$ 中的描述，即

$$^A_B\boldsymbol{R} = \begin{bmatrix} ^A\boldsymbol{X}_B & ^A\boldsymbol{Y}_B & ^A\boldsymbol{Z}_B \end{bmatrix} = \begin{bmatrix} ^B\boldsymbol{X}_A^{\mathrm{T}} \\ ^B\boldsymbol{Y}_A^{\mathrm{T}} \\ ^B\boldsymbol{Z}_A^{\mathrm{T}} \end{bmatrix} \tag{3-11}$$

如图 3-7 所示，有坐标系 $\{A\}$ 和 $\{B\}$，两坐标系的原点相同，但姿态不同。已知某空间点 P 在坐标系 $\{B\}$ 下的位置向量为 $^B\boldsymbol{P}$，$\{B\}$ 到 $\{A\}$ 的旋转矩阵为 $^A_B\boldsymbol{R}$，现希望求点 P 在坐标系 $\{A\}$ 下的位置向量 $^A\boldsymbol{P}$。

注意到，$^A\boldsymbol{P}$ 的各分量就是 $^B\boldsymbol{P}$ 向 $\{A\}$ 坐标系主轴单位向量的投影，因此有

$$\begin{cases} ^A p_x = {}^B\boldsymbol{X}_A \cdot {}^B\boldsymbol{P} \\ ^A p_y = {}^B\boldsymbol{Y}_A \cdot {}^B\boldsymbol{P} \\ ^A p_z = {}^B\boldsymbol{Z}_A \cdot {}^B\boldsymbol{P} \end{cases} \tag{3-12}$$

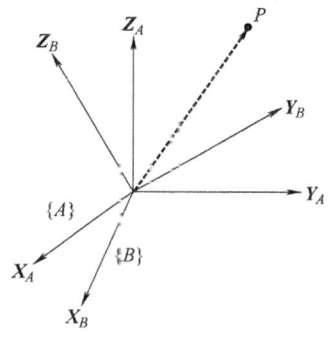

图 3-7 坐标系旋转

根据旋转矩阵的定义，得到

$$^A\boldsymbol{P} = {}^A_B\boldsymbol{R}\,^B\boldsymbol{P} \tag{3-13}$$

应注意的是，通过坐标系旋转，空间点 P 本身没有变化，变化的仅是点 P 的描述，即坐标。实际上，旋转矩阵 $^A_B\boldsymbol{R}$ 定义了这个旋转变换，因为它包含了旋转变换的全部信息。

例 3-2：在图 3-8 中，坐标系 $\{B\}$ 由坐标系 $\{A\}$ 绕其 Z 轴旋转 30° 得到，这里 Z

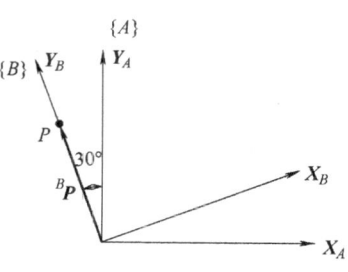

图 3-8 例 3-2 图示

轴的方向垂直于纸面向外。已知空间点 P 在坐标系 $\{B\}$ 中的位置为 $^{B}P =$ $\begin{bmatrix} 0 & 1.5 & 0 \end{bmatrix}^{T}$，求点 P 在坐标系 $\{A\}$ 中的位置。

解： 将 $\{B\}$ 的主轴单位向量在 $\{A\}$ 下的坐标表示为列向量，然后组成旋转矩阵，即

$$^{A}_{B}R = \begin{bmatrix} 0.866 & -0.5 & 0 \\ 0.5 & 0.866 & 0 \\ 0 & 0 & 1 \end{bmatrix}$$

则有

$$^{A}P = {^{A}_{B}R}\,{^{B}P} = \begin{bmatrix} -0.75 & 1.299 & 0 \end{bmatrix}^{T}$$

从线性变换的角度来看，这里的旋转矩阵是一个基变换矩阵，它将向量 P 在基坐标系 $\{B\}$ 下的坐标映射为向量 P 在基坐标系 $\{A\}$ 下的坐标。

3.3.3 坐标系变换综合

前面分别研究了坐标系变换中仅有平移或仅有旋转的情况，下面研究既有平移、又有旋转的综合情况，可将其处理为平移和旋转的叠加。

如图 3-9 所示，坐标系 $\{B\}$ 和 $\{A\}$ 的原点不同，姿态也不同，现已知 ^{B}P，希望计算 ^{A}P。

首先假设有一个中间坐标系 $\{C\}$，它的原点与坐标系 $\{B\}$ 的相同，它的姿态与坐标系 $\{A\}$ 相同。由于坐标系 $\{C\}$ 与坐标系 $\{A\}$ 的姿态相同，坐标系 $\{C\}$ 与坐标系 $\{B\}$ 的原点相同，因此有

$$\begin{cases} ^{C}_{B}R = {^{A}_{B}R} \\ ^{A}P_{CORG} = {^{A}P_{BORG}} \end{cases} \quad (3\text{-}14)$$

于是有

$$\begin{aligned} ^{A}P &= {^{C}P} + {^{A}P_{CORG}} \\ &= {^{C}_{B}R}\,{^{B}P} + {^{A}P_{BORG}} \\ &= {^{A}_{B}R}\,{^{B}P} + {^{A}P_{BORG}} \end{aligned} \quad (3\text{-}15)$$

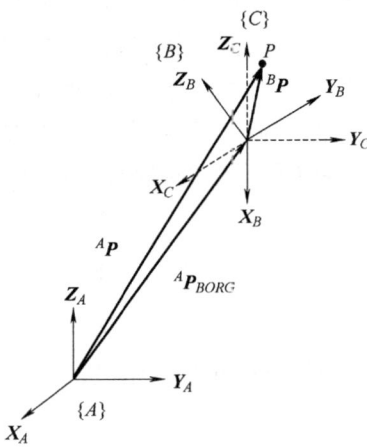

图 3-9 平移+旋转示意图

现希望只用一个矩阵表示式（3-15）的关系。将位置向量增加一维，将新增的分量设定为 1，然后将旋转矩阵与原点的平移向量组成一个 4×4 矩阵，有

$$\begin{bmatrix} ^{A}P \\ 1 \end{bmatrix} = \begin{bmatrix} ^{A}_{B}R & ^{A}P_{BORG} \\ \mathbf{0}_{1\times 3} & 1 \end{bmatrix} \begin{bmatrix} ^{B}P \\ 1 \end{bmatrix} \quad (3\text{-}16)$$

式（3-16）中的 4×4 矩阵称为齐次变换矩阵，它包含了坐标系平移和旋转的全部信息。特别地，当坐标系变换为纯平移时，齐次变换矩阵的形式为

$$_{B}^{A}T = \begin{bmatrix} I_{3\times3} & {}^{A}P_{BORG} \\ 0_{1\times3} & 1 \end{bmatrix} \quad (3-17)$$

当坐标系变换为纯旋转时，齐次变换矩阵的形式为

$$_{B}^{A}T = \begin{bmatrix} {}_{B}^{A}R & 0_{3\times1} \\ 0_{1\times3} & 1 \end{bmatrix} \quad (3-18)$$

这种求解方式是"先平移、再旋转"。

实际上，还有另一种求解方法，即"先旋转、再平移"。如图 3-10 所示，假设中间坐标系 {C} 的原点与坐标系 {A} 相同，它的姿态与坐标系 {B} 的相同，则有

$${}^{A}P = {}_{C}^{A}R\,{}^{C}P$$
$$= {}_{C}^{A}R({}^{B}P + {}^{C}P_{BORG})$$
$$= {}_{B}^{A}R\,{}^{B}P + {}_{C}^{A}R\,{}^{C}P_{BORG}$$
$$= {}_{B}^{A}R\,{}^{B}P + {}^{A}P_{BORG} \quad (3-19)$$

式（3-19）与式（3-15）的结果相同，这说明变换矩阵是唯一的。

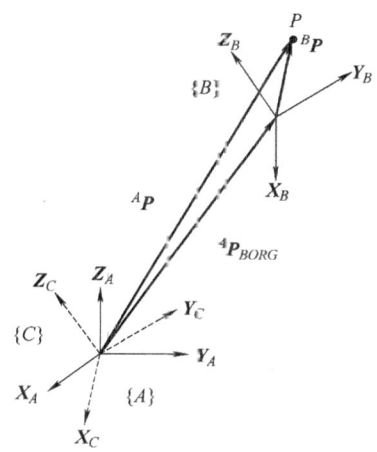

图 3-10　旋转+平移示意图

例 3-3：已知坐标系 {B} 的初始位姿与坐标系 {A} 重合，先将坐标系 {B} 相对于坐标系 {A} 的 X 轴旋转 30°（按照右手定则规定的方式旋转），再沿坐标系 {A} 的 Y 轴移动 2 个单位。假设点 P 在坐标系 {B} 中的位置为 ${}^{B}P = [2\ \ 2\ \ 2]^{T}$，求它在坐标系 {A} 中的位置 ${}^{A}P$。

解：坐标系 {B} 相对于坐标系 {A} 的 X 轴旋转 30°，旋转矩阵为

$$_{B}^{A}R = \begin{bmatrix} 1 & 0 & 0 \\ 0 & 0.866 & -0.5 \\ 0 & 0.5 & 0.866 \end{bmatrix}$$

由已知条件，得到

$${}^{A}P_{BORG} = \begin{bmatrix} 0 \\ 2 \\ 0 \end{bmatrix}$$

由式（3-16）得到

$$\begin{bmatrix} {}^A\boldsymbol{P} \\ 1 \end{bmatrix} = \begin{bmatrix} 1 & 0 & 0 & 0 \\ 0 & 0.866 & -0.5 & 2 \\ 0 & 0.5 & 0.866 & 0 \\ 0 & 0 & 0 & 1 \end{bmatrix} \begin{bmatrix} 2 \\ 2 \\ 2 \\ 1 \end{bmatrix} = \begin{bmatrix} 2 \\ 2.732 \\ 2.732 \\ 1 \end{bmatrix}$$

故 ${}^A\boldsymbol{P} = \begin{bmatrix} 2 & 2.732 & 2.732 \end{bmatrix}^\mathrm{T}$。

3.4 变换算子

在 3.3 节中讨论了坐标系变换的方法，其处理的是同一空间点在不同参考坐标系下的位姿转换问题，不改变空间点本身的位姿，其可通过齐次变换矩阵实现。现考虑另一个问题，即改变某空间点在同一个参考坐标系下的位姿，并描述这个过程，这可以通过本节介绍的变换算子来实现。

3.4.1 平移算子

如图 3-11 所示，现有一个参考坐标系 $\{A\}$ 和空间点 P，将空间点 P 沿坐标系 $\{A\}$ 的各主轴方向平移一个向量 $\boldsymbol{q}$，得到空间点 Q，已知 ${}^A\boldsymbol{P}$ 和 $\boldsymbol{q}$，希望求解 ${}^A\boldsymbol{Q}$，并通过一个矩阵 $\boldsymbol{D}(\boldsymbol{q})$ 联系 ${}^A\boldsymbol{P}$ 和 ${}^A\boldsymbol{Q}$。

由图 3-11 中向量的几何关系，有

$${}^A\boldsymbol{Q} = {}^A\boldsymbol{P} + \boldsymbol{q} \qquad (3\text{-}20)$$

将其表达为矩阵乘法形式，有

$$\begin{bmatrix} {}^A\boldsymbol{Q} \\ 1 \end{bmatrix} = \boldsymbol{D}(\boldsymbol{q}) \begin{bmatrix} {}^A\boldsymbol{P} \\ 1 \end{bmatrix} \qquad (3\text{-}21)$$

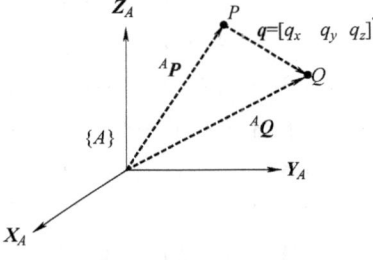

图 3-11 平移算子

其中

$$\boldsymbol{D}(\boldsymbol{q}) = \begin{bmatrix} 1 & 0 & 0 & q_x \\ 0 & 1 & 0 & q_y \\ 0 & 0 & 1 & q_z \\ 0 & 0 & 0 & 1 \end{bmatrix} \qquad (3\text{-}22)$$

将矩阵 $\boldsymbol{D}(\boldsymbol{q})$ 称为相对于坐标系 $\{A\}$ 的平移算子，其平移向量为 $\boldsymbol{q}$。注意到，式（3-22）具有式（3-17）的形式，即平移算子的矩阵与纯平移的坐标变换矩阵具有相同的形式。

3.4.2 旋转算子

如图 3-12 所示，现有一个参考坐标系 $\{A\}$ 和空间点 P，将空间点 P 绕坐

标系 $\{A\}$ 的 Z 轴旋转 α 角度，得到空间点 Q，已知 ^AP 和 α，希望求解 ^AQ，并通过一个矩阵 $R_z(\alpha)$ 联系 ^AP 和 ^AQ。

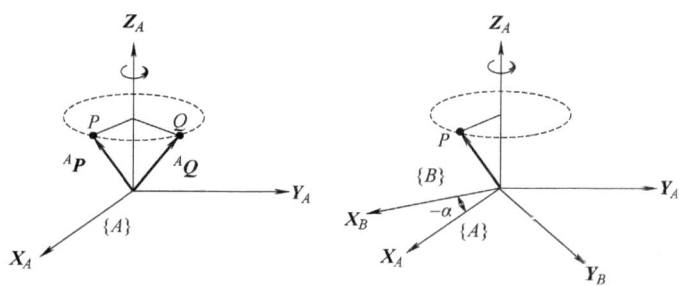

图 3-12　旋转算子

实际上，从相对运动的角度看，上述问题可转换为前一节讨论的坐标系旋转问题，可将坐标系 $\{A\}$ 绕其自身 Z 轴旋转 $-\alpha$ 角度得到坐标系 $\{B\}$，则 P 点在坐标系 $\{B\}$ 下的坐标 ^BP 即为所求的 ^AQ，有

$$^AQ = {}^BP = {}^B_AR\,{}^AP = {}^A_BR^\mathrm{T}\,{}^AP \tag{3-23}$$

因此有

$$^AQ = R_z(\alpha)\,{}^AP \tag{3-24}$$

其中

$$R_z(\alpha) = \begin{bmatrix} \cos\alpha & -\sin\alpha & 0 \\ \sin\alpha & \cos\alpha & 0 \\ 0 & 0 & 1 \end{bmatrix} \tag{3-25}$$

将矩阵 $R_z(\alpha)$ 称为相对于坐标系 $\{A\}$ 的旋转算子，其旋转角度为 α。注意到，式（3-25）具有旋转矩阵的形式，其可以用 4×4 齐次变换矩阵来表达。

类似地，绕 X 轴、Y 轴旋转 α 角度的旋转算子分别为

$$R_x(\alpha) = \begin{bmatrix} 1 & 0 & 0 \\ 0 & \cos\alpha & -\sin\alpha \\ 0 & \sin\alpha & \cos\alpha \end{bmatrix} \tag{3-26}$$

$$R_y(\alpha) = \begin{bmatrix} \cos\alpha & 0 & -\sin\alpha \\ 0 & 1 & 0 \\ \sin\alpha & 0 & \cos\alpha \end{bmatrix} \tag{3-27}$$

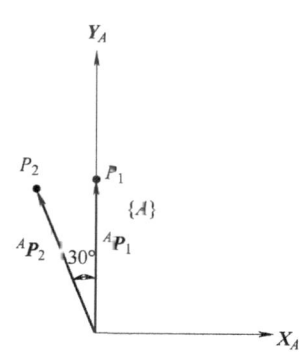

例 3-4： 如图 3-13 所示，已知向量 $^AP_1 = \begin{bmatrix} 0 & 1.5 & 0 \end{bmatrix}$，计算它绕坐标系 $\{A\}$ 的 Z 轴（垂直纸面向外）旋转 30° 得到的新向量 $^AP_2$。

解： 将向量绕 Z 轴旋转 30° 得到的旋转矩阵

图 3-13　例 3-4 图示

与描述一个坐标系相对于参考坐标系绕 Z 轴旋转 30°的旋转矩阵相同。旋转矩阵为

$$R_z(30°) = \begin{bmatrix} 0.866 & -0.5 & 0 \\ 0.5 & 0.866 & 0 \\ 0 & 0 & 1 \end{bmatrix}$$

则有

$$^A P_2 = R_z(30°)\, ^A P_1 = \begin{bmatrix} -0.75 \\ 1.299 \\ 0 \end{bmatrix}$$

3.4.3 一般变换算子

类似于坐标系变换的情况,在同一个参考坐标系 $\{A\}$ 下,对向量的平移和旋转可以由一个一般的变换算子描述,例如对向量 $^A P$ 作用算子 T,得到向量 $^A Q$,可以描述为

$$\begin{bmatrix} ^A Q \\ 1 \end{bmatrix} = T \begin{bmatrix} ^A P \\ 1 \end{bmatrix} \tag{3-28}$$

式中,变换算子 T 具有式(3-16)中齐次矩阵的形式。

例 3-5: 如图 3-14 所示,有一个向量 $^A P_1$,先将其绕 X_A 轴旋转 30°,再沿 Y_A 轴平移 2 个单位后得到 $^A P_2$。已知 $^A P_1 = \begin{bmatrix} 2 & 2 & 2 \end{bmatrix}^T$,求 $^A P_2$。

解: 进行平移和旋转的算子 T 为

$$T = \begin{bmatrix} 1 & 0 & 0 & 0 \\ 0 & 0.866 & -0.5 & 2 \\ 0 & 0.5 & 0.866 & 0 \\ 0 & 0 & 0 & 1 \end{bmatrix}$$

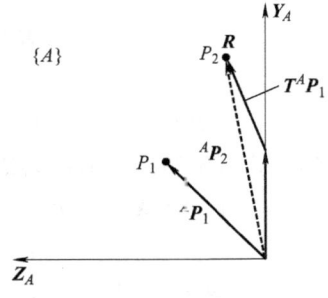

图 3-14 例 3-5 图示

则有

$$^A P_2 = T\, ^A P_1 = \begin{bmatrix} 2 \\ 2.732 \\ 2.732 \end{bmatrix}$$

3.5 变换算法

本节将介绍复合变换和逆变换,并给出一套齐次变换通式。

3.5.1 复合变换

如图 3-15 所示,有坐标系 $\{A\}$、$\{B\}$、$\{C\}$,已知各坐标系之间的相对

位姿，对于一个空间点 P，已知它在坐标系 $\{C\}$ 下的位置为 ^CP，希望求解它在坐标系 $\{A\}$ 下的位置 ^AP。

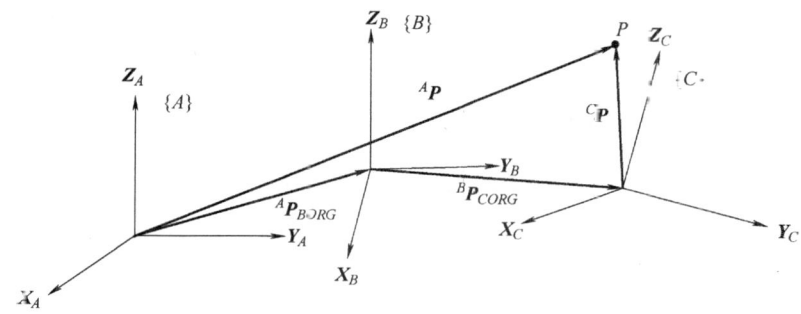

图 3-15 坐标系复合

已知坐标系 $\{C\}$ 相对于坐标系 $\{B\}$ 的齐次矩阵 ^B_CT，并且已知坐标系 $\{B\}$ 相对于坐标系 $\{A\}$ 的齐次矩阵 ^A_BT，则有

$$\begin{cases} ^BP = {^B_CT}\,{^CP} \\ ^AP = {^A_BT}\,{^BP} \end{cases} \qquad (3\text{-}29)$$

由式（3-29）可得

$$^AP = {^A_BT}\,{^B_CT}\,{^CP}$$

根据齐次矩阵的定义，有

$$^A_CT = {^A_BT}\,{^B_CT} \qquad (3\text{-}30)$$

为便于理解，可认为式（3-30）中上标 B 和下标 B "对消" 了，余下了上标 A 和下标 C，熟练使用上下标可使运算简化。利用分块矩阵的乘法计算 ^A_CT，有

$$^A_CT = \begin{bmatrix} ^A_BR & ^AP_{BORG} \\ \mathbf{0}_{1\times 3} & 1 \end{bmatrix} \begin{bmatrix} ^B_CR & ^BP_{CORG} \\ \mathbf{0}_{1\times 3} & 1 \end{bmatrix}$$

$$= \begin{bmatrix} ^A_BR\,{^B_CR} & ^A_BR\,{^BP_{CORG}} + {^AP_{BORG}} \\ \mathbf{0}_{1\times 3} & 1 \end{bmatrix} \qquad (3\text{-}31)$$

3.5.2 逆变换

若已知坐标系 $\{B\}$ 相对于坐标系 $\{A\}$ 的齐次变换矩阵 ^A_BT，希望求其逆矩阵 ^B_AT，则通过矩阵直接求逆可以实现这一点，但计算量大。下面给出更为简便的齐次矩阵求逆方法。

根据齐次变换矩阵的定义，有

$$^B_AT = \begin{bmatrix} ^B_AR & ^BP_{AORG} \\ \mathbf{0}_{1\times3} & 1 \end{bmatrix} \tag{3-32}$$

希望用 ^A_BR 和 $^AP_{BORG}$ 表示 ^B_AR 和 $^BP_{AORG}$。首先,回顾关于旋转矩阵的讨论,有

$$^B_AR = ^A_BR^T \tag{3-33}$$

利用式(3-15)将坐标系 $\{B\}$ 的原点在坐标系 $\{A\}$ 下的坐标 $^AP_{BORG}$ 转变为其在坐标系 $\{B\}$ 下的坐标,即

$$^B(^AP_{BORG}) = ^B_AR\,^AP_{BORG} + ^BP_{AORG} \tag{3-34}$$

注意,坐标系 $\{B\}$ 的原点在坐标系 $\{B\}$ 下的坐标为零向量,因此有

$$^BP_{AORG} = -^B_AR\,^AP_{BORG} = -^A_BR^T\,^AP_{BORG} \tag{3-35}$$

因此有

$$^B_AT = \begin{bmatrix} ^A_BR^T & -^A_BR^T\,^AP_{BORG} \\ \mathbf{0}_{1\times3} & 1 \end{bmatrix} \tag{3-36}$$

式(3-36)是计算齐次矩阵逆矩阵的一般且高效的方法。

例 3-6:如图 3-16 所示,坐标系 $\{B\}$ 为坐标系 $\{A\}$ 绕 Z_A 轴旋转 30°、沿 X_A 轴平移 6 个单位、沿 Y_A 轴平移 5 个单位得到的。试计算 ^A_BT 和 ^B_AT。

解:根据题意,有

$$^A_BT = \begin{bmatrix} 0.866 & -0.5 & 0 & 6 \\ 0.5 & 0.866 & 0 & 5 \\ 0 & 0 & 0 & 0 \\ 0 & 0 & 0 & 1 \end{bmatrix}$$

应用式(3-36),得到

$$^B_AT = \begin{bmatrix} 0.866 & 0.5 & 0 & -7.696 \\ -0.5 & 0.866 & 0 & -1.33 \\ 0 & 0 & 1 & 0 \\ 0 & 0 & 0 & 1 \end{bmatrix}$$

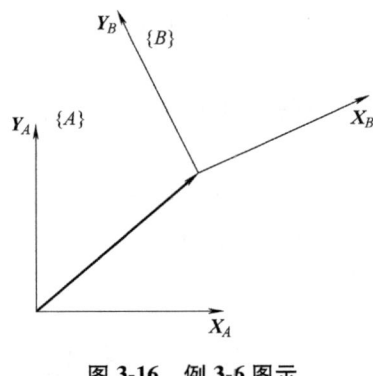

图 3-16 例 3-6 图示

3.5.3 变换方程

在实际应用中,常会建立多个坐标系,并且需要由坐标系间已知的相对位姿关系来确定未知的相对位姿关系。如图 3-17 所示,有 $\{U\}$、$\{A\}$、$\{B\}$、$\{C\}$、$\{D\}$ 五个坐标系,它们之间的相对位姿关系形成了一个闭环。假设除了坐标系 $\{D\}$ 到坐标系 $\{U\}$ 的齐次变换矩阵均为已知量,则坐标系 $\{D\}$ 到坐标系 $\{U\}$ 的齐次变换矩阵有两种表达形式:

先由坐标系 $\{D\}$ 到坐标系 $\{A\}$,再由坐标系 $\{A\}$ 到坐标系 $\{U\}$,即

$$^U_D T = ^U_A T ^A_D T \tag{3-37}$$

先由坐标系 $\{D\}$ 到坐标系 $\{C\}$，再由坐标系 $\{C\}$ 到坐标系 $\{B\}$，再由坐标系 $\{B\}$ 到坐标系 $\{U\}$，即

$$^U_D T = ^U_B T ^B_C T ^C_D T \tag{3-38}$$

联立式（3-37）和式（3-38），有

$$^U_A T ^A_D T = ^U_B T ^B_C T ^C_D T \tag{3-39}$$

式（3-39）包含了 5 个齐次变换，形如这样的方程称为变换方程。

一般地，假设有 n 个未知的齐次变换和 n 个变换方程，则可以解出所有齐次变换。例如，假设式（3-39）中除了 $^B_C T$ 外的所有变换均已知，则有

$$^B_C T = ^U_B T^{-1} {}^U_A T ^A_D T ^C_D T^{-1} \tag{3-40}$$

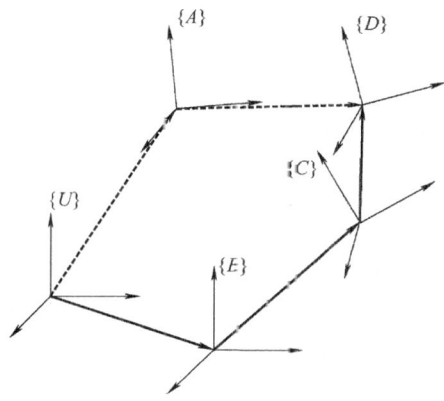

图 3-17 多个坐标系的变换链

例 3-7：如图 3-18 所示，有一操作臂，希望用它抓取工作台上的一个螺栓，为了描述这一场景，在操作臂基座上建立了基坐标系 $\{B\}$，在操作臂指尖建立了工具坐标系 $\{T\}$，在工作台的一角建立了固定坐标系 $\{S\}$，在螺栓上建立了目标坐标系 $\{G\}$。假设已知操作臂指尖相对于操作臂基座的位姿（即齐次变换矩阵 $^B_T T$）、工作台相对于操作臂基座的位姿（即齐次变换矩阵 $^B_S T$）、螺栓相对于工作台的相对位姿（即齐次变换矩阵 $^S_G T$）、希望计算螺栓相对于操作臂指尖的位姿 $^T_G T$。

解：由坐标系间的变换关系，有

$$^T_G T = ^B_T T^{-1} {}^B_S T ^S_G T$$

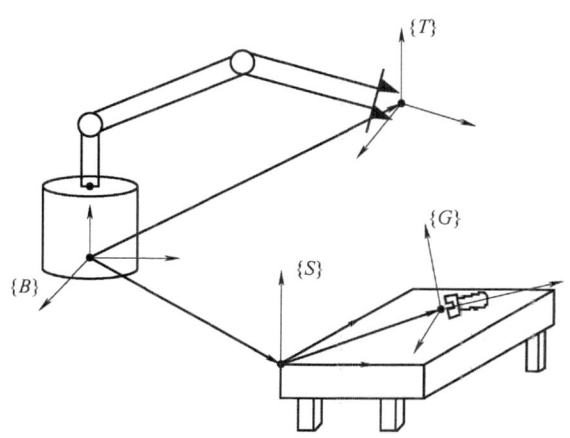

图 3-18 操作臂抓取螺栓

3.6 绕一般轴的旋转

前面介绍的坐标系旋转或旋转算子都是绕坐标系的主轴旋转的，下面介绍一种更一般的情况，即以过原点的单位向量为旋转轴，主要介绍旋转矩阵通式以及等效转轴、等效转角的表达方式。

3.6.1 旋转矩阵通式

如图 3-19 所示，假设有坐标系 $\{A\}$，现将其绕某一单位向量 $^A\boldsymbol{K} = \begin{bmatrix} k_x & k_y & k_z \end{bmatrix}^{\mathrm{T}}$ 旋转 θ 角度，得到坐标系 $\{B\}$，定义旋转矩阵 $\boldsymbol{R}_K(\theta) = {}^A_B\boldsymbol{R}$。

定义两个坐标系 $\{A'\}$ 和 $\{B'\}$，坐标系 $\{A\}$ 与 $\{A'\}$ 固连，坐标系 $\{B\}$ 与 $\{B'\}$ 固连；坐标系 $\{A'\}$ 和 $\{B'\}$ 的 Z 轴与向量 $\boldsymbol{K}$ 重合；旋转前，坐标系 $\{A\}$ 与 $\{B\}$ 重合，坐标系 $\{A'\}$ 与 $\{B'\}$ 重合，如图 3-20 所示。

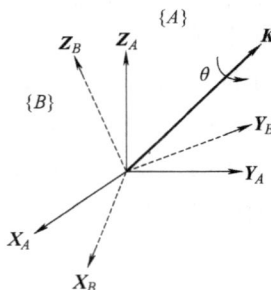

图 3-19 绕过原点的单位向量旋转示意图

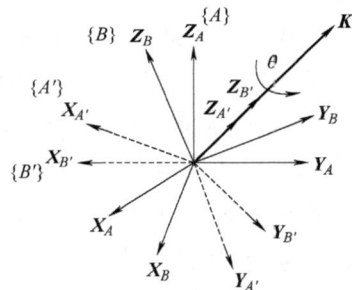

图 3-20 绕过原点单位向量旋转的坐标系关系

由于向量 $\boldsymbol{K}$ 在坐标系 $\{A\}$ 下的坐标已知，所以由上述假设可得到

$${}^A_{A'}\boldsymbol{R} = {}^B_{B'}\boldsymbol{R} = \begin{bmatrix} r_{11} & r_{12} & r_{13} \\ r_{21} & r_{22} & r_{23} \\ r_{31} & r_{32} & r_{33} \end{bmatrix} = \begin{bmatrix} r_{11} & r_{12} & k_x \\ r_{21} & r_{22} & k_y \\ r_{31} & r_{32} & k_z \end{bmatrix} \quad (3\text{-}41)$$

如果坐标系 $\{A\}$ 绕单位向量 $\boldsymbol{K}$ 转过 θ 角度，则坐标系 $\{B'\}$ 相对于 $\{A'\}$ 的 Z 轴也转过 θ 角度。对于4个坐标系 $\{A\}$、$\{A'\}$、$\{B\}$、$\{B'\}$，可构建如图 3-21 所示的旋转变换关系图。

由该关系图可得

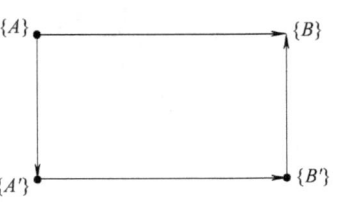

图 3-21 旋转变换关系图

$$\begin{aligned}\boldsymbol{R}_K(\theta) &= {}_B^A\boldsymbol{R} \\ &= {}_{A'}^A\boldsymbol{R}{}_{B'}^{A'}\boldsymbol{R}{}_B^{B'}\boldsymbol{R} \\ &= {}_{A'}^A\boldsymbol{R}\boldsymbol{R}_z(\theta){}_B^{B'}\boldsymbol{R} \\ &= {}_{A'}^A\boldsymbol{R}\boldsymbol{R}_z(\theta){}_{B'}^B\boldsymbol{R}^{\mathrm{T}} \end{aligned} \qquad (3\text{-}42)$$

因此

$$\boldsymbol{R}_K(\theta)=\begin{bmatrix} r_{11} & r_{12} & k_x \\ r_{21} & r_{22} & k_y \\ r_{31} & r_{32} & k_z \end{bmatrix}\begin{bmatrix} \cos\theta & -\sin\theta & 0 \\ \sin\theta & \cos\theta & 0 \\ 0 & 0 & 1 \end{bmatrix}\begin{bmatrix} r_{11} & r_{21} & r_{31} \\ r_{12} & r_{22} & r_{32} \\ k_x & k_y & k_z \end{bmatrix} \qquad (3\text{-}43)$$

整理得到

$$\boldsymbol{R}_K(\theta)=\begin{bmatrix} k_xk_x(1-\cos\theta)+\cos\theta & k_yk_x(1-\cos\theta)-k_z\sin\theta & k_zk_x(1-\cos\theta)+k_y\sin\theta \\ k_xk_y(1-\cos\theta)+k_z\sin\theta & k_yk_y(1-\cos\theta)+\cos\theta & k_zk_y(1-\cos\theta)-k_x\sin\theta \\ k_xk_z(1-\cos\theta)-k_y\sin\theta & k_yk_z(1-\cos\theta)+k_x\sin\theta & k_zk_z(1-\cos\theta)+\cos\theta \end{bmatrix}$$
$$(3\text{-}44)$$

式（3-44）就是绕单位向量 $\boldsymbol{K}$ 旋转 θ 角度的旋转矩阵通式，请读者注意，这一通式是相对于参考坐标系 $\{A\}$ 的。

在前面介绍过坐标系绕坐标轴 X、Y、Z 旋转 θ 角度的旋转矩阵，实际上每个坐标轴也是一个过原点的单位向量，因此也可以采用通式（3-44）来表示各个旋转矩阵。

1) 绕 X 轴旋转 θ 角度的旋转矩阵：

$$k_x=1,\ k_y=k_z=0,\ \boldsymbol{R}_x(\theta)=\begin{bmatrix} 1 & 0 & 0 \\ 0 & \cos\theta & -\sin\theta \\ 0 & \sin\theta & \cos\theta \end{bmatrix} \qquad (3\text{-}45)$$

2) 绕 Y 轴旋转 θ 角度的旋转矩阵：

$$k_y=1,\ k_x=k_z=0,\ \boldsymbol{R}_y(\theta)=\begin{bmatrix} \cos\theta & 0 & \sin\theta \\ 0 & 1 & 0 \\ -\sin\theta & 0 & \cos\theta \end{bmatrix} \qquad (3\text{-}46)$$

3) 绕 Z 轴旋转 θ 角度的旋转矩阵：

$$k_z=1,\ k_y=k_x=0,\ \boldsymbol{R}_z(\theta)=\begin{bmatrix} \cos\theta & -\sin\theta & 0 \\ \sin\theta & \cos\theta & 0 \\ 0 & 0 & 1 \end{bmatrix} \qquad (3\text{-}47)$$

注意，式（3-45）~式（3-47）中的旋转矩阵均是相对于参考坐标系 $\{A\}$ 的，一旦给定了坐标系 $\{A\}$，相对于坐标系 $\{A\}$ 的 X、Y、Z 轴的旋转矩阵必定具有式（3-45）~式（3-47）的形式。

例 3-8：给定参考坐标系 $\{A\}$，坐标系 $\{B\}$ 初始时与坐标系 $\{A\}$ 重合，现将坐标系 $\{B\}$ 绕过原点的向量 $^A\boldsymbol{K} = [-0.707 \quad -0.707 \quad -0.707]^T$ 转动 $60°$，求旋转矩阵 $\boldsymbol{R}_K(60°)$。

解：由向量 $^A\boldsymbol{K}$ 的坐标可得

$$k_x = -0.707, \quad k_y = -0.707, \quad k_z = -0.707$$

又因为

$$\cos 60° = 0.5, \quad \sin 60° = 0.866, \quad 1-\cos 60° = 0.5$$

代入旋转矩阵通式（3-44），得到

$$\boldsymbol{R}_K(60°) = \begin{bmatrix} 0.75 & 0.862 & -0.362 \\ -0.362 & 0.75 & 0.862 \\ 0.862 & -0.362 & 0.75 \end{bmatrix}$$

3.6.2　等效转轴与等效转角

根据力学中的欧拉旋转定理，刚体的任意次空间旋转均可以表示为绕某一空间轴的一次旋转，因此给定旋转矩阵 $\boldsymbol{R}$，一定存在过坐标原点的向量 $\boldsymbol{K} = [k_x \ k_y \ k_z]$（等效转轴）和转角 θ（等效转角），使 $\boldsymbol{R}$ 具有式（3-44）的形式，下面讨论等效转轴和等效转角的求解方法。

可建立式（3-48）所示的矩阵方程。

$$\begin{bmatrix} k_x k_x(1-\cos\theta)+\cos\theta & k_y k_x(1-\cos\theta)-k_z\sin\theta & k_z k_x(1-\cos\theta)+k_y\sin\theta \\ k_x k_y(1-\cos\theta)+k_z\sin\theta & k_y k_y(1-\cos\theta)+\cos\theta & k_z k_y(1-\cos\theta)-k_x\sin\theta \\ k_x k_z(1-\cos\theta)-k_y\sin\theta & k_y k_z(1-\cos\theta)+k_x\sin\theta & k_z k_z(1-\cos\theta)+\cos\theta \end{bmatrix} = \begin{bmatrix} r_{11} & r_{12} & r_{13} \\ r_{21} & r_{22} & r_{23} \\ r_{31} & r_{32} & r_{33} \end{bmatrix}$$

（3-48）

其中，等式右边为已知量、左边为未知量。

下面求解矩阵方程：

首先，由式（3-48）两边矩阵的迹（主对角线元素之和）相等，有

$$r_{11}+r_{22}+r_{33} = (k_x^2+k_y^2+k_z^2)(1-\cos\theta)+3\cos\theta = 1+2\cos\theta \quad (3\text{-}49)$$

整理得到

$$\cos\theta = \frac{1}{2}(r_{11}+r_{22}+r_{33}-1) \quad (3\text{-}50)$$

将式（3-48）两边矩阵关于对角线对称的元素成对相减，得到

$$\begin{cases} r_{32}-r_{23} = 2k_x\sin\theta \\ r_{13}-r_{31} = 2k_y\sin\theta \\ r_{21}-r_{12} = 2k_z\sin\theta \end{cases} \quad (3\text{-}51)$$

将式（3-51）中三个方程等式两边平方，再相加，得到

$$(r_{32}-r_{23})^2+(r_{13}-r_{31})^2+(r_{21}-r_{12})^2=4\sin^2\theta \quad (3\text{-}52)$$

则

$$\sin\theta=\pm\frac{1}{2}\sqrt{(r_{32}-r_{23})^2+(r_{13}-r_{31})^2+(r_{21}-r_{12})^2} \quad (3\text{-}53)$$

由式（3-51）和式（3-53）可得

$$\boldsymbol{K}=\frac{1}{2\sin\theta}\begin{bmatrix}r_{32}-r_{23}\\r_{13}-r_{31}\\r_{21}-r_{12}\end{bmatrix} \quad (3\text{-}54)$$

由式（3-50）和式（3-53），使用双变量反正切函数 arctan2( ) 可求得等效转角，即

$$\theta=\arctan2(\sin\theta,\cos\theta) \quad (3\text{-}55)$$

由此就求出了旋转矩阵对应的两组等效转轴和等效转角，两组解在方向上相反，但表达的是同一个旋转运动。

例 3-9：求复合旋转矩阵 ${}_A^B\boldsymbol{R}=\boldsymbol{R}_x(90°)\boldsymbol{R}_y(90°)$ 的等效转轴 $\boldsymbol{K}$ 和等效转角 θ。

解：旋转矩阵为

$${}_A^B\boldsymbol{R}=\boldsymbol{R}_x(90°)\boldsymbol{R}_y(90°)=\begin{bmatrix}1&0&0\\0&0&-1\\0&1&0\end{bmatrix}\begin{bmatrix}0&0&1\\0&1&0\\-1&0&0\end{bmatrix}=\begin{bmatrix}0&0&1\\1&0&0\\0&1&0\end{bmatrix}=\begin{bmatrix}r_{11}&r_{12}&r_{13}\\r_{21}&r_{22}&r_{23}\\r_{31}&r_{32}&r_{33}\end{bmatrix}$$

由式（3-53）可得

$$\sin\theta=\pm\frac{1}{2}\sqrt{(r_{32}-r_{23})^2+(r_{13}-r_{31})^2+(r_{21}-r_{12})^2}$$

$$=\pm\frac{1}{2}\sqrt{(1-0)^2+(1-0)^2+(1-0)^2}=\pm\frac{\sqrt{3}}{2}$$

由式（3-54）可得

$$\boldsymbol{K}=\frac{1}{2\sin\theta}\begin{bmatrix}r_{32}-r_{23}\\r_{13}-r_{31}\\r_{21}-r_{12}\end{bmatrix}=\pm\frac{1}{\sqrt{3}}\begin{bmatrix}1\\1\\1\end{bmatrix}$$

因此等效转轴为

$$\boldsymbol{K}_1=\begin{bmatrix}0.577&0.577&0.577\end{bmatrix}^T,\ \boldsymbol{K}_2=\begin{bmatrix}-0.577&-0.577&-0.577\end{bmatrix}^T$$

由式（3-50）可得

$$\cos\theta=\frac{1}{2}(0+0+0-1)=-0.5$$

因此等效转角为
$$\theta_1 = 120°, \quad \theta_2 = 240°$$
综上，计算得到两组等效转轴和等效转角：
$$\begin{cases} \mathbf{K}_1 = \begin{bmatrix} 0.577 & 0.577 & 0.577 \end{bmatrix}^T, \theta_1 = 120° \\ \mathbf{K}_2 = \begin{bmatrix} -0.577 & -0.577 & -0.577 \end{bmatrix}^T, \theta_2 = 240° \end{cases}$$

3.7 其他姿态描述方法

在 3.2.2 节中，给出了通过 3×3 旋转矩阵来表示姿态的方法。刚体在空间中仅有 3 个旋转自由度，但旋转矩阵却包含 9 个元素，其信息存储效率低。现希望用少于 9 个参数来描述一个姿态，下面介绍几种描述方法。

根据线性代数的相关定理，对于任何正交矩阵 $\mathbf{R}$，都存在一个反对称矩阵 $\mathbf{S}$，满足

$$\mathbf{R} = \mathbf{I}_3 - \mathbf{S}^{-1}(\mathbf{I}_3 + \mathbf{S}) \tag{3-56}$$

式中，$\mathbf{I}_3$ 是 3×3 单位阵。

根据线性代数的相关定理，三维反对称矩阵（即 $\mathbf{S} = -\mathbf{S}^T$）可由 3 个参数 $\begin{bmatrix} s_x & s_y & s_z \end{bmatrix}$ 表示，即

$$\mathbf{S} = \begin{bmatrix} 0 & -s_z & s_y \\ s_z & 0 & -s_x \\ -s_y & s_x & 0 \end{bmatrix} \tag{3-57}$$

因此，给定 3 个参数，即可确定一个 3×3 旋转矩阵。用旋转矩阵描述的另一个不便之处在于：旋转变换一般不满足交换律。

例 3-10：分别考虑绕 Z 轴旋转 45° 和绕 X 轴旋转 45° 的旋转矩阵，计算它们按不同顺序做乘法得到的结果。

解：

$$\mathbf{R}_z(45°) = \begin{bmatrix} 0.707 & -0.707 & 0 \\ 0.707 & 0.707 & 0 \\ 0 & 0 & 1 \end{bmatrix}$$

$$\mathbf{R}_x(45°) = \begin{bmatrix} 1 & 0 & 0 \\ 0 & 0.707 & -0.707 \\ 0 & 0.707 & 0.707 \end{bmatrix}$$

$$\mathbf{R}_z(45°)\mathbf{R}_x(45°) = \begin{bmatrix} 0.707 & -0.5 & 0.5 \\ 0.707 & 0.5 & -0.5 \\ 0 & 0.707 & 0.707 \end{bmatrix}$$

$$\neq \boldsymbol{R}_x(45°)\boldsymbol{R}_z(45°) = \begin{bmatrix} 0.707 & -0.707 & 0 \\ 0.5 & 0.5 & -0.707 \\ 0.5 & 0.5 & 0.707 \end{bmatrix}$$

由此可见，旋转变换不满足交换律。下面将介绍几种通过 3 个参数描述姿态的方法。

3.7.1 固定角

现有参考坐标系 $\{A\}$ 和坐标系 $\{B\}$，希望描述 $\{B\}$ 相对于 $\{A\}$ 的姿态。如图 3-22 所示，坐标系 $\{B_0\}$ 在初始时与 $\{A\}$ 重合，先将 $\{B_0\}$ 绕 X_A 轴旋转 γ 角得到 $\{B_1\}$，再将 $\{B_1\}$ 绕 Y_A 旋转 β 角得到 $\{B_2\}$，最后将 $\{B_2\}$ 绕 Z_A 轴旋转 α 角得到 $\{B\}$。

注意，上面的三次旋转都是绕固定参考坐标系 $\{A\}$ 的坐标轴进行的旋转。这样，通过一组角度 $[\alpha \ \beta \ \gamma]$ 即可描述 $\{B\}$ 相对于 $\{A\}$ 的姿态，这种姿态表示法称为 X-Y-Z 固定角，或 RPY 角，也称为 Cardan 角。"固定"一词是指旋转的轴为固定坐标系的轴，有时也称 X-Y-Z 固定角为回转角、俯仰角和偏转角。

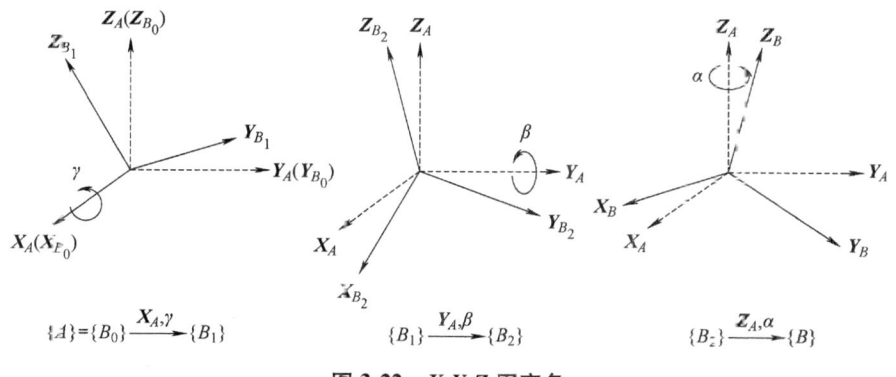

图 3-22　X-Y-Z 固定角

X-Y-Z 固定角和旋转矩阵可以互相转化，首先将 X-Y-Z 固定角转化为旋转矩阵。

根据 X-Y-Z 固定角的定义，可将其转化为旋转矩阵 $^A_B\boldsymbol{R}_{xyz}(\gamma,\beta,\alpha)$，由式（3-45）~式（3-47），有

$$^A_B\boldsymbol{R}_{xyz}(\gamma,\beta,\alpha) = {}^A_{B_2}\boldsymbol{R}\,{}^{B_2}_{B_1}\boldsymbol{R}\,{}^{B_1}_{B_0}\boldsymbol{R}$$

$$= \boldsymbol{R}_z(\alpha)\boldsymbol{R}_y(\beta)\boldsymbol{R}_x(\gamma)$$

$$= \begin{bmatrix} \cos\alpha & -\sin\alpha & 0 \\ \sin\alpha & \cos\alpha & 0 \\ 0 & 0 & 1 \end{bmatrix} \begin{bmatrix} \cos\beta & 0 & \sin\beta \\ 0 & 1 & 0 \\ -\sin\beta & 0 & \cos\beta \end{bmatrix} \begin{bmatrix} 1 & 0 & 0 \\ 0 & \cos\gamma & -\sin\gamma \\ 0 & \sin\gamma & \cos\gamma \end{bmatrix} \quad (3\text{-}58)$$

请读者注意，式（3-58）中的三个旋转矩阵均是相对于参考坐标系 $\{A\}$ 的，且矩阵乘法按照三次旋转的顺序自右向左进行，完成式（3-58）的矩阵乘法，有

$$_B^A\boldsymbol{R}_{xyz}(\gamma,\beta,\alpha) = \begin{bmatrix} \cos\alpha\cos\beta & \cos\alpha\sin\beta\sin\gamma-\sin\alpha\cos\gamma & \cos\alpha\sin\beta\cos\gamma+\sin\alpha\sin\gamma \\ \sin\alpha\cos\beta & \sin\alpha\sin\beta\sin\gamma+\cos\alpha\cos\gamma & \sin\alpha\sin\beta\cos\gamma-\cos\alpha\sin\gamma \\ -\sin\beta & \cos\beta\sin\gamma & \cos\beta\cos\gamma \end{bmatrix}$$

(3-59)

式（3-59）即为 X-Y-Z 固定角对应的旋转矩阵，由于每次旋转均是绕固定坐标系的坐标轴旋转，因此式（3-59）也称为绕固定坐标系的旋转矩阵。

再考虑逆问题，即将旋转矩阵转化为 X-Y-Z 固定角。

假设已知旋转矩阵为

$$_B^A\boldsymbol{R}_{xyz}(\gamma,\beta,\alpha) = \begin{bmatrix} r_{11} & r_{12} & r_{13} \\ r_{21} & r_{22} & r_{23} \\ r_{31} & r_{32} & r_{33} \end{bmatrix}$$

(3-60)

式中，各元素均为已知的常数，由式（3-59）和式（3-60）中矩阵元素对应相等，可以建立关于 $[\alpha \ \beta \ \gamma]$ 的超越方程组，求解即可得到 $[\alpha \ \beta \ \gamma]$。

由式（3-59），计算 r_{11} 和 r_{21} 的平方和的平方根，即可求得 $\cos\beta$，用$-r_{31}$除以 $\cos\beta$，再求反正切，即可求得 β。

当 $\cos\beta \neq 0$ 时，可以用 $r_{21}/\cos\beta$ 除以 $r_{11}/\cos\beta$，再求反正切，即可得到 α。用 $r_{32}/\cos\beta$ 除以 $r_{33}/\cos\beta$，再求反正切，即可得到 γ。

求得的 β、α、γ 见式（3-61）。

$$\begin{cases} \beta = \arctan2(-r_{31},\sqrt{r_{11}^2+r_{21}^2}) \\ \alpha = \arctan2(r_{21}/\cos\beta, r_{11}/\cos\beta) \\ \gamma = \arctan2(r_{32}/\cos\beta, r_{33}/\cos\beta) \end{cases}$$

(3-61)

式中，arctan2( ) 为双变量反正切函数。为了得到单解，上式中的 β 取满足 $-90°\leq\beta\leq90°$ 的正根。

于是，当 $\cos\beta=0$ 时，由旋转矩阵可以唯一确定一组 X-Y-Z 固定角。

然而，当 $\cos\beta=0$ 时，$\beta=\pm90°$，此时仅能求出 α 和 γ 的和或差，而不能分别求解 α 和 γ，因此旋转矩阵到 X-Y-Z 固定角的转换并不唯一。此时可以先取 $\alpha=0°$，再求解 γ。

若 $\beta=90°$，则有

$$\begin{cases} \alpha = 0° \\ \beta = 90° \\ \gamma = \arctan2(r_{12}, r_{22}) \end{cases}$$

(3-62)

若 $\beta = -90°$，则有

$$\begin{cases} \alpha = 0° \\ \beta = -90° \\ \gamma = -\arctan2(r_{12}, r_{22}) \end{cases} \quad (3\text{-}63)$$

3.7.2 欧拉角

欧拉角（Euler angles）是瑞士数学家 LeonhardEuler（1707—1783 年）提出的一种采用绕运动坐标系的三个坐标轴的转角组合描述刚体姿态的方法。与固定角类似，欧拉角也是使用了三个角度变量。欧拉角有多种类型，绕不少于两个坐标轴的三个转角的组合都可表示成欧拉角，如坐标轴组合为 Z-X-Z、Z-Y-Z、Y-X-Y、Y-Z-Y、X-Y-X、X-Z-X、X-Y-Z，所以欧拉角表示刚体姿态的时候需要与关联的坐标轴组合，以表明旋转的坐标轴及旋转顺序。下面介绍两种常用的欧拉角。

1. Z-Y-X 欧拉角

现有参考坐标系 $\{A\}$ 和另一坐标系 $\{B\}$，希望描述 $\{B\}$ 相对于 $\{A\}$ 的姿态。其基本想法是：首先将坐标系 $\{B\}$ 和参考坐标系 $\{A\}$ 重合，先将 $\{B\}$ 绕其自身的 Z 轴旋转 α 角，此时坐标系 $\{B\}$ 的坐标轴已经发生变化，再绕变化后的 Y 轴旋转 β 角，此时坐标系 $\{B\}$ 的坐标轴再次发生变化，最后绕第二次变化后的 X 轴旋转 γ 角。

注意，在这种表示法中，每次旋转都是绕运动坐标系 $\{B\}$ 的各轴旋转，而不是绕固定坐标系 $\{A\}$ 的各轴旋转，每次旋转的轴的姿态取决于上一次旋转。这样的一组旋转角称为欧拉角。由于三次旋转的顺序为 Z-Y-X，因此称这种姿态表示法为 Z-Y-X 欧拉角。下面直观地展示旋转过程。

如图 3-23 所示，将坐标系 $\{B_0\}$ 与坐标系 $\{A\}$ 重合，先令坐标系 $\{B_0\}$

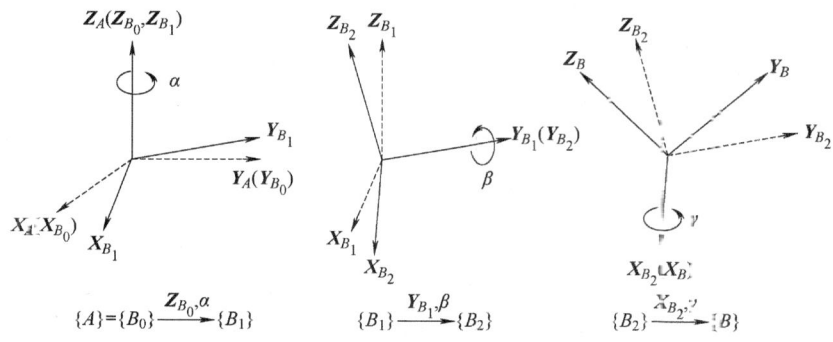

图 3-23 Z-Y-X 欧拉角

绕其自身的 Z 轴旋转 α 角，将旋转后的坐标系称为 $\{B_1\}$；再令坐标系 $\{B_1\}$ 绕其自身的 Y 轴旋转 β 角，将旋转后的坐标系称为 $\{B_2\}$；最后令坐标系 $\{B_2\}$ 绕其自身的 X 轴旋转 γ 角，旋转后得到的坐标系即为 $\{B\}$，$\{B\}$ 到 $\{A\}$ 的旋转矩阵即为 ${}_B^A\boldsymbol{R}_{z'y'x'}(\alpha,\beta,\gamma)$，下标上附加撇号表明这是欧拉角描述的旋转。

用中间坐标 $\{B_1\}$ 和 $\{B_2\}$ 来表达 ${}_B^A\boldsymbol{R}_{z'y'x'}(\alpha,\beta,\gamma)$，有

$$ {}_B^A\boldsymbol{R} = {}_{B_1}^A\boldsymbol{R}\, {}_{B_2}^{B_1}\boldsymbol{R}\, {}_B^{B_2}\boldsymbol{R} \tag{3-64}$$

请读者注意，式（3-64）右侧的矩阵乘法是按照三次旋转发生的顺序自左向右进行的，这与绕固定轴旋转的情况恰好相反。进一步有

$$\begin{aligned}{}_B^A\boldsymbol{R}_{z'y'x'} &= \boldsymbol{R}_z(\alpha)\boldsymbol{R}_y(\beta)\boldsymbol{R}_x(\gamma) \\ &= \begin{bmatrix} \cos\alpha & -\sin\alpha & 0 \\ \sin\alpha & \cos\alpha & 0 \\ 0 & 0 & 1 \end{bmatrix}\begin{bmatrix} \cos\beta & 0 & \sin\beta \\ 0 & 1 & 0 \\ -\sin\beta & 0 & \cos\beta \end{bmatrix}\begin{bmatrix} 1 & 0 & 0 \\ 0 & \cos\gamma & -\sin\gamma \\ 0 & \sin\gamma & \cos\gamma \end{bmatrix}\end{aligned} \tag{3-65}$$

结果为

$$ {}_B^A\boldsymbol{R}_{z'y'x'}(\alpha,\beta,\gamma) = \begin{bmatrix} \cos\alpha\cos\beta & \cos\alpha\sin\beta\sin\gamma-\sin\alpha\cos\gamma & \cos\alpha\sin\beta\cos\gamma+\sin\alpha\sin\gamma \\ \sin\alpha\cos\beta & \sin\alpha\sin\beta\sin\gamma+\cos\alpha\cos\gamma & \sin\alpha\sin\beta\sin\gamma-\cos\alpha\sin\gamma \\ -\sin\beta & \cos\beta\sin\gamma & \cos\beta\cos\gamma \end{bmatrix} \tag{3-66}$$

注意到，式（3-66）与式（3-59）完全一致，即绕自身轴旋转三次和相反顺序绕固定轴旋转三次得到的结果完全相同，因此 Z-Y-X 欧拉角可按式（3-61）计算。当 $\cos\beta = 0$ 时，旋转矩阵到欧拉角的转换不唯一。

2. Z-Y-Z 欧拉角

类似于 Z-Y-X 欧拉角，首先将坐标系 $\{B\}$ 和一个已知的参考坐标系 $\{A\}$ 重合，先将 $\{B\}$ 绕 Z_B 轴旋转 α 角度，再绕 Y_B 轴旋转 β 角度，最后绕 Z_B 轴旋转 γ 角度。如此得到的一组角度称为 Z-Y-Z 欧拉角，其对应的旋转矩阵为

$$ {}_B^A\boldsymbol{R}_{z'y'z'}(\alpha,\beta,\gamma) = \begin{bmatrix} \cos\alpha\cos\beta\cos\gamma-\sin\alpha\sin\gamma & -\cos\alpha\cos\beta\sin\gamma-\sin\alpha\cos\gamma & \cos\alpha\sin\beta \\ \sin\alpha\cos\beta\cos\gamma+\cos\alpha\sin\gamma & -\sin\alpha\cos\beta\sin\gamma+\cos\alpha\cos\gamma & \sin\alpha\sin\beta \\ -\sin\beta\cos\gamma & \sin\beta\sin\gamma & \cos\beta \end{bmatrix} \tag{3-67}$$

由旋转矩阵转换为 Z-Y-Z 欧拉角的方法将在下面进行介绍。

已知

$$ {}_B^A\boldsymbol{R}_{z'y'z'}(\alpha,\beta,\gamma) = \begin{bmatrix} r_{11} & r_{12} & r_{13} \\ r_{21} & r_{22} & r_{23} \\ r_{31} & r_{32} & r_{33} \end{bmatrix} \tag{3-68}$$

若 $\sin\beta \neq 0$，则有

$$\beta = \arctan2(\sqrt{r_{31}^2 + r_{32}^2}, r_{33})$$
$$\alpha = \arctan2(r_{23}/\sin\beta, r_{13}/\sin\beta) \quad (3\text{-}69)$$
$$\gamma = \arctan2(r_{32}/\sin\beta, -r_{31}/\sin\beta)$$

若 $\sin\beta = 0$，则 $\beta = 0°$ 或 $\beta = 180°$，则仅能求出 α 和 γ 的和或差，此时旋转矩阵到欧拉角的转化不唯一。取 $\alpha = 0°$，结果如下：

若 $\beta = 0°$，则有

$$\begin{cases} \alpha = 0° \\ \beta = 0° \\ \gamma = \arctan2(-r_{12}, r_{11}) \end{cases} \quad (3\text{-}70)$$

若 $\beta = 180°$，则有

$$\begin{cases} \alpha = 0° \\ \beta = 0° \\ \gamma = \arctan2(r_{12}, -r_{11}) \end{cases} \quad (3\text{-}71)$$

对于固定角或欧拉角，当三个角度中的其中一个取特殊值时，旋转矩阵到固定角或欧拉角的转换不唯一。这一问题称为"万向节死锁（Gimbal Lock）"，下面以 Z-Y-Z 欧拉角为例，直观地解释这一问题产生的原因。

如图 3-24 所示，当 $\beta = 180°$ 时，第一次与第三次转动的旋转轴重合，因此无法分辨这两次旋转的角度值 α 和 γ，而只能确定它们的和。

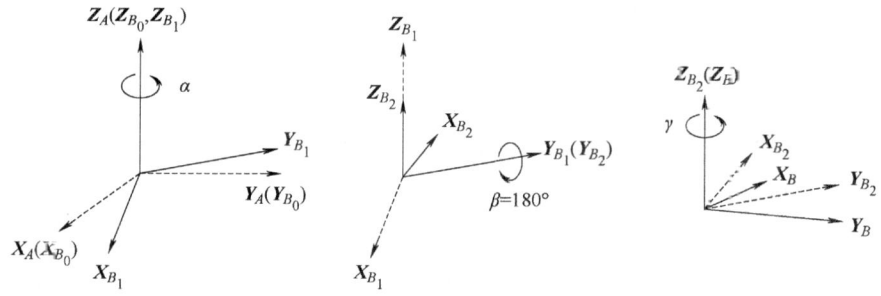

图 3-24 Z-Y-Z 欧拉角中的万向节死锁

3.7.3 四元数

固定角和欧拉角均使用三个参数描述空间刚体的姿态，但其存在万向节死锁问题，在实际使用中会带来不便。下面介绍克服了万向节死锁问题的另一种姿态描述方式——四元数。

1. 四元数的定义及性质

1843年，爱尔兰数学家 William RowanHamilton（1805—1865年）在研究复数的扩张问题时，提出了一种高阶复数——四元数（Quaternion）。四元数由一个实数单位1和三个虚数单位 i、j、k 组成，通常表示为

$$q = a + bi + cj + dk \tag{3-72}$$

式中，a、b、c、d 均为实数，i、j、k 称为第一、第二、第三虚数单位，这些单位满足以下性质

$$\begin{cases} i^2 = j^2 = k^2 = -1 \\ ij = -ji = k \\ jk = -kj = i \\ ki = -ik = j \end{cases} \tag{3-73}$$

可将四元数表达为坐标形式，即

$$q = (a, \boldsymbol{v}) = \begin{bmatrix} a & b & c & d \end{bmatrix} \tag{3-74}$$

式中，$\boldsymbol{v}$ 是一个向量，$\boldsymbol{v} = bi + cj + dk$，$a$、$b$、$c$、$d$ 均为实数。四元数是复数的推广，实数可看作虚部为0的四元数；向量可看作为实部为0的四元数，也称为纯四元数。

可通过四元数表达空间姿态，其具有若干优势：①可以避免万向节死锁问题；②几何意义明确，通过4个参数就可以表示绕任意空间轴的旋转；③方便快捷，计算效率高。

2. 四元数的运算

令四元数 $q_1 = (a_1, \boldsymbol{v}_1)$，$q_2 = (a_2, \boldsymbol{v}_2)$。

（1）四元数的加法

$$q_1 + q_2 = (a_1 + a_2, \boldsymbol{v}_1 + \boldsymbol{v}_2) \tag{3-75}$$

四元数的加法满足交换律、结合律。

（2）四元数的乘法

$$q_1 q_2 = (a_1 a_2 - \boldsymbol{v}_1 \cdot \boldsymbol{v}_2, a_1 \boldsymbol{v}_2 + a_2 \boldsymbol{v}_1 + \boldsymbol{v}_1 \times \boldsymbol{v}_2) \tag{3-76}$$

四元数的乘法满足结合律，不满足交换律，即 $q_1 q_2 \neq q_2 q_1$。乘法有单位元 $q_e = (1, \boldsymbol{0})$，它在运算中的地位与实数乘法中的1或矩阵乘法中的单位阵类似。容易证明，任意四元数 q 左乘或右乘单位元 q_e，结果仍是四元数 q 本身。

（3）共轭四元数

$$q^* = (a, -\boldsymbol{v}) \tag{3-77}$$

（4）四元数的逆 对于非零四元数 $q = (a, \boldsymbol{v})$，它的乘法逆元为

$$q^{-1} = \frac{q^*}{q \cdot q} \tag{3-78}$$

满足

$$qq^{-1} = q\frac{q^*}{q \cdot q} = \frac{(a,v) \cdot (a,-v)}{a^2 + |v|^2} = (1, 0) = q_e \tag{3-79}$$

（5）四元数的模　对于四元数 $q = (a, v)$，定义它的模为

$$\begin{aligned}|q| &= \sqrt{q \cdot q} = \sqrt{q^* \cdot q} \\ &= \sqrt{c^2 + |v|^2} = \sqrt{a^2 + b^2 + c^2 + d^2}\end{aligned} \tag{3-80}$$

3. 用四元数表示刚体的空间姿态及旋转变换

将模为 1 的四元数称为单位四元数，单位四元数满足

$$q^{-1} = \frac{q^*}{q \cdot q} = \frac{q^*}{\|q\|^2} = \frac{q^*}{1^2} = q^* \tag{3-81}$$

即

$$q^{-1} = q^* \tag{3-82}$$

由此可见，单位四元数容易求逆，因此希望用单位四元数描述刚体的空间姿态。

实际上，一个单位四元数可表示成式（3-83）的形式。

$$q = (\cos\alpha, v\sin\alpha) \tag{3-83}$$

该四元数具有明确的几何意义，它表示绕空间向量 v 旋转 2α 角度的运动，$\alpha = 0°$ 的四元数对应于初始姿态，不同角度对应于不同姿态。四元数和旋转矩阵可以互相转换，且是一一对应的，下面讲解转换方法。

根据绕任意轴转动的旋转矩阵通式（3-44），代入旋转轴 $v = [k_x \quad k_y \quad k_z]^T$，旋转角度 $\theta = 2\alpha$，即可得到四元数对应的旋转矩阵。

反之，由旋转矩阵可计算出等效转轴 $v = [0 \quad x \quad y \quad z]$ 与等效转角 α，则旋转矩阵对应的单位四元数为

$$q = \left[\cos\left(\frac{\alpha}{2}\right) \quad \sin\left(\frac{\alpha}{2}\right)x \quad \sin\left(\frac{\alpha}{2}\right)y \quad \sin\left(\frac{\alpha}{2}\right)z\right] \tag{3-84}$$

假设将向量 v_1 绕向量 v 旋转角度 α 后得到向量 v_1'，则 v_1' 可表示为

$$v_1' = qv_1q^{-1} \tag{3-85}$$

例 3-11：假设点 P 的向量为 $[0 \quad 1 \quad 1]$，将该向量绕旋转轴 $v = [0 \quad 0 \quad 1]$ 旋转 $60°$，用四元数求旋转后该点的坐标 P'。

解：首先将点 P 表示为纯四元数，即

$$P = [0 \quad 0 \quad 1 \quad 1]$$

由式（3-73）有

$$q = (\cos 30°, v\sin 30°) = [0.866 \quad 0 \quad 0 \quad 0.5]$$

q 为单位四元数，因此它的逆等于它的共轭，即
$$q^{-1}=q^*=[0.866 \quad 0 \quad 0 \quad -0.5]。$$
由式（3-74）得到
$$P'=qPq^{-1}$$
$$=[0.866 \quad 0 \quad 0 \quad 0.5][0 \quad 0 \quad 1 \quad 1][0.866 \quad 0 \quad 0 \quad -0.5]$$
$$=[0 \quad -0.866 \quad 0.5 \quad 0.75]$$

3.7.4 空间姿态描述方法总结与对比

前面介绍了描述空间刚体姿态的四种方式，它们各有优劣，下面简单总结：

图 3-25 所示为空间姿态的描述方法及其关系。旋转矩阵通过 9 个参数描述空间姿态，其他描述方式可以唯一地转换为旋转矩阵，但旋转矩阵描述涉及的参数太多；固定角和欧拉角通过 3 个参数描述空间姿态，参数数量少，但旋转矩阵向固定角或欧拉角的转化存在万向节死锁问题；四元数通过 4 个参数描述空间姿态，参数数量较少，且四元数和旋转矩阵存在一一对应关系。

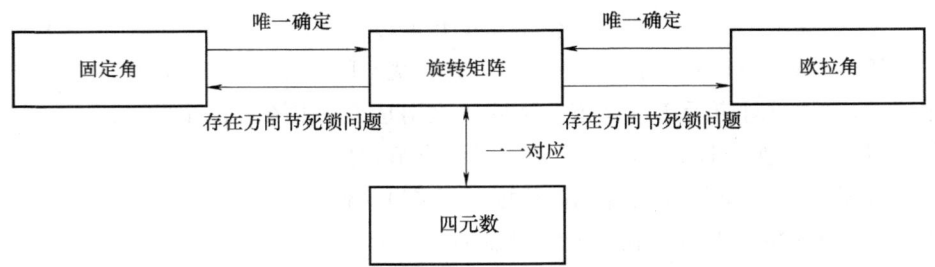

图 3-25　空间姿态的描述方法及其关系

3.8　基于 Robotics Toolbox 的位姿描述

在机器人学的许多问题中，常常需要在不同的参考坐标系中描述同一个物体的位姿。MATLAB Robotics Toolbox 提供了许多函数，可以很容易地完成不同坐标系下的位姿描述及其转换。

3.8.1　坐标系变换

在利用 MATLAB Robotics Toolbox 工具箱中的 transl( )、rotx( )、roty( ) 和 rotz( ) 函数可以非常容易地实现用齐次变换矩阵表示平移变换和旋转变换。

1. 平移坐标变换

对于平移坐标变换，Robotics Toolbox 提供了函数 transl( )，用于计算平移变换矩阵，其调用格式为：

$$T=\text{transl}(x\ y\ z)$$

其中，参数 x、y、z 分别为沿 X、Y、Z 轴方向的平移量，它返回一个 4×4 齐次变换矩阵。

2. 旋转坐标变换

当两个坐标系的原点位置相同、姿态不同时，Robotics Toolbox 中提供了用于计算旋转变换矩阵的函数 rotx( )、roty( )、rotz( ) 三个函数，其调用格式为：

$$Rx=\text{rotx}(\alpha), Ry=\text{roty}(\beta), Rz=\text{rotz}(\gamma)$$

其中，参数 α、β、γ 分别表示绕 X、Y、Z 轴的旋转量（以弧度表示），返回一个 3×3 旋转矩阵。

Robotics Toolbox 还提供了一组 trotx( )、troty( )、trotz( ) 函数，它与上面那组函数的区别仅在于它返回的是 4×4 齐次变换矩阵。

例 3-12：编程实现以下功能：

1) 给定 X-Y-Z 固定角 $\alpha=10°$，$\beta=20°$，$\gamma=30°$，求 $^A_B\boldsymbol{T}$。
2) 给定 X-Y-Z 固定角 $\beta=20°$，$\alpha=\gamma=0°$，求 $^A_B\boldsymbol{T}$。
3) 给定 X-Y-Z 固定角 $\beta=20°$，$\alpha=\gamma=0°$，$^B\boldsymbol{P}=\begin{bmatrix}3 & 7 & 0\end{bmatrix}^T$，求 $^A\boldsymbol{P}$。

解：程序代码如下：

```
%% eg3_12
  clear,clc,close all
% 1)的求解
  T1=rotz(30*pi/180)*roty(20*pi/180)*rotx(10*pi/180)
% 2)的求解
  T2=roty(20*pi/180)
% 3)的求解
  R=roty(20*pi/180);
  PB=[3;7;0];
  PA=(R*PB)'
```

运行结果如下：

```
T1 =                                T2 =
    0.8138   -0.4410   0.3785           0.9397        0        0.3420
    0.4698    0.8826   0.0180                0   1.0000             0
   -0.3420    0.1632   0.9254          -0.3420        0        0.9397
```

PA =
   2.8191   7.0000   -1.0261

例 3-13：如图 3-26 所示，坐标系 $\{B\}$ 起始时与坐标系 $\{A\}$ 重合，相对于坐标系 $\{A\}$，将坐标系 $\{B\}$ 先绕 Z 轴旋转 30°，再沿 X 轴平移 8 个单位，最后沿 Y 轴平移 5 个单位。现给定 $^B\boldsymbol{P}=\begin{bmatrix} 2 & 5 & 0 \end{bmatrix}^T$，求 $^A\boldsymbol{P}$。

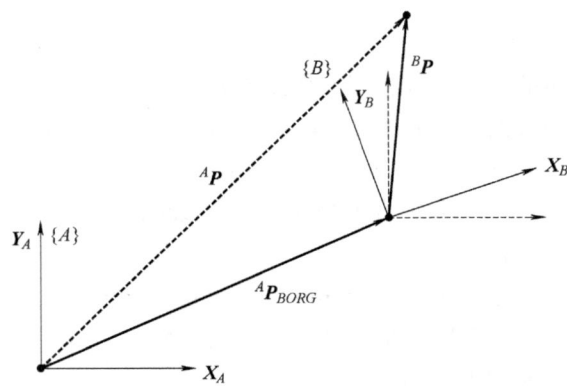

图 3-26　坐标系 $\{B\}$ 相对于坐标系 $\{A\}$ 的位姿

解：程序代码如下：

```
%% eg3_13
  clear,clc,close all
  T1=transl(8,5,0);
% trotz()与rotz()作用相同,它返回4×4齐次变换矩阵
  R=trotz(30*pi/180);
  T=T1*R;
  PB=[2;5;0;1];
  PA=(T*PB)'
```

运行结果如下：
PA =
   7.2321   10.3301   0   1.0000

3.8.2　姿态的描述

本节将介绍在 Robotics Toolbox 中描述姿态的几种表示：固定角、Z-Y-Z 欧拉角、旋转矩阵。

1. 固定角

在 3.7.1 节中介绍了空间物体姿态的固定角描述方法，X-Y-Z 固定角也称为 RPY 角,即滚转角(Roll)、俯仰角(Pitch)、偏航角(Yaw),它可以直观地描述船舶、飞机和车辆的姿态。Robotics Tooolbox 提供了将 RPY 角转换为齐次变换矩阵的函数 rpy2tr( ),函数名中的"2"音同"to",表示转换,函数的基本调用格式为:

$$T=\text{rpy2tr}([R\ P\ Y])$$

其中,R、P、Y 均使用弧度制,函数返回一个 4×4 齐次变换矩阵。

上述问题的逆问题是将旋转矩阵转化为欧拉角,可以使用 tr2rpy(T)函数,它的基本调用格式为:

$$[R\ P\ Y]=\text{tr2rpy}(T)$$

其中,T 为 4×4 齐次变换矩阵,函数返回变换 T 对应的 R、P、Y 角,均使用弧度制。

例 3-14:已知 RPY 角为[pi/2 0 -pi/2],将它转换为齐次变换矩阵。

解:程序代码如下:

```
%% eg3_14
clear,clc,close all
% 由 RPY 角计算齐次变换矩阵
T=rpy2tr([pi/2,0,-pi/2])
```

运行结果如下:

```
T =
    0.0000    1.0000    0.0000         0
   -0.0000    0.0000   -1.0000         0
   -1.0000    0.0000    0.0000         0
    0.0000    0.0000    0.0000    1.0000
```

例 3-15:已知旋转矩阵 $T = \begin{bmatrix} 0 & 1 & 0 \\ 0 & 0 & -1 \\ -1 & 0 & 0 \end{bmatrix}$,将它转换为 RPY 角。

解:程序代码如下:

```
%% eg3_15
clear,clc,close all
T=[0,1,0;0,0,-1;-1,0,0];
% 将旋转矩阵转化为 RPY 角
RPY=tr2rpy(T)
```

运行结果如下：
RPY=
　　1.5708　　　0　　　-1.5708

2. Z-Y-Z 欧拉角

另一种广泛使用的姿态描述是 Z-Y-Z 欧拉角，Robotics Toolbox 提供了函数 eul2r( )，其调用格式为：

$$R=eul2r([Z\ Y\ Z])$$

其中，输入参数是由 Z-Y-Z 欧拉角组成的 1×3 向量，函数返回一个 3×3 旋转矩阵。

其逆问题是将旋转矩阵转换为欧拉角，可以使用 tr2eul(R) 函数，它的基本调用格式为：

$$[Z\ Y\ Z]=tr2eul(R)$$

其中，输入量 R 为 3×3 旋转矩阵或 4×4 齐次矩阵，函数返回变换 R 对应的 Z-Y-Z 欧拉角，均使用弧度制。

例 3-16：编程实现以下功能：

1）已知 Z-Y-Z 欧拉角为 [0.1　0.2　0.3]，求它对应的旋转矩阵，再将旋转矩阵转换为 Z-Y-Z 欧拉角。

2）已知 Z-Y-Z 欧拉角为 [0.1　-0.2　0.3]，求它对应的旋转矩阵，再将旋转矩阵转换为 Z-Y-Z 欧拉角。

3）已知 Z-Y-Z 欧拉角为 [0.1　0　0.3]，求它对应的旋转矩阵，再将旋转矩阵转换为 Z-Y-Z 欧拉角。

解：程序代码如下：

```
%% eg3_16
  clear,clc,close all
% 1)的求解
  R1=eul2r([0.1,0.2,0.3])
  ZYZ1=tr2eul(R1)
% 2)的求解
  R2=eul2r([0.1,-0.2,0.3])
  ZYZ2=tr2eul(R2)
% 3)的求解,这里β=0°,存在万向节死锁问题,反求欧拉角时默认取α=0°
  R3=eul2r([0.1,0,0.3])
  ZYZ3=tr2eul(R3)
```

运行结果如下：

R1 =
          0.9021   -0.3836   0.1977
          0.3875   0.9216   0.0198
         -0.1898   0.0587   0.9801
R2 =
          0.9021   -0.3836   -0.1977
          0.3875   0.9216   -0.0198
          0.1898   -0.0587   0.9801
ZYZ1 =
          0.1000   0.2000   0.3000
ZYZ2 =
         -3.0416   0.2000   -2.8416
R3 =
          0.9211   -0.3894   0
          0.3894   0.9211   0
          0   0   1.0000
ZYZ3 =
          0   0   0.4000

注意到，在问题 3）中，绕 Y 轴旋转的欧拉角 $\beta=0°$，根据 3.7.2 节的相关讨论，将旋转矩阵转化为欧拉角时存在万向节死锁问题，此时 tr2eul( ) 函数默认取 $\alpha=0°$，因此运行结果中 ZYZ3 的第三个分量为 $\gamma=0.1+0.3=0.4$。

3. 绕任意向量旋转（旋转矩阵）

Robotics Toolbox 提供了由旋转矩阵计算等效转轴和等效转角的函数 tr2angvec( )，它的调用格式为：

$$[\text{theta},v]=\text{tr2angvec}(R)$$

其中，输入量为 3×3 旋转矩阵 R，函数返回值 theta 为等效转角，v 为等效转轴。

例 3-17：由例 3-16 中 1）的 Z-Y-Z 欧拉角对应的旋转矩阵计算等效转角和等效转轴。

解：程序代码如下：

```
%% eg3_17
  clear,clc,close all
% 由欧拉角计算旋转矩阵
  R=eul2r([0.1,0.2,0.3])
% 由旋转矩阵计算等效转角和等效转轴
  [theta,v]=tr2angvec(R)
```

运行结果如下：

R =
          0.9021   -0.3836   0.1977

	0.3875	0.9216	0.0198
	−0.1898	0.0587	0.9801

theta =

0.4466

v =

0.0450　　0.4486　　0.8926

3.8.3 姿态可视化

Robotics Toolbox 提供了用于实现姿态可视化的若干函数，本节将会介绍其中的几种。

1. 函数 trplot( )

Robotics Toolbox 提供了 trplot( ) 函数，可用于绘制坐标系，它的调用格式为：

trplot(T)

其中，输入量 T 为 4×4 齐次变换矩阵，即坐标系相对于世界坐标系的位姿，此处的世界坐标系是 MATLAB 绘图界面中的 X、Y、Z 轴。

例 3-18：某坐标系初始时与世界坐标系重合，将它沿 X 方向平移 1 个单位，然后绕 X 轴旋转 90°，再沿新的 Y 轴平移 1 个单位，绘制变换后的坐标系。

解：程序代码如下：

```
%% eg3_18
  clear,clc,close all
% 计算齐次变换矩阵
  T=transl(1,0,0)*trotx(pi/2)*transl(0,1,0)
% 绘制齐次变换矩阵对应的位姿
  trplot(T)
```

运行结果如下：

T =

1.0000	0	0	1.0000
0	0.0000	−1.0000	0.0000
0	1.0000	0.0000	1.0000
0	0	0	1.0000

通过 Robotics Toolbox 绘制的坐标系如图 3-27 所示。

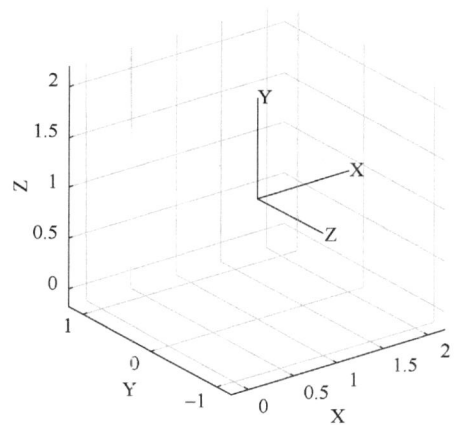

图 3-27 通过 Robotics Toolbox 绘制的坐标系

2. 函数 t2r(T)、函数 transl(T)

可通过 t2r( )函数提取齐次矩阵中的旋转矩阵部分,其调用格式为:

$$R=t2r(T)$$

其中,输入量 T 为 4×4 齐次变换矩阵,返回值 R 为 3×3 旋转矩阵。

可通过 transl( )函数提取齐次矩阵中的旋转矩阵部分。注意,transl( )函数有两个重载:

重载1:T=transl([x y z])

重载2:[x y z]=transl(T)

这里使用重载 2,它接受 4×4 齐次矩阵输入,返回齐次矩阵的平移部分。

例 3-19:使用 t2r(T)、transl(T)两个函数提取例 3-18 中矩阵 T 的旋转矩阵部分和平移部分。

解:程序代码如下:

```
%% eg3_19
  clear,clc,close all
% 计算齐次变换矩阵
  T=transl(1,0,0)*trotx(pi/2)*transl(0,1,0);
% 提取齐次变换矩阵的旋转部分和平移部分
  R=t2r(T)
  P=transl(T)'
```

运行结果如下:

R =

1.0000	0	0
0	0.0000	-1.0000
0	1.0000	0.0000

P =

1.0000	0.0000	1.0000

3.9 小结

本章首先介绍了空间中物体的位置和姿态的数学描述方法，其次介绍了坐标系变换，包括平移变换、旋转变换以及变换综合，详细介绍了同一坐标系下向量变换的方法，即变换算子，然后介绍了绕一般轴的旋转变换。另外还介绍了机器人姿态的其他表示方法：固定角、欧拉角和四元数，最后利用MATLAB Robotics Toolbox 中的相关函数来实现平移变换、旋转变换和姿态的描述。

参考文献

[1] NOBLE B. Applied Linear Algebra [M]. Englewood Cliffs：Prentice-Hall，1969.
[2] BALLARD D，BROWN C. Computer Vision [M]. Englewood Cliffs：Prentice-Hall，1982.
[3] BOTTEMA O，ROTH B. Theoretical Kinematics [M]. Amsterdam：North Holland，1979.
[4] PAUL R P. Robot Manipulators [M]. Cambridge：MIT Press，1981.
[5] SHAMES I. Engineering Mechanics [M]. 2nd ed. Englewood Cliffs：Prentice-Hall，1967.
[6] YMON S. Mechanics [M]. 3rd ed. Reading：Addison-Wesley Publishing Company，1971.
[7] GORLA B，RENAUD M. Robots Manipulateurs [M]. Toulouse：Cepadues-Editions，1984.
[8] 战强. 机器人学：机构、运动学、动力学及运动规划 [M]. 北京：清华大学出版社，2019.
[9] 熊有伦. 机器人学 [M]. 北京：机械工业出版社，1992.
[10] CRAIG J J. Introduction to Robotics：Mechanics and Control [M]. 3rd ed. London：Pearson Education Inc，2004.
[11] 杨丕文. 四元数分析与偏微分方程 [M]. 北京：科学出版社，2009.
[12] PETER CORKE. 机器人学、机器视觉与控制：MATLAB 算法基础 [M]. 刘荣，等译. 北京：电子工业出版社，2016.

习题

1. 给定参考坐标系 $\{A\}$，将一向量 ^AP 绕 Y_A 轴旋转 $30°$，然后绕 X_A 轴旋转 45°。求按照上述顺序旋转后得到的旋转矩阵。

2. 给定参考坐标系 $\{A\}$，已知坐标系 $\{B\}$ 最初与坐标系 $\{A\}$ 重合，将坐标系 $\{B\}$ 绕 Z_B 轴旋转 30°，接着再将上一步旋转得到的坐标系 X_B 轴旋转 45°，求从 ^BP 到 ^AP 向量变换的旋转矩阵。

3. 给定参考坐标系 $\{A\}$，已知坐标系 $\{B\}$ 最初与坐标系 $\{A\}$ 重合，首先将坐标系 $\{B\}$ 相对于坐标系 $\{A\}$ 的 X 轴转 30°，再沿坐标系 $\{A\}$ 的 Y 轴移动 2 个单位，再沿坐标系 $\{A\}$ 的 Z 轴移动 -2 个单位。假设点 P 在坐标系 $\{B\}$ 中的位置为 $^BP = [2\ \ 2\ \ 2]^T$，求它在坐标系 $\{A\}$ 中的位置 ^AP。

4. 给定参考坐标系 $\{A\}$，已知坐标系 $\{B\}$ 最初与坐标系 $\{A\}$ 重合，将坐标系 $\{B\}$ 绕过原点的向量 $K = [-0.577\ \ -0.577\ \ -0.577]^T$ 旋转 240°，求旋转矩阵 $R_K(240°)$。

5. 已知下列齐次变换矩阵：

$$^U_A T = \begin{bmatrix} 0.866 & -0.5 & 0 & 11 \\ 0.5 & 0.866 & 0 & -1 \\ 0 & 0 & 1 & 8 \\ 0 & 0 & 0 & 1 \end{bmatrix}$$

$$^B_A T = \begin{bmatrix} 1 & 0 & 0 & 0 \\ 0 & 0.866 & -0.5 & 10 \\ 0 & 0.5 & 0.866 & -20 \\ 0 & 0 & 0 & 1 \end{bmatrix}$$

$$^C_U T = \begin{bmatrix} 0.866 & -0.5 & 0 & -3 \\ 0.433 & 0.75 & -0.5 & -3 \\ 0.25 & 0.433 & 0.866 & 3 \\ 0 & 0 & 0 & 1 \end{bmatrix}$$

试绘制坐标系示意图（见图 3-28），定性地表明其坐标轴的排列，并求解 $^B_C T$。

6. 给定参考坐标系 $\{A\}$，已知坐标系 $\{B\}$ 最初与坐标系 $\{A\}$ 重合，将坐标系 $\{B\}$ 绕过原点的向量 K 旋转 θ 角度，坐标系 $\{B\}$ 经过点 ^AP。构造一个通用方程式求 $^A_B T$。

7. 如图 3-29 所示，求 $^A_B T$、$^A_C T$、$^B_A T$ 和 $^C_A T$ 的值。

8. 给定参考坐标系 $\{A\}$，其中有一点 $^AP = [1\ \ 1\ \ 1]$。将该点绕旋转轴 $v = [0\ \ 1\ \ 0]$ 旋转 90°，求旋转后该点在坐标系 $\{A\}$ 下的坐标。

9. 用 Z-Y-X (α-β-γ) 欧拉角表示法，基于 Robotics Toolbox 计算下面两个

例子的旋转矩阵 $^A_B\boldsymbol{R}$。

1) $\alpha=10°$，$\beta=20°$，$\gamma=30°$。

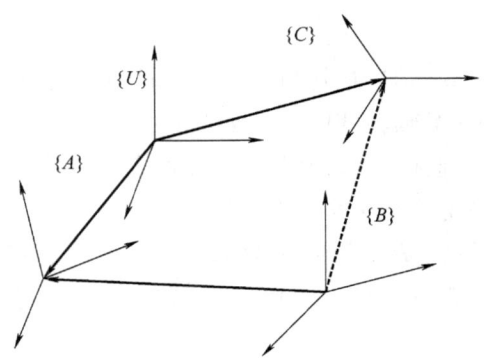
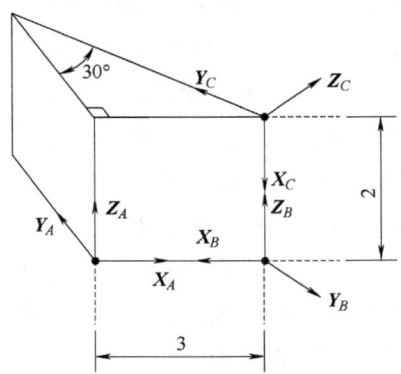

图 3-28　坐标系示意图　　　　图 3-29　在楔形块上的坐标系

2) $\alpha=30°$，$\beta=90°$，$\gamma=-55°$。

10. 给定参考坐标系 $\{A\}$，已知坐标系 $\{B\}$ 最初与坐标系 $\{A\}$ 重合，将坐标系 $\{B\}$ 绕坐标系 $\{A\}$ 的 Y 轴旋转 β 角，已知 $\beta=20°$ 和 $^B\boldsymbol{P}=\begin{bmatrix}1 & 0 & 1\end{bmatrix}^T$，基于 Robotics Toolbox 计算 $^A\boldsymbol{P}$ 并实现位姿矩阵的可视化 [提示：使用 trplot( ) 函数]。

11. 基于 Robotics Toolbox，由 Z-Y-X 欧拉角 (α-β-γ) 和位置向量 $^A\boldsymbol{P}_B$ 计算以下条件的齐次变换矩阵 $^A_B\boldsymbol{T}$。

1) $\alpha=10°$，$\beta=20°$，$\gamma=30°$，$^A\boldsymbol{P}_B=\begin{bmatrix}1 & 2 & 3\end{bmatrix}^T$。

2) $\beta=20°$，$\alpha=\gamma=0°$，$^A\boldsymbol{P}_B=\begin{bmatrix}3 & 0 & 1\end{bmatrix}^T$。

第 4 章 机器人正运动学

机器人本质上是一个运动链,运动链是由两个或以上的构件通过运动副的连接构成的相对可动的系统,分为开式链和闭式链两种类型。本书主要讨论开式链机器人,其各关节由驱动器驱动,各关节的相对运动带动各构件的运动,从而使末端执行器达到指定的空间位置和姿态,即实现"位置控制"。机器人运动学是位置控制的基础。本章将介绍机器人连杆的描述方式,在此基础上介绍机器人的正运动学建模方法,并基于 MATLAB Robotics Toolbox 进行正运动学仿真。

4.1 引言

机器人运动学问题就是确定机器人末端执行器相对于参考坐标系的位姿,并用机器人各关节的运动量来表示,将机器人关节的运动量称为关节变量。机器人运动学包括正运动学(forward kinematics)和逆运动学(inverse kinematics)两部分,其关系如图 4-1 所示。正运动学就是给定机器人的各关节变量,计算机器人的末端的目标位姿,也称为机器人运动学建模;逆运动学则是已知机器人的末端位姿,计算各个关节变量,也称为机器人运动学求解。

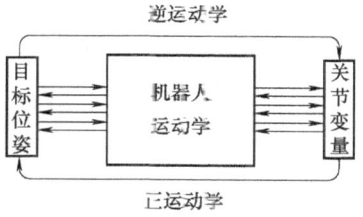

图 4-1 正、逆运动学的关系

本章讨论的机器人运动学只涉及机器人的运动特性,而不讨论产生这种运动的力。因此,本章将研究机器人的位置、速度、加速度及位置变量的高阶导数等运动学参数,而不讨论机器人的运动与力、力矩之间的关系。

根据本书第 3 章的相关内容,开式链机器人的末端连杆和基座均可看作刚体,机器人正运动学建模就是描述空间刚体相对于参考坐标系的位姿,常用的建模方法是：首先描述所有相邻关节轴线的相对位姿，然后在每个连杆上建立一个连杆坐标系，描述相邻连杆坐标系的相对位姿，根据坐标系复合变换方法，最终得到末端连杆坐标系相对于基座连杆坐标系的位姿，即正运动学模型。这一方法的基本思想由 Denavit 和 Hartenberg 于 1955 年提出，因此简称为 D-H 参数法。还有另一种建模方法，它首先通过所谓的"指数坐标"描述相邻关节轴线的相对位姿，然后在基座和末端连杆上分别建立坐标系，则末端坐标系相对于基坐标系的位姿可通过矩阵指数的连乘来表达，这一方法称为指数积（Product of Exponentials，PoE）法。相较于 D-H 参数法，PoE 法无需建立中间连杆坐标系，运动学建模较为简洁，但在机器人动力学研究中，常常需要确定中间连杆的动力学参数，此时仍需要建立中间连杆坐标系，因此本书中主要介绍 D-H 参数法，对于 PoE 法，感兴趣的读者可自行了解。下面首先介绍相邻连杆（或相邻关节轴线）的相对位姿描述方法。

4.2　连杆的描述与定义

本章中，主要研究由构件与关节依次连接而成的开式运动链。其中的构件称为连杆。连接机器人与机架的连杆称为基座，一般从基座开始为连杆编号，基座为连杆 0，与基座相连的连杆为连杆 1，以此类推，直到安装末端执行器的连杆 N。典型的工业机器人和协作机器人一般具有 6 个关节，有些机器人具有 7 个关节。要描述各连杆的相对位姿，需要描述同一连杆上的两个关节轴，以及相邻连杆的连接方式。

4.2.1　连杆关节轴的描述

在开式链机器人中，相邻的两个连杆之间通过关节连接，当相邻构件通过面与面的相对滑动构成关节时，连接两个构件的运动副称为低副。图 4-2 所示为几种常见的低副关节。

在开式链机器人的设计过程中，通常优先选用单自由度关节，如转动关节和移动关节，这是因为单自由度关节可以独立驱动，便于控制。在特殊情况下，也可以选用具有 n 个自由度的关节，可等效地认为此 n 自由度关节连接了 $n-1$ 个长度为 0 的连杆。下面主要研究仅含单自由度关节的开式链机器人。

考虑由若干低副关节连接而成的 n 自由度开式链机器人。要建立机器人的运动学模型，首先需要描述各连杆的空间位置和姿态。由于各连杆是两两相连的，因此可先描述第一个连杆相对于基座的位姿，再描述第二个连杆相对于第一个连杆的位姿，以此类推，直到第 N 个连杆相对于第 $N-1$ 个连杆的位姿。

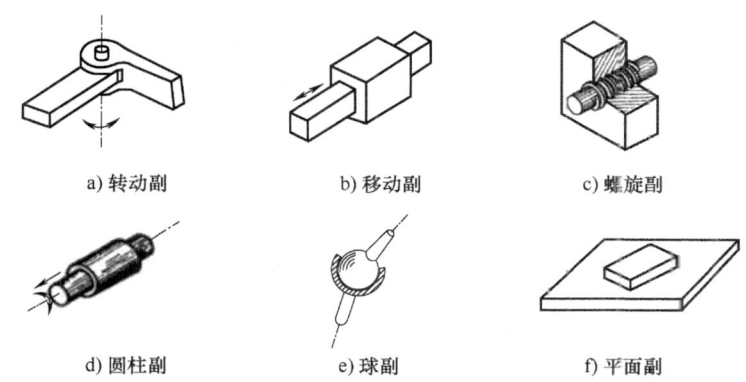

图 4-2 几种常见的低副关节

因此，实际上只需要描述两个相邻连杆的相对位姿关系。

现将机器人的各个连杆均视为刚体（见图4-3），对于连杆 $i-1$，将它靠近基座的一端称为近端，远离基座的一端称为远端，则连杆 $i-1$ 的近端为关节 $i-1$，远端为关节 i。对于关节 i，若其为转动副，则关节轴 i 为转动副的轴线；若其为移动副，则关节轴 i 为沿移动副运动方向的空间直线，连杆 $i-1$ 绕或沿关节轴 i 相对连杆 $i-1$ 转动或移动。因此，要描述两个连杆的相对位姿关系，只需描述两条空间轴线的相对位姿关系，为此引入两个几何参数——连杆长度、连杆扭转角。

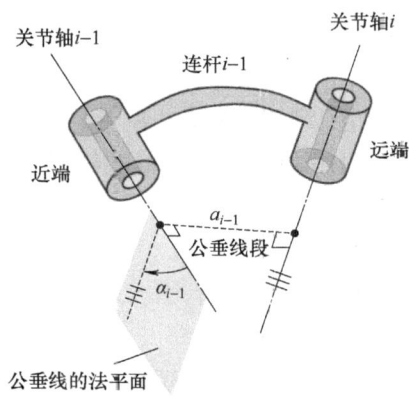

图 4-3 连杆及关节轴线示意图

在三维空间中，两条直线之间有平行、相交、异面三种关系，若两条直线平行或异面，则它们之间存在无数条公垂线，且所有公垂段段的长度相等；若两条直线相交，则认为它们的公垂线段长度为0。如图4-3所示，对于连杆 $i-1$，其

近端为关节轴 $i-1$，远端为关节轴 i，称轴 $i-1$ 与轴 i 的公垂线长度 a_{i-1} 为连杆 $i-1$ 的连杆长度。特别地，当轴 $i-1$ 与轴 i 相交时，连杆长度 $a_{i-1}=0$。

还需引入第二个参数——连杆扭转角。如图 4-3 所示，作两关节轴公垂线的一个法平面，分别将两关节轴投影到该平面上，在该平面内，根据右手定则，右手握住公垂线，大拇指沿公垂线的方向由轴 $i-1$ 指向轴 i，四指由轴 $i-1$ 转向轴 i，由此可唯一确定一个角度 α_{i-1}，称为连杆 $i-1$ 的连杆扭转角。若两轴线相交，则连杆扭转角可以在两轴线确定的平面内测量。

当连杆长度和连杆扭转角确定时，两个关节轴在空间内的相对位姿也就能确定了。

例 4-1：图 4-4 和图 4-5 所示为一空间 "RRR" 机器人的结构示意图和结构简图。分别求该机器人连杆 1 和连杆 2 的连杆长度和连杆扭转角。

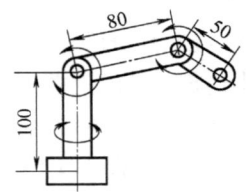

图 4-4 空间 "RRR" 机器人结构示意图

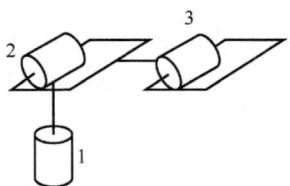

图 4-5 空间 "RRR" 机器人结构简图

解：观察可知，关节 1 与关节 2 的轴线相交于关节 2 的中心处，因此公垂线段长度为 0，即连杆长度 $a_1=0$；关节轴 2 与关节轴 3 相互平行，由图 4-4 可知，公垂线的长度为 80mm，即连杆长度 $a_2=80$mm。轴 1 与轴 2 的夹角为 90°，符号可以根据具体情况选取（如此处以 α 表示），即连杆扭转角 $\alpha_1=90°$ 或 $\alpha_1=-90°$；而关节轴 2 与关节轴 3 平行，因此连杆扭转角 $\alpha_2=0°$。

4.2.2 相邻连杆连接方式的描述

为了描述两个相邻连杆的连接方式，引入两个几何参数——连杆偏距、关节角。

对于开式链机器人的中间连杆，其近端和远端各有一个关节，且与相邻连杆共用一条关节轴线，一般称这条轴线为公共轴线。如图 4-6 所示，连杆 $i-1$ 和连杆 i 为一对相邻连杆，已知连杆 $i-1$ 的连杆长度 a_{i-1} 和连杆扭转角 α_{i-1}，以及连杆 i 的连杆长度 a_i。

首先定义连杆偏距 d_i。在关节轴 i 上，记 a_{i-1} 与关节轴 i 的交点为 P_{i-1}，a_i 与关节轴 i 的交点为 P_i，则 P_{i-1} 到 P_i 的有向距离即为连杆偏距 d_i。

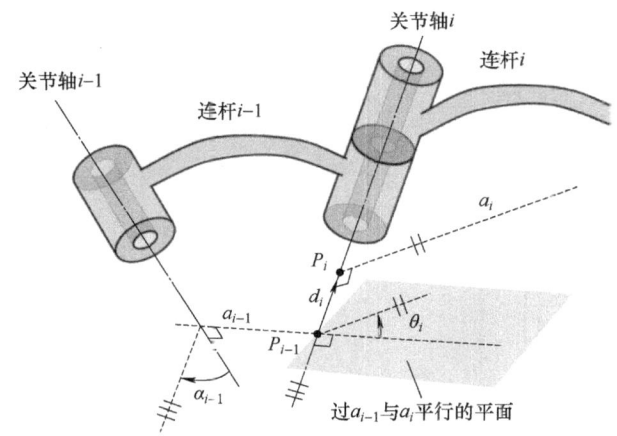

图 4-5 相邻连杆连接示意图

然后定义关节角 θ_i。过 a_{i-1} 作平行于 a_i 的平面,并将 c_i 投影到该平面内,在该平面内,根据右手定则,右手握住关节轴 i,大拇指由 P_{i-} 指向 P_i,四指由 a_{i-1} 转向 a_i,转过的角度即为关节角 θ_i。

注意,当关节 i 为旋转关节时,关节角 θ_i 是一个变量,而连杆偏距 d_i 为常量,为固定的结构参数;当关节 i 为移动关节时,连杆偏距 d_i 是一个变量,而关节角 θ_i 为常数,为固定的结构参数。因此,根据关节类型的不同,连杆偏距 d_i 或关节角 θ_i 又称为关节变量。

对于开式链机器人两端的连杆,其近端或远端不存在关节轴,无法按上面的定义确定 4 个连杆参数,因此需要补充定义。对于首、末连杆,连杆长度和连杆扭转角一般定义为 0,即 $a_0 = a_N = 0$,$\alpha_0 = \alpha_N = 0°$。对于首端连杆 0,若关节 1 为旋转关节,则关节角 θ_1 的起始位置可以任意选取,并且设定连杆偏距 $d_1 = 0$。同样地,如果关节 1 为移动关节,则连杆偏距 d_1 的起始位置可以任意选取,并且设定 $\theta_1 = 0°$。末端连杆 N 的连杆参数也可以通过类似的方式定义。

例 4-2:图 4-7 所示为一个 5 自由度机器人,其中关节 3 为移动关节,其他关节均为旋转关节。O_3 为连杆 3 的始端端点,请给出图 4-8 中标出的连杆偏距 d_2、d_3 和 d_4 的数值。

解:如图 4-8 所示,对于旋转关节 2,连杆偏距 d_2 为关节轴 1 与关节轴 2 的交点 O_1 到关节轴 2 与关节轴 3 的交点 O_2 之间的有向距离,由图可知 $d_2 = 150$mm;对于旋转关节 4,类似地有 $d_4 = 500$mm;对于移动关节 3,d_3 为连杆 3 沿关节轴 3 方向移动的距离,是一个变量。

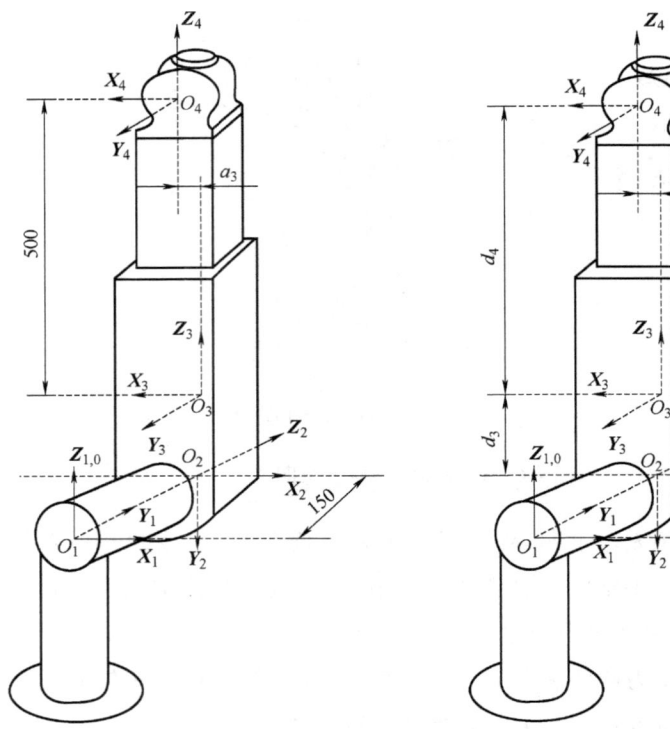

图 4-7 6自由度机器人示意图　　图 4-8 连杆偏距标注图

4.2.3　连杆参数

由 4.2.1 节和 4.2.2 节可知，机器人的每一对相邻连杆都可以通过 4 个几何参数来描述，这 4 个参数称为连杆参数。连杆长度和连杆扭转角是对连杆的描述，它们都是常数；连杆偏距和关节角是对关节的描述，对于每个关节，连杆偏距和关节角中有且仅有一个是变量。这种通过连杆参数描述机构运动学关系的方法就是 D-H 法。

根据 4 个连杆参数的定义，可以确定任意机构的 D-H 参数，并用这些参数来描述该机构。例如，对于一个 6 关节机器人，只需确定 18 个连杆参数（不包含变量）就可以完全描述机器人的运动。

例 4-3：图 4-9 所示为一款 Stanford 机械臂，试给出机器人前 3 个连杆的连杆参数。

解：由图 4-9 可知，关节 1 与关节 2 的轴线相交，关节 2 与关节 3 的轴线相交，关节 3 与关节 4 的轴线重合，因此前 3 个连杆的连杆长度 a_1、a_2 和 a_3 均为 0；关节 1 与关节 2 轴线的夹角为 90°，即连杆扭转角 $\alpha_1 = 90°$ 或 $-90°$，同

理可得 $\alpha_2 = 90°$ 或 $-90°$、$\alpha_3 = 0°$；关节 1 为转动关节，它是第一个关节，因此关节角 θ_1 的起始位置可以任意选取，且规定连杆偏距 $d_1 = 0$；关节 2 为转动关节，则关节角为关节变量 θ_2，连杆偏距 $d_2 = L_2$；关节 3 为移动关节，则连杆偏距 d_3 为关节变量，关节角 $\theta_3 = 0°$。

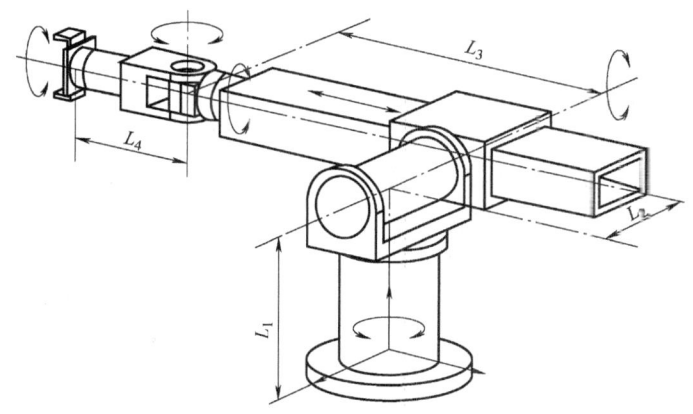

图 4-9　Stanford 机械臂机构示意图

4.3　机器人正运动学

本节正式讨论机器人的正运动学建模，研究在特定关节状态下机器人各连杆的位置、姿态、速度和加速度等问题。前面已经介绍了连杆参数，为了更好地描述连杆参数，可在机器人的每个连杆上附加一个连杆坐标系。根据连杆参数可推寻相邻连杆坐标系之间的齐次变换矩阵，将齐次变换矩阵连乘，就得到了末端坐标系相对于基坐标系的位姿描述。

4.3.1　D-H 法介绍

在现代机器人建模中，常用的建模方法有两种，分别是 D-H（Denavit-Hartenberg）法和指数积（Product of Exponentials，PoE）法。其中，D-H 法具有简单直观、灵活、通用性强、所需参数较少等优点，因而成了应用最广泛的机器人建模方法。D-H 法的基本思想是，在每一个连杆上建立一个连杆坐标系，用齐次变换矩阵表示后一个连杆坐标系在前一个连杆坐标系中的位置与姿态，也就是描述相邻连杆坐标系的相对位姿。根据连杆坐标系的建立方法，可将 D-H 法分为改进 D-H 法（Modified D-H Method）和标准 D-H 法（Standard D-H Method），除此之外，还有萨哈 D-H 法等。本书将重点讨论改进 D-H 法，并简单介绍标准 D-H 法。

4.3.2 改进 D-H 法建模

改进 D-H 法建模可以分为 4 个步骤,即建立连杆坐标系、列 D-H 参数表、建立相邻连杆坐标系之间的齐次变换矩阵、计算末端位姿矩阵。下面将按步骤依次进行介绍。

1. 建立连杆坐标系

(1) 连杆坐标系的定义　为了准确地描述每个连杆与相邻连杆之间的相对位置关系,需要在每个连杆上固连一个坐标系,并用对应连杆的编号为坐标系命名,固连在连杆 i 上的坐标系称为连杆坐标系 $\{i\}$。

(2) 中间连杆坐标系　如图 4-10 所示,对于连杆 $i-1$ 建立连杆坐标系 $\{i-1\}$,对于连杆 i 建立连杆坐标系 $\{i\}$。建立坐标系即确定 X、Y、Z 轴的方向以及原点位置。一般按照下面的步骤建立坐标系:

1) 确定 Z 轴方向。使 Z 轴沿关节轴线方向,此时有两个方向,可任意选择。为简化连杆参数,各连杆坐标系的 Z 轴如果平行,则应同向。

2) 确定 X 轴方向。使 X 轴沿关节轴的公垂线方向,由连杆近端指向连杆远端;当两关节轴相交时,它们的公垂线段长度为 0,此时令 X 轴垂直于两关节轴确定的空间平面有两个

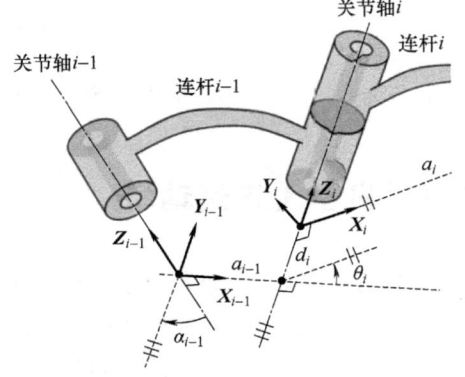

图 4-10　改进 D-H 法坐标系示意图

方向可任意选择。为简化连杆参数,各连杆坐标系的 X 轴如果平行,则应同向。

3) 确定 Y 轴方向。根据 X 轴和 Z 轴的方向,由右手定则可唯一地确定 Y 轴的方向。

4) 确定原点位置。在改进 D-H 法中,将连杆坐标系的原点设置在连杆的近端,即关节轴 $i-1$ 与公垂线段 a_{i-1} 的交点处。注意到,当两关节轴线不相交时,存在无穷多条公垂线段,因此就有无穷多个交点,此时原点位置可任意选择,一般选在关节中心等特殊位置;当两关节轴线相交时,将原点取为关节轴线的交点,此时原点位置可唯一确定。

注意到,根据连杆参数的定义,连杆扭转角 α_{i-1} 就是绕 X_{i-1} 轴从 Z_{i-1} 转到 Z_i 的角度,即 "Z 轴之间的夹角";连杆长度 a_{i-1} 就是 Z_{i-1} 与 Z_i 的垂直距离,即 "Z

轴之间的垂直距离";关节角 θ_i 就是绕 Z_{i-1} 轴从 X_{i-1} 转到 X_i 的角度,即 "X 轴之间的夹角";连杆偏距 d_i 就是 X_{i-1} 到 X_i 的有向距离,即 "X 轴之间的距离"。

(3)首、末连杆坐标系的定义 固连于机器人基座(即连杆0)上的坐标系为连杆坐标系 {0},一般认为它是固定不动的惯性系,称为基坐标系。在研究机器人的运动学问题时,可以将基坐标系作为参考坐标系,在参考坐标系中描述其他连杆坐标系的位姿。

原则上,连杆坐标系 {0} 的坐标轴方向、原点位置都可以任意设定,但为了简化建模过程,通常将连杆坐标系 {0} 设置为连杆坐标系 {1} 的初始位姿,即连杆坐标系 {1} 在关节变量为0时的位姿,于是连杆坐标系 {0} 在运动的初始时刻与连杆坐标系 {1} 重合,因此有 $a_0=0$ 和 $\alpha_0=0°$。并且,当关节1为转动关节时,连杆偏距 $d_1=0$;当关节1为移动关节时,关节角 $\theta_1=0°$。

对于末端连杆坐标系 {N},其 Z 轴方向就是关节 N 的轴线方向,然而,由于不存在后一个关节轴,因此 X 轴的方向无法定义,若关节 N 为旋转关节,则取 X 轴方向为前一连杆坐标系 {N-1} 的 X 轴初始方向,即 $\theta_N=0°$ 时 X_{N-1} 轴的方向,并选取合适的原点位置使连杆偏距 $d_N=0$。若关节 N 为移动关节,则取满足关节角 $\theta_N=0°$ 的 X 轴方向。确定坐标轴方向后,选取连杆坐标系 {N} 的原点为 X_{N-1} 轴与关节轴 N 的交点。

(4)建立连杆坐标系的完整步骤

1)找关节轴线。确定各关节轴线,并标出这些轴线的延长线。

2)找公垂线、确定原点。对于关节 i,确定关节轴 i 和关节轴 $i+1$ 的公垂线,以公垂线与关节轴 i 的交点作为连杆坐标系 {i} 的原点,若公垂线段长度为0,则将原点取在使连杆参数最简单的位置。

3)确定坐标轴。①规定 Z_i 轴沿关节轴 i 的方向;②规定 X_i 轴沿公垂线由连杆 i 的近端指向远端,如果关节轴 i 和关节轴 $i+1$ 相交,则规定 X_i 轴垂直于关节轴 i 和关节轴 $i+1$ 确定的平面;③根据右手定则确定 Y_i 轴的方向。

注意,对于末端连杆坐标系 {N},其原点和 X_N 轴方向可以任意选取,但在选取时,应尽量使连杆参数为0。

4)建立连杆坐标系 {0}。规定连杆坐标系 {0} 与连杆坐标系 {1} 的初始位姿重合。

应注意,按照上述步骤建立的连杆坐标系并不是唯一的。下面建立几种常见的3自由度机器人的连杆坐标系。

例 4-4: 图4-11所示为"RRR"3自由度平面机器人,该机器人包括3个旋转关节,试建立其连杆坐标系。

解: 建立图4-11所示"RRR"平面机器人的连杆坐标系,如图4-12所示。

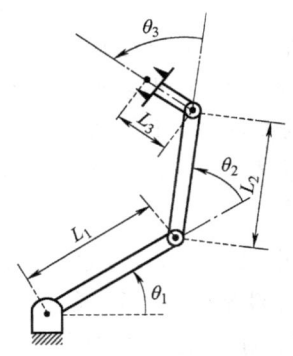 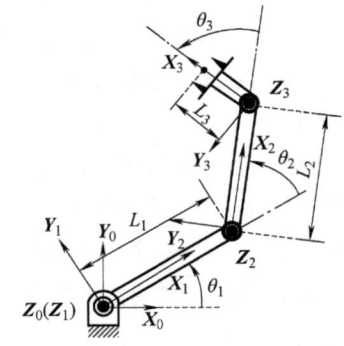

图 4-11 "RRR" 3 自由度平面机器人　　图 4-12 "RRR" 平面机器人连杆坐标系

1) 确定各关节轴线，它们均沿垂直纸面的方向。

2) 各关节轴之间的公垂线均沿连杆自身的方向，由此可确定各关节轴的公垂线。将各连杆坐标系的原点取在关节中心。

3) 使各连杆坐标系的 Z 轴方向垂直纸面向外，并根据各关节轴之间的公垂线方向确定 X_1、X_2、X_3 的方向；此后，根据右手定则确定各坐标系的 Y 轴方向。

4) 建立连杆坐标系 {0}，使其与连杆坐标系 {1} 的初始位姿重合。

例 4-5：图 4-13 所示为 "RPR" 3 自由度机器人，该机器人包括一个移动关节和两个旋转关节，试建立其连杆坐标系。

解：建立图 4-13 所示 "RPR" 机器人的连杆坐标系，如图 4-14 所示。

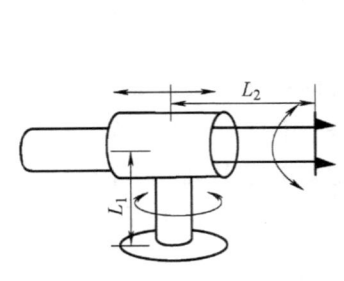 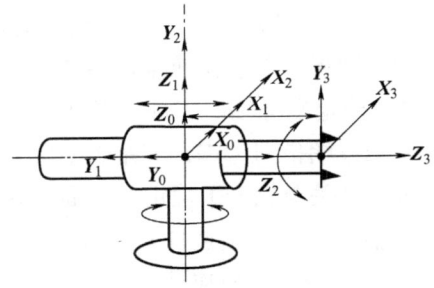

图 4-13 "RPR" 3 自由度机器人　　图 4-14 "RPR" 机器人连杆坐标系

1) 确定各关节轴线，关节 1 的轴线沿竖直方向，关节 2 和关节 3 的轴线沿水平方向。

2) 关节 1、2 的轴线交于一点（这一点就是连杆坐标系 {1} 的原点）、关节 2、3 的轴线重合，因此各公垂线长度均为 0。将连杆坐标系 {2} 原点的初始位置设置为连杆坐标系 {1} 的原点，将连杆坐标系 {3} 的原点设置在末端工具中心处。

3）使各连杆坐标系的 Z 轴方向沿关节轴方向，其中 Z_1 竖直向上，Z_2 和 Z_3 水平向右；并使 X_1、X_2、X_3 朝向内部；此后，根据右手定则确定各坐标系的 Y 轴方向。

4）建立连杆坐标系 $\{0\}$，使其与连杆坐标系 $\{1\}$ 的初始位姿重合。

例 4-6： 图 4-15 所示为"RPP"3 自由度机器人，该机器人包括两个移动关节和一个转动关节，试建立其连杆坐标系。

解： 建立图 4-15 所示"RPP"机器人的连杆坐标系，如图 4-16 所示。

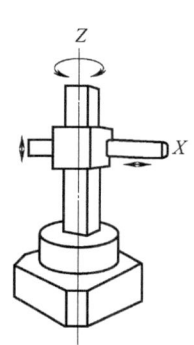

图 4-15　"RPP"3 自由度机器人　　　图 4-16　"RPP"机器人连杆坐标系

1）确定各关节轴线，关节 1 和关节 2 的轴线沿竖直方向，关节 3 的轴线沿水平方向。

2）关节 1、2 的轴线重合、关节 2、3 的轴线交于一点（这一点就是连杆坐标系 $\{2\}$ 的原点），因此各公垂线长度均为 0。将连杆坐标系 $\{1\}$ 的原点设置在基座中心，将连杆坐标系 $\{3\}$ 原点的初始位置设置为连杆坐标系 $\{2\}$ 的原点。

3）使各连杆坐标系的 Z 轴方向沿关节轴方向，其中 Z_1、Z_2 竖直向上，Z_3 水平向右；并使 X_1、X_2、X_3 朝向内部；此后，根据右手定则确定各坐标系的 Y 轴方向。

4）建立连杆坐标系 $\{0\}$，使其与连杆坐标系 $\{1\}$ 的初始位姿重合。

2. 列 D-H 参数表

根据前面的讨论，相邻连杆坐标系的相对位姿关系可通过 4 个连杆参数来描述：

α_{i-1}：绕 X_{i-1} 轴，从 Z_{i-1} 旋转到 Z_i 的角度

a_{i-1}：沿 X_{i-1} 轴，从 Z_{i-1} 移动到 Z_i 的垂直距离

d_i：沿 Z_i 轴，从 X_{i-1} 移动到 X_i 的有向距离

θ_i：绕 Z_i 轴，从 X_{i-1} 旋转到 X_i 的角度

其中，i 从 1 到 N。将连杆参数从连杆 1 到连杆 N 依次排列，形成一张表格，即 D-H 参数表。

例 4-7：根据例 4-4 中的"RRR"平面机器人及其连杆坐标系，确定连杆参数并列出 D-H 参数表。

解：对于"RRR"机器人，其各连杆坐标系的 Z 轴均平行，故连杆扭转角 $\alpha_{i-1}=0°$；由于所有连杆均在一个平面内，故连杆偏距 $d_i=0$；沿 X_1 轴，从 Z_1 移动到 Z_2 的距离为 L_1，因此 $a_1=L_1$，同理 $a_2=L_2$；绕 Z_1 轴，从 X_0 旋转到 X_1 的角度为 θ_1，因此关节角 1 为 θ_1，同理，关节角 2 和关节角 3 分别为 θ_2 和 θ_3，它们均为变量。"RRR"机器人的 D-H 参数见表 4-1。

表 4-1 "RRR"机器人的 D-H 参数

i	α_{i-1}	a_{i-1}	d_i	θ_i
1	0°	0	0	θ_1
2	0°	L_1	0	θ_2
3	0°	L_2	0	θ_3

例 4-8：根据例 4-5 中的"RPR"机器人及其连杆坐标系，确定连杆参数并列出 D-H 参数表。

解：对于"RPR"机器人，连杆坐标系 {0}、{1} 在运动初始状态时重合，因此 $\alpha_0=0°$、$a_0=0$、$d_1=0$，关节角 1 为 θ_1，为关节变量；绕 X_1 轴，从 Z_1 旋转到 Z_2 的角度为 90°，故 $\alpha_1=90°$，沿 X_1 轴，从 Z_1 移动到 Z_2 的距离为 0，故 $a_1=0$，沿 Z_2 轴，从 X_1 移动到 X_2 的距离为关节变量 d_2，绕 Z_2 轴，从 X_1 旋转到 X_2 的角度为 0°，故 $\theta_2=0°$；绕 X_2 轴，从 Z_2 旋转到 Z_3 的角度为 0°，故 $\alpha_2=0°$，沿 X_2 轴，从 Z_2 移动到 Z_3 的距离为 0，故 $a_2=0$，沿 Z_3 轴，从 X_2 移动到 X_3 的距离为 L_2，故 $d_3=L_2$，绕 Z_3 轴，从 X_2 旋转到 X_3 的角度为关节变量 θ_3。"RPR"机器人的 D-H 参数见表 4-2。

表 4-2 "RPR"机器人的 D-H 参数

i	α_{i-1}	a_{i-1}	d_i	θ_i
1	0°	0	0	θ_1
2	90°	0	d_2	0°
3	0°	0	L_2	θ_3

例 4-9：根据例 4-6 中的"RPP"机器人及其连杆坐标系，确定连杆参数并列出 D-H 参数表。

解：对于"RPP"机器人，连杆坐标系 $\{0\}$、$\{1\}$ 在运动初始状态时重合，因此 $\alpha_0 = 0°$、$a_0 = 0$、$d_1 = 0$，关节角1为 θ_1，为关节变量；绕 X_1 轴，从 Z_1 旋转到 Z_2 的角度为 $0°$，故 $\alpha_1 = 0°$，沿 X_1 轴，从 Z_1 移动到 Z_2 的距离为0，故 $a_1 = 0$，沿 Z_2 轴，从 X_1 移动到 X_2 的距离为关节变量 d_2，绕 Z_2 轴，从 X_1 旋转到 X_2 的角度为 $0°$，故 $\theta_2 = 0°$；绕 X_2 轴，从 Z_2 旋转到 Z_3 的角度为 $90°$，故 $\alpha_2 = 90°$，沿 X_2 轴，从 Z_2 移动到 Z_3 的距离为0，故 $a_2 = 0$，沿 Z_3 轴，从 X_2 移动到 X_3 的距离为关节变量 d_3，绕 Z_3 轴，从 X_2 旋转到 X_3 的角度为 $0°$，故 $\theta_3 = 0°$。"RPP"机器人的D-H参数见表4-3。

表4-3 "RPP"机器人的D-H参数

i	α_{i-1}	a_{i-1}	d_i	θ_i
1	0°	0	0	θ_1
2	0°	0	d_2	0°
3	90°	0	d_3	0°

3. 建立相邻连杆坐标系之间的齐次变换矩阵

图4-17所示为相邻连杆坐标系的相对位姿关系。希望建立相邻连杆坐标系 $\{i\}$、$\{i-1\}$ 之间的齐次变换矩阵，可通过4个步骤完成：

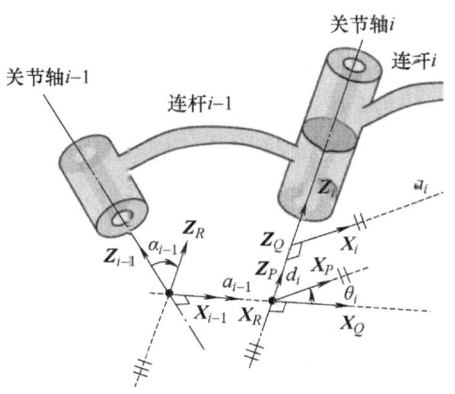

图4-17 相邻连杆坐标系的相对位姿关系

1) 将连杆坐标系 $\{i-1\}$ 绕 X_{i-1} 轴旋转 α_{i-1}，得到中间坐标系 $\{R\}$。
2) 将中间坐标系 $\{R\}$ 沿 X_R 轴（即 X_{i-1} 轴）平移 a_{i-1}，得到中间坐标系 $\{Q\}$。
3) 将中间坐标系 $\{Q\}$ 绕 Z_Q 轴（即 Z_i 轴）旋转 θ_i，得到中间坐标系 $\{P\}$。
4) 将中间坐标系 $\{P\}$ 沿 Z_P 轴（即 Z_i 轴）平移 d_i，得到连杆坐标系 $\{i\}$。

注意到，上面的4次变换均为纯旋转或纯平移，每一次变换又与一个连杆参数有关，根据第 3 章的相关内容，得到连杆坐标系 $\{i+1\}$ 到连杆坐标系 $\{i\}$ 的齐次变换矩阵，见式（4-1）。

$$
\begin{aligned}
{}^{i-1}_i T &= {}^{i-1}_R T \, {}^R_Q T \, {}^Q_P T \, {}^P_i T \\
&= R_x(\alpha_{i-1}) D_x(a_{i-1}) R_z(\theta_i) D_z(d_i)
\end{aligned}
\tag{4-1}
$$

式中，i 从 1 到 N，且

$$
R_x(\alpha_{i-1}) = \begin{bmatrix} 1 & 0 & 0 & 0 \\ 0 & \cos\alpha_{i-1} & -\sin\alpha_{i-1} & 0 \\ 0 & \sin\alpha_{i-1} & \cos\alpha_{i-1} & 0 \\ 0 & 0 & 0 & 1 \end{bmatrix}, \quad D_x(a_{i-1}) = \begin{bmatrix} 1 & 0 & 0 & a_{i-1} \\ 0 & 1 & 0 & 0 \\ 0 & 0 & 1 & 0 \\ 0 & 0 & 0 & 1 \end{bmatrix}
$$

$$
R_z(\theta_i) = \begin{bmatrix} \cos\theta_i & -\sin\theta_i & 0 & 0 \\ \sin\theta_i & \cos\theta_i & 0 & 0 \\ 0 & 0 & 1 & 0 \\ 0 & 0 & 0 & 1 \end{bmatrix}, \quad D_z(d_i) = \begin{bmatrix} 1 & 0 & 0 & 0 \\ 0 & 1 & 0 & 0 \\ 0 & 0 & 1 & d_i \\ 0 & 0 & 0 & 1 \end{bmatrix}
$$

因此有

$$
{}^{i-1}_i T = \begin{bmatrix} \cos\theta_i & -\sin\theta_i & 0 & a_{i-1} \\ \sin\theta_i\cos\alpha_{i-1} & \cos\theta_i\cos\alpha_{i-1} & -\sin\alpha_{i-1} & -\sin\alpha_{i-1} d_i \\ \sin\theta_i\sin\alpha_{i-1} & \cos\theta_i\sin\alpha_{i-1} & \cos\alpha_{i-1} & \cos\alpha_{i-1} d_i \\ 0 & 0 & 0 & 1 \end{bmatrix}
\tag{4-2}
$$

注意到，对于一对相邻的连杆坐标系，4 个连杆参数中有且仅有一个变量，即关节变量 θ_i 或 d_i，当关节 i 为旋转关节时，式（4-2）仅是关节角 θ_i 的函数；当关节 i 为移动关节时，式（4-2）仅是连杆偏距 d_i 的函数。

例 4-10：计算例 4-4 中"RRR"平面机器人各个连杆坐标系间的变换矩阵。

解：根据表 4-1，将 D-H 参数表中的连杆参数代入式（4-2），得到

$$
{}^0_1 T = \begin{bmatrix} \cos\theta_1 & -\sin\theta_1 & 0 & 0 \\ \sin\theta_1 & \cos\theta_1 & 0 & 0 \\ 0 & 0 & 1 & 0 \\ 0 & 0 & 0 & 1 \end{bmatrix}, \quad {}^1_2 T = \begin{bmatrix} \cos\theta_2 & -\sin\theta_2 & 0 & L_1 \\ \sin\theta_2 & \cos\theta_2 & 0 & 0 \\ 0 & 0 & 1 & 0 \\ 0 & 0 & 0 & 1 \end{bmatrix}
$$

$$
{}^2_3 T = \begin{bmatrix} \cos\theta_3 & -\sin\theta_3 & 0 & L_2 \\ \sin\theta_3 & \cos\theta_3 & 0 & 0 \\ 0 & 0 & 1 & 0 \\ 0 & 0 & 0 & 1 \end{bmatrix}
$$

例 4-11：计算例 4-5 中"RPR"机器人各个连杆坐标系间的变换矩阵。

解：根据表 4-2，将 D-H 参数表中的连杆参数代入式（4-2），可以得到

$$_{1}^{0}T = \begin{bmatrix} \cos\theta_1 & -\sin\theta_1 & 0 & 0 \\ \sin\theta_1 & \cos\theta_1 & 0 & 0 \\ 0 & 0 & 1 & 0 \\ 0 & 0 & 0 & 1 \end{bmatrix}, \quad _{2}^{1}T = \begin{bmatrix} 1 & 0 & 0 & 0 \\ 0 & 0 & -1 & -d_2 \\ 0 & 1 & 0 & 0 \\ 0 & 0 & 0 & 1 \end{bmatrix}$$

$$_{3}^{2}T = \begin{bmatrix} \cos\theta_3 & -\sin\theta_3 & 0 & 0 \\ \sin\theta_3 & \cos\theta_3 & 0 & 0 \\ 0 & 0 & 1 & L_2 \\ 0 & 0 & 0 & 1 \end{bmatrix}$$

4. 计算末端位姿矩阵

按照上述方法建立每一对相邻坐标系之间的变换矩阵，将这些矩阵连乘就得到了末端连杆坐标系 $\{N\}$ 相对于基坐标系 $\{0\}$ 的变换矩阵，即机器人的正运动学模型，见式（4-3）。

$$_{N}^{0}T = {_{1}^{0}T}\,{_{2}^{1}T}\,{_{3}^{2}T}\cdots {_{N}^{N-1}T} \tag{4-3}$$

若将关节变量记为 $q_1, q_2, \cdots, q_N$，则变换矩阵 $_{N}^{0}T = {_{N}^{0}T}(q_1, q_2, \cdots, q_N)$ 是关于 N 个关节变量的函数，对于一组确定的关节变量，将其代入式（4-3），即可得到机器人末端相对于基坐标系的位姿。

例 4-12：建立例 4-4 中"RRR"平面机器人的正运动学模型。假设"RRR"平面机器人的末端安装了一只手爪，手爪中心点 P 在末端坐标系 $\{3\}$ 下的齐次坐标为 $^{3}P = [L_3 \ 0 \ 0 \ 1]^T$，试计算点 P 在基坐标系 $\{0\}$ 下的齐次坐标。

解：将例 4-10 求得的 $_{1}^{0}T$、$_{2}^{1}T$、$_{3}^{2}T$ 代入式（4-3），得到

$$_{3}^{0}T = {_{1}^{0}T}\,{_{2}^{1}T}\,{_{3}^{2}T} = \begin{bmatrix} \cos(\theta_1+\theta_2+\theta_3) & -\sin(\theta_1+\theta_2+\theta_3) & 0 & L_1\cos\theta_1+L_2\cos(\theta_1+\theta_2) \\ \sin(\theta_1+\theta_2+\theta_3) & \cos(\theta_1+\theta_2+\theta_3) & 0 & L_1\sin\theta_1+L_2\sin(\theta_1+\theta_2) \\ 0 & 0 & 1 & 0 \\ 0 & 0 & 0 & 1 \end{bmatrix}$$

其中，第 4 列即为机器人末端坐标系 $\{3\}$ 的原点在基坐标系 $\{0\}$ 下的坐标，如果只希望得到末端位置，则只需关注矩阵的第 4 列。

手爪中心点 P 在基坐标系下的齐次坐标为

$$^{0}P = {_{3}^{0}T}\,^{3}P = \begin{bmatrix} L_1\cos\theta_1+L_2\cos(\theta_1+\theta_2)+L_3\cos(\theta_1+\theta_2+\theta_3) \\ L_1\sin\theta_1+L_2\sin(\theta_1+\theta_2)+L_3\sin(\theta_1+\theta_2+\theta_3) \\ 0 \\ 1 \end{bmatrix}$$

例 4-13：建立例 4-5 中"RPR"机器人的正运动学模型。

解：将例 4-11 求得的 ${}_1^0T$、${}_2^1T$、${}_3^2T$ 代入式（4-3），得到

$$
{}_3^1T = {}_2^1T\,{}_3^2T = \begin{bmatrix} \cos\theta_3 & -\sin\theta_3 & 0 & 0 \\ 0 & 0 & -1 & -L_2-d_2 \\ \sin\theta_3 & \cos\theta_3 & 0 & 0 \\ 0 & 0 & 0 & 1 \end{bmatrix}
$$

$$
{}_3^0T = {}_1^0T\,{}_3^1T = \begin{bmatrix} \cos\theta_1\cos\theta_3 & -\cos\theta_1\sin\theta_3 & \sin\theta_1 & L_2\sin\theta_1+d_2\sin\theta_1 \\ \sin\theta_1\cos\theta_3 & -\sin\theta_1\sin\theta_3 & -\cos\theta_1 & -L_2\cos\theta_1-d_2\cos\theta_1 \\ \sin\theta_3 & \cos\theta_3 & 0 & 0 \\ 0 & 0 & 0 & 1 \end{bmatrix}
$$

4.3.3 标准 D-H 法建模

4.3.2 节中介绍的是改进 D-H 法建模，本节将介绍标准 D-H 法建模。这两种方法的主要区别在于连杆坐标系 $\{i\}$ 建立的方式不同，对于连杆 $i-1$，改进 D-H 法将连杆坐标系 $\{i-1\}$ 的原点确定在连杆近端轴线（即关节 $i-1$ 轴线）与两轴公垂线的交点上；而标准 D-H 法则是将连杆坐标系 $\{i-1\}$ 的原点确定在连杆远端轴线（即关节 i 轴线）与两轴公垂线的交点上。通俗来讲，改进 D-H 法将坐标系建立在连杆近端，标准 D-H 法将坐标系建立在连杆远端。

当然，连杆坐标系建立的位置不同，D-H 参数也就不同。Denavit 和 Hartenberg 最初提出的方法就是标准 D-H 法，标准 D-H 法主要用于串联机构的建模，在处理树形机构（例如连杆末端连接了多个分支）和闭链机构的建模时会出现问题，而改进 D-H 方法克服了上述缺点，因此更具通用性。

标准 D-H 法与改进 D-H 法的最大区别在于连杆坐标系的位置不同，由此导致 D-H 参数不同。下面简单介绍标准 D-H 法建模，标准 D-H 法坐标系示意图如图 4-18 所示。

对于连杆坐标系 $\{i-1\}$：

1）坐标系 $\{i-1\}$ 的 Z 轴与关节轴 i 重合。

2）坐标系 $\{i-1\}$ 的 X 轴与公垂线 a_{i-1} 重合，由连杆近端指向远端。

3）坐标系 $\{i-1\}$ 的原点位于关节轴 $i-1$ 和关节轴 i 的公垂线与关节轴 i 的交点处。

标准 D-H 法的 D-H 参数规定如下：

α_i：绕 X_i 轴，从 Z_{i-1} 旋转到 Z_i 的角度

a_i：沿 X_i 轴，从 Z_{i-1} 移动到 Z_i 的垂直距离

d_i：沿 Z_{i-1} 轴，从 X_{i-1} 移动到 X_i 的有向距离

θ_i：绕 Z_{i-1} 轴，从 X_{i-1} 旋转到 X_i 的角度

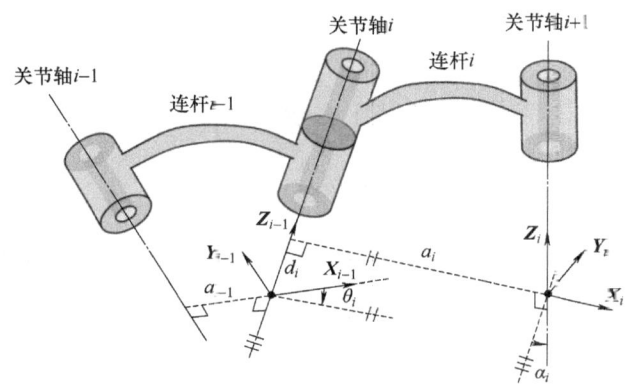

图 4-18　标准 D-H 法坐标系示意图

类似于改进 D-H 法，相邻连杆坐标系之间的相对位姿可通过 4 次变换完成，具体如下：

1）将连杆坐标系 $\{i-1\}$ 绕 Z_{i-1} 轴旋转 θ_i。

2）将上一步得到的坐标系沿 Z_{i-1} 轴平移 d_i。

3）将上一步得到的坐标系沿 X_i 轴平移 a_i。

4）将上一步得到的坐标系绕 X_i 轴旋转 α_i，得到连杆坐标系 $\{i\}$。

因此，连杆坐标系 $\{i+1\}$ 到连杆坐标系 $\{i\}$ 的齐次变换矩阵为

$$^{i-1}_i T = R_z(\theta_i) D_z(d_i) D_x(a_i) R_x(\alpha_i)$$

$$= \begin{bmatrix} \cos\theta_i & -\sin\theta_i\cos\alpha_i & \sin\theta_i\sin\alpha_i & a_i\cos\theta_i \\ \sin\theta_i & \cos\theta_i\cos\alpha_i & -\cos\theta_i\sin\alpha_i & a_i\sin\theta_i \\ 0 & \sin\alpha_i & \cos\alpha_i & d_i \\ 0 & 0 & 0 & 1 \end{bmatrix} \quad (4\text{-}4)$$

将各相邻连杆坐标系之间的变换矩阵连乘，即可得到正运动学模型。可以看出，基于标准 D-H 法建立的相邻坐标系之间的齐次变换矩阵与改进 D-H 法不同，请读者注意式（4-2）和式（4-4）的区别。

例 4-14：用标准 D-H 法建立例 4-4 中 "RRR" 平面机器人的运动学模型。

解：用标准 D-H 法建立 "RRR" 平面机器人的连杆坐标系，如图 4-19 所示。

"RRR" 平面机器人的标准 D-H 参数见表 4-4。

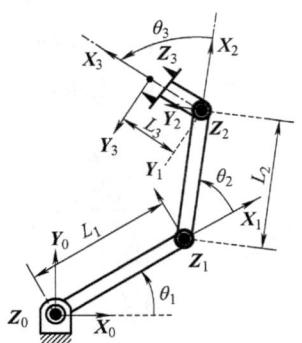

图 4-19 "RRR" 平面机器人用标准 D-H 法建立的连杆坐标系

表 4-4 "RRR" 平面机器人的标准 D-H 参数

i	a_i	α_i	d_i	θ_i
1	L_1	0°	0	θ_1
2	L_2	0°	0	θ_2
3	L_3	0°	0	θ_3

根据式（4-4）得到基于标准 D-H 法的相邻连杆坐标系的齐次变换矩阵，即

$$
{}^0_1T = \begin{bmatrix} \cos\theta_1 & -\sin\theta_1 & 0 & L_1\cos\theta_1 \\ \sin\theta_1 & \cos\theta_1 & 0 & L_1\sin\theta_1 \\ 0 & 0 & 1 & 0 \\ 0 & 0 & 0 & 1 \end{bmatrix},\quad {}^1_2T = \begin{bmatrix} \cos\theta_2 & -\sin\theta_2 & 0 & L_2\cos\theta_2 \\ \sin\theta_2 & \cos\theta_2 & 0 & L_2\sin\theta_2 \\ 0 & 0 & 1 & 0 \\ 0 & 0 & 0 & 1 \end{bmatrix}
$$

$$
{}^2_3T = \begin{bmatrix} \cos\theta_3 & -\sin\theta_3 & 0 & L_3\cos\theta_3 \\ \sin\theta_3 & \cos\theta_3 & 0 & L_3\sin\theta_3 \\ 0 & 0 & 1 & 0 \\ 0 & 0 & 0 & 1 \end{bmatrix}
$$

将以上 3 个矩阵相乘，得到基于标准 D-H 法的 "RRR" 平面机器人的运动学模型，即

$$
{}^0_3T = {}^0_1T\,{}^1_2T\,{}^2_3T = \begin{bmatrix} c_{123} & -s_{123} & 0 & L_1c_1+L_2c_{12}+L_3c_{123} \\ s_{123} & c_{123} & 0 & L_1s_1+L_2s_{12}+L_3s_{123} \\ 0 & 0 & 1 & 0 \\ 0 & 0 & 0 & 1 \end{bmatrix}
$$

式中，c_1 和 s_1 分别代表 $\cos\theta_1$ 和 $\sin\theta_1$，c_{12} 和 s_{12} 分别代表 $\cos(\theta_1+\theta_2)$ 和 $\sin(\theta_1+\theta_2)$，

c_{123} 和 s_{23} 分别代表 $\cos(\theta_1+\theta_2+\theta_3)$ 和 $\sin(\theta_1+\theta_2+\theta_3)$。

矩阵的第 4 列为机器人手爪中心在基坐标系下的坐标,即

$$\begin{cases} x = L_1 c_1 + L_2 c_{12} + L_3 c_{123} \\ y = L_1 s_1 + L_2 s_{12} + L_3 s_{123} \end{cases}$$

观察可知,上式与基于改进 D-H 法得到的手爪中心坐标相同。

4.3.4 关节空间、笛卡儿空间和驱动器空间

对于 n 自由度开式链机器人,它的位形可由 n 个关节变量确定,通常将这组关节变量表达为 $n \times 1$ 关节向量,所有关节向量组成的集合称为机器人的关节空间。若机器人末端的位置和姿态是通过笛卡儿正交坐标系来描述的,则将机器人末端运动的空间称为笛卡儿空间。因此,正向运动学就是建立关节空间到笛卡儿空间的映射。

每个关节的运动都是通过某种驱动器实现的,一般来说,机器人的运动关节并不是由电动机等驱动器直接驱动,而是驱动器经由减速器、丝杠等传动装置后产生关节的运动。此时,驱动器产生的转速、力矩等经过传动装置的转换后成为关节的转速、力矩。各关节驱动器的驱动变量可表达为一个驱动向量,所有驱动向量组成的集合称为机器人的驱动器空间。

如图 4-20 所示,机器人的运动学涉及三个空间:驱动器空间、关节空间和笛卡儿空间。本章主要讨论图 4-20 中实线箭头表示的映射关系,在第 5 章中会讨论逆映射关系,即图 4-20 中虚线箭头表示的映射关系。

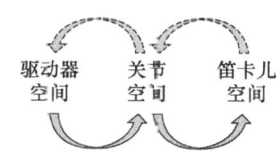

图 4-20 各个空间之间的映射

在进行机器人设计或分析时,必须确定驱动器空间和关节空间的映射关系,进而通过运动学得到关节空间和笛卡儿空间的映射关系,最终得到可测的驱动器空间变量与笛卡儿空间位姿的映射关系。

4.3.5 工业机器人运动学实例

工业机器人具有多种常见构型,本节将以 Unimation 公司的 PUMA560 机器人为例分析典型工业机器人的运动学问题。PUMA560 机器人是一个 6 自由度转动关节机器人,常见工业机器人的构型都与 PUMA560 相似,因此,通过建立 PUMA560 机器人的运动学模型,可以掌握一般 6 自由度机器人的运动学建模过程。

如图 4-21 所示,Unimation 公司的 PUMA560 是一个 6 自由度机器人,所有关节均为转动关节。根据改进 D-H 法建立其连杆坐标系,如图 4-22 所示。在

图 4-22 中，连杆坐标系 {0} 未画出，坐标系 {0} 与坐标系 {1} 的初始位姿重合。图 4-23 所示为机器人小臂处的 4 个连杆坐标系，其中关节 4、5、6 的轴线相交于一点且两两垂直，连杆坐标系 {4}、{5}、{6} 的原点均位于该交点处。图 4-24 为该机器人腕部的连杆坐标系。多数工业机器人都采用这种腕部机构，因为采用这种机构的机器人一定具有运动学封闭逆解，这一点将在第 5 章中详细讲解。

在本小节的计算中，c_1、c_2、$\cdots$、c_6 分别代表 $\cos\theta_1$、$\cos\theta_2$、$\cdots$、$\cos\theta_6$；s_1、s_2、$\cdots$、s_6 分别代表 $\sin\theta_1$、$\sin\theta_2$、$\cdots$、$\sin\theta_6$；c_{23} 代表 $\cos(\theta_2+\theta_3)$，s_{23} 代表 $\sin(\theta_2+\theta_3)$。

图 4-21 Unimation 公司的 PUMA560 机器人

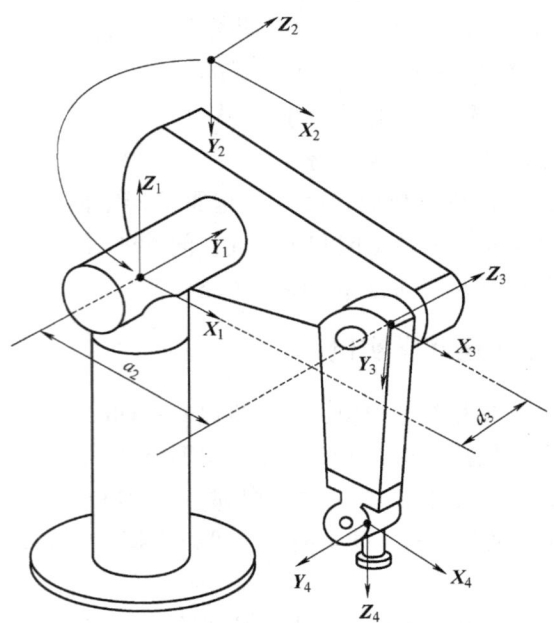

图 4-22 PUMA560 机器人整体连杆坐标系（改进 D-H 法）

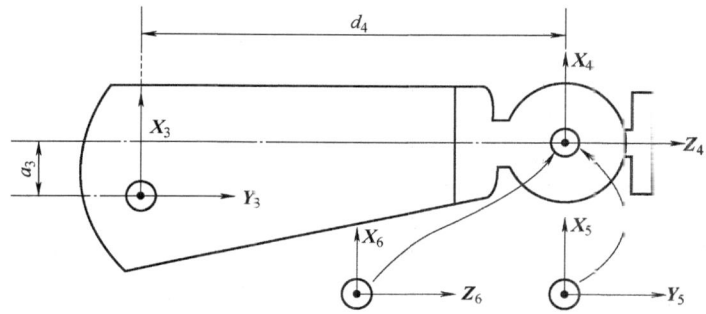

图 4-23 PUMA560 机器人小臂的连杆坐标系
（改进 D-H 法）

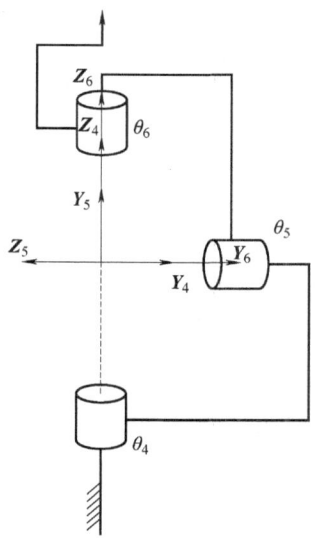

图 4-24 PUMA560 机器人腕部的连杆坐标系
（改进 D-H 法）

PUMA560 机器人的改进 D-H 参数见表 4-5。

表 4-5 PUMA560 机器人的改进 D-H 参数

i	α_{i-1}	a_{i-1}	d_i	θ_i
1	0°	0	0	θ_1
2	−90°	0	0	θ_2
3	0°	a_2	d_3	θ_3
4	−90°	a_3	d_4	θ_4

（续）

i	α_{i-1}	a_{i-1}	d_i	θ_i
5	90°	0	0	θ_5
6	-90°	0	0	θ_6

根据式（4-2），可以求出相邻连杆坐标系的齐次变换矩阵，即

$$\begin{cases} {}^0_1T = \begin{bmatrix} c_1 & -s_1 & 0 & 0 \\ s_1 & c_1 & 0 & 0 \\ 0 & 0 & 1 & 0 \\ 0 & 0 & 0 & 1 \end{bmatrix}, \quad {}^1_2T = \begin{bmatrix} c_2 & -s_2 & 0 & 0 \\ 0 & 0 & 1 & 0 \\ -s_2 & -c_2 & 0 & 0 \\ 0 & 0 & 0 & 1 \end{bmatrix} \\ {}^2_3T = \begin{bmatrix} c_3 & -s_3 & 0 & a_2 \\ s_3 & c_3 & 0 & 0 \\ 0 & 0 & 1 & d_3 \\ 0 & 0 & 0 & 1 \end{bmatrix}, \quad {}^3_4T = \begin{bmatrix} c_4 & -s_4 & 0 & a_3 \\ 0 & 0 & 1 & d_4 \\ -s_4 & -c_4 & 0 & 0 \\ 0 & 0 & 0 & 1 \end{bmatrix} \\ {}^4_5T = \begin{bmatrix} c_5 & -s_5 & 0 & 0 \\ 0 & 0 & -1 & 0 \\ s_5 & c_5 & 0 & 0 \\ 0 & 0 & 0 & 1 \end{bmatrix}, \quad {}^5_6T = \begin{bmatrix} c_6 & -s_6 & 0 & 0 \\ 0 & 0 & 1 & 0 \\ -s_6 & -c_6 & 0 & 0 \\ 0 & 0 & 0 & 1 \end{bmatrix} \end{cases} \quad (4\text{-}5)$$

将各个连杆矩阵连乘即可得到 ${}^0_6T$。计算的中间结果将在第 5 章的机器人逆运动学中用到，这里展示部分中间结果。将 ${}^4_5T$ 和 ${}^5_6T$ 相乘得到 ${}^4_6T$，即

$$^4_6T = {}^4_5T {}^5_6T = \begin{bmatrix} c_5c_6 & -c_5s_6 & -s_5 & 0 \\ s_6 & c_6 & 0 & 0 \\ s_5c_6 & -s_5s_6 & c_5 & 0 \\ 0 & 0 & 0 & 1 \end{bmatrix} \quad (4\text{-}6)$$

将 ${}^4_6T$ 与 ${}^3_4T$ 相乘得到 ${}^3_6T$，即

$$^3_6T = {}^3_4T {}^4_6T = \begin{bmatrix} c_4c_5c_6 - s_4s_6 & -c_4c_5s_6 - s_4c_6 & -c_4s_5 & a_3 \\ s_5c_6 & -s_5s_6 & c_5 & d_4 \\ -s_4c_5c_6 - c_4s_6 & s_4c_5s_6 - c_4c_6 & s_4s_5 & 0 \\ 0 & 0 & 0 & 1 \end{bmatrix} \quad (4\text{-}7)$$

将 ${}^1_2T$ 和 ${}^2_3T$ 相乘得到 ${}^1_3T$。由于关节 2 和关节 3 轴线平行，因此 ${}^1_2T$ 和 ${}^2_3T$ 的乘积可通过三角函数的和角公式化简。实际上，只要两个旋转关节的轴线平行，就可以如此处理，有

$$_3^1\boldsymbol{T} = {_2^1}\boldsymbol{T}{_3^2}\boldsymbol{T} = \begin{bmatrix} c_{23} & -s_{23} & 0 & a_2c_2 \\ 0 & 0 & 1 & d_3 \\ -s_{23} & -c_{23} & 0 & -a_2s_2 \\ 0 & 0 & 0 & 1 \end{bmatrix} \quad (4\text{-}8)$$

这里使用了和角公式：

$$\begin{cases} c_{23} = c_2c_3 - s_2s_3 \\ s_{23} = c_2s_3 + s_2c_3 \end{cases}$$

将 $_6^3\boldsymbol{T}$ 与 $_3^1\boldsymbol{T}$ 相乘，得到 $_6^1\boldsymbol{T}$，即

$$_6^1\boldsymbol{T} = {_3^1}\boldsymbol{T}{_6^3}\boldsymbol{T} = \begin{bmatrix} {}^1r_{11} & {}^1r_{12} & {}^1r_{13} & {}^1p_x \\ {}^1r_{21} & {}^1r_{22} & {}^1r_{23} & {}^1p_y \\ {}^1r_{31} & {}^1r_{32} & {}^1r_{33} & {}^1p_z \\ 0 & 0 & 0 & 1 \end{bmatrix} \quad (4\text{-}9)$$

其中

$$\begin{cases} {}^1r_{11} = c_{23}(c_4c_5c_6 - s_4s_6) - s_{23}s_5s_6 \\ {}^1r_{21} = -s_4c_5c_6 - c_4s_6 \\ {}^1r_{31} = -s_{23}(c_4c_5c_6 - s_4s_6) - c_{23}s_5c_6 \\ {}^1r_{12} = -c_{23}(c_4c_5s_6 + s_4c_6) + s_{23}s_5s_6 \\ {}^1r_{22} = s_4c_5s_6 - c_4c_6 \\ {}^1r_{32} = s_{23}(c_4c_5s_6 + s_4c_6) + c_{23}s_5s_6 \\ {}^1r_{13} = -c_{23}c_4s_5 - s_{23}c_5 \\ {}^1r_{23} = s_4s_5 \\ {}^1r_{33} = s_{23}c_4s_5 - c_{23}c_5 \\ {}^1p_x = a_2c_2 + a_3c_{23} - d_4s_{23} \\ {}^1p_y = d_3 \\ {}^1p_z = -a_3s_{23} - a_2s_2 - d_4c_{23} \end{cases}$$

最后得到

$$_6^0\boldsymbol{T} = {_1^0}\boldsymbol{T}{_6^1}\boldsymbol{T} = \begin{bmatrix} r_{11} & r_{12} & r_{13} & p_x \\ r_{21} & r_{22} & r_{23} & p_y \\ r_{31} & r_{32} & r_{33} & p_z \\ 0 & 0 & 0 & 1 \end{bmatrix} \quad (4\text{-}10)$$

式中

$$\begin{cases} r_{11}=c_1[c_{23}(c_4c_5c_6-s_4s_5)-s_{23}s_5c_6]+s_1(s_4c_5c_6+c_4s_6) \\ r_{21}=s_1[c_{23}(c_4c_5c_6-s_4s_6)-s_{23}s_5c_6]-c_1(s_4c_5c_6+c_4s_6) \\ r_{31}=-s_{23}(c_4c_5c_6-s_4s_6)-c_{23}s_5c_6 \\ r_{12}=c_1[c_{23}(-c_4c_5s_6-s_4c_6)+s_{23}s_5s_6]+s_1(c_4c_6-s_4c_5s_6) \\ r_{22}=s_1[c_{23}(-c_4c_5s_6-s_4c_6)+s_{23}s_5s_6]-c_1(c_4c_6-s_4c_5s_6) \\ r_{32}=-s_{23}(-c_4c_5s_6-s_4c_6)+c_{23}s_5s_6 \\ r_{13}=-c_1(c_{23}c_4s_5+s_{23}c_5)-s_1s_4s_5 \\ r_{23}=-s_1(c_{23}c_4s_5+s_{23}c_5)+c_1s_4s_5 \\ r_{33}=s_{23}c_4s_5-c_{23}c_5 \\ p_x=c_1(a_2c_2+a_3c_{23}-d_4s_{23})-d_3s_1 \\ p_y=s_1(a_2c_2+a_3c_{23}-d_4s_{23})+d_3c_1 \\ p_z=-a_3s_{23}-a_2s_2-d_4c_{23} \end{cases}$$

式（4-10）即为 PUMA560 机器人的正运动学模型，它给出了机器人末端连杆坐标系 {6} 相对于基坐标系 {0} 的位置和姿态。

4.3.6 工具的定位

1. 常用坐标系的标准命名

在机器人的实际应用场景中，经常涉及一系列坐标系，为了规范起见，有必要对这些坐标系进行规定。如图 4-25 所示，机器人末端安装了某种工具，希望机器人通过工具来取放工作台上的物块。这一过程涉及 5 个坐标系：基坐标系、固定坐标系、腕部坐标系、工具坐标系以及目标坐标系。

基坐标系 {B}：基坐标系 {B} 位于机器人的基座上，它固连在机器人的静止部位，一般取机器人的连杆坐标系 {0} 为基坐标系。

固定坐标系 {S}：固定坐标系 {S} 的位置与具体任务相关。例如，在图 4-26 中，固定坐标系位于机器人工作台的一角。固定坐标系有时也称为任务坐标系、世界坐标系或通用坐标系。

腕部坐标系 {W}：腕部坐标系 {W} 附于机器人的末端连杆，一般取末端连杆坐标系 {N} 为腕部坐标系。大多数情况下，腕部坐标系 {W} 的原点位于机器人手腕上，它随着机器人的末端连杆一起运动。

工具坐标系 {T}：工具坐标系 {T} 附于机器人末端工具之上。例如，在图 4-26 中，工具坐标系的原点定义在机器人抓持轴销的末端。

目标坐标系 {G}：目标坐标系 {G} 是对目标位姿的描述。在机器人运动任务结束时，工具坐标系应当与目标坐标系重合，即 $_T^B T = _G^B T$。例如，在图 4-26 中，目标坐标系位于物块中心。

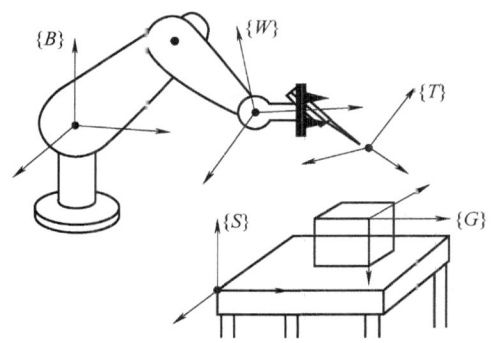

图 4-25　标准坐标系的位置

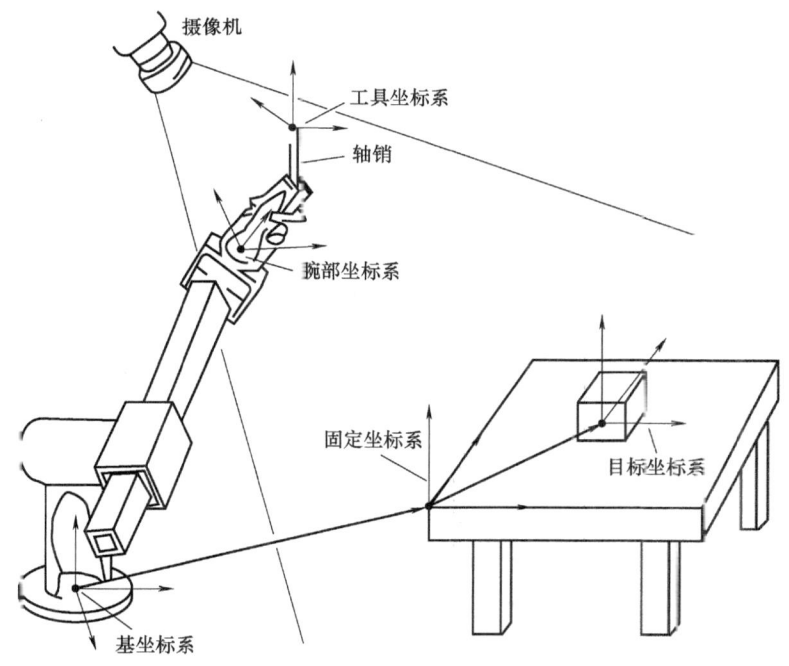

图 4-26　标准坐标系分布实例

2. 工具的定位

在实际应用中，常常需要实时计算工具坐标系相对于固定坐标系的位姿 $_T^S T$。为此，可先计算工具坐标系相对于基坐标系的位姿，即

$$^B_T T = ^B_W T \, ^W_T T \tag{4-11}$$

由式(4-11)可知,首先需要分别计算腕部坐标系相对于基坐标系的位姿、工具坐标系相对于腕部坐标系的位姿,前者可通过机器人正运动学建模得到,后者的确定过程称为"工具坐标系(tool control frame,TCF)标定",它包括工具中心位置(tool center point,TCP)标定和工具姿态标定,常用的标定方法有四点法、六点法等,感兴趣的读者可自行了解。

将式(4-11)等式两边同左乘 $^B_S T^{-1}$,即得到

$$^S_T T = ^B_S T^{-1} \, ^B_W T \, ^W_T T \tag{4-12}$$

式(4-12)即为工具坐标系相对于固定坐标系的位姿。

4.3.7 基于 Robotics Toolbox 的机器人建模与正运动学

1. 机器人的描述

在 Robotics Toolbox 中,通过 SerialLink 类进行机器人的描述。首先通过 Link() 函数创建连杆类 Link,再通过 SerialLink() 函数完成 SerialLink 类对象的创建。

(1) 创建连杆 Link() 函数用于创建连杆类对象。其调用格式为:

```
L=Link([theta D A alpha sigma offset],CONVENTION)
```

其中,参数 theta 为关节角,参数 D 为连杆偏距,参数 A 为连杆长度,参数 alpha 为连杆扭转角,参数 sigma 为关节类型(0 代表旋转关节,非 0 代表移动关节),参数 offset 为关节变量偏移量,参数 CONVENTION 规定了建模方法(可以取 standard 或 modified,其中 standard 代表标准 D-H 法,modified 代表改进 D-H 法)。

(2) 创建 SerialLink 类对象 SerialLink() 函数用于串联连杆类对象,形成一个串联机器人。其调用格式为:

```
R=SerialLink(link1,link2,…,linkn,options)或
R=SerialLink(links,options)
```

使用第一种调用格式时,参数 link1,link2,…,linkn 均为连杆类对象;参数 options 为可选参数,例如机器人的名称 'name'。使用第二种调用格式时,参数 links 为连杆类对象的数组或元胞。

例 4-15:分别采用标准 D-H 法和改进 D-H 法构建图 4-27a 所示的"RRR"平面机器人模型,杆长分别为 $L_1=4$、$L_2=3$、$L_3=2$,并绘制关节角均为 0°时的机器人位形。

解:采用标准 D-H 法建立"RRR"平面机器人的连杆坐标系,如图 4-27b 所示。

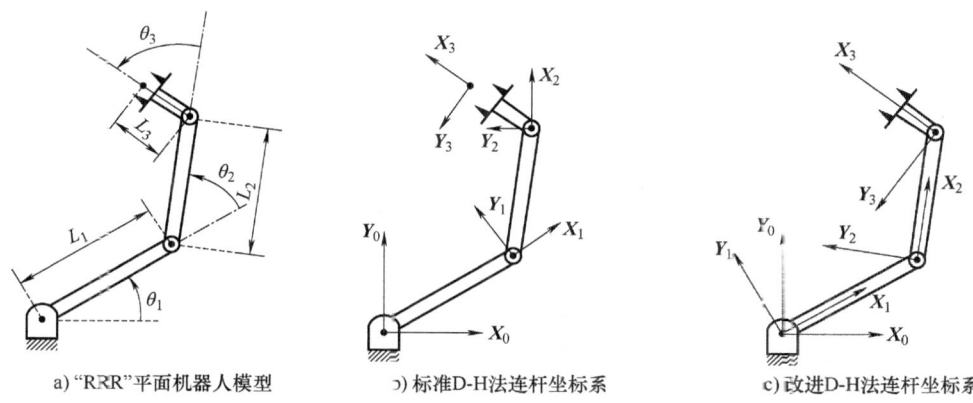

a) "RRR"平面机器人模型　　b) 标准D-H法连杆坐标系　　c) 改进D-H法连杆坐标系

图 4-27　'RRR'平面机器人机构简图

程序代码如下：

```
%% eg4_15_SDH
clear,clc,close all
% 采用标准D-H法构建"RRR"平面机器人坐标系
L1=Link([0 0 4 0 0],'standard');
L2=Link([0 0 3 0 0],'standard');
L3=Link([0 0 2 0 0],'standard');
R=SerialLink([L1,L2,L3],'name','RRR');
R.plot([0 0 0])
```

运行结果如图 4-28 所示。

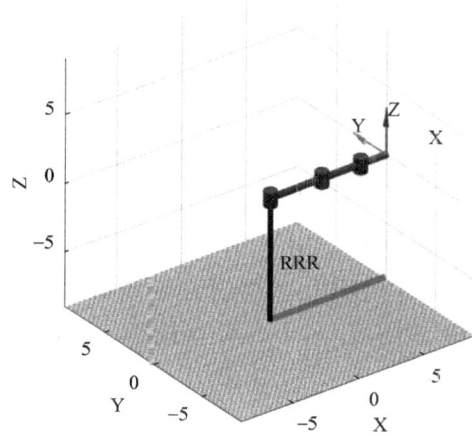

图 4-28　采用标准 D-H 法构建的机器人模型

采用改进 D-H 法建立"RRR"平面机器人的连杆坐标系,如图 4-27c 所示。

程序代码如下:

```
%% eg4_15_MDH
    clear,clc,close all
%  采用改进 D-H 法构建"RRR"平面机器人坐标系
    L1=Link([0 0 0 0 0],'modified');
    L2=Link([0 0 4 0 0],'modified');
    L3=Link([0 0 3 0 0],'modified');
    R=SerialLink([L1,L2,L3],'name','RRR');
    R.plot([0 0 0])
```

运行结果如图 4-29 所示。

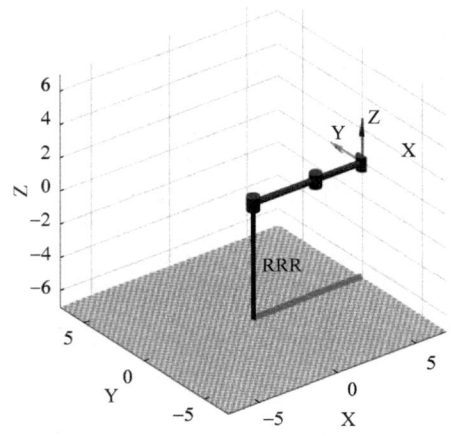

图 4-29　采用改进 D-H 法构建的机器人模型

不难发现,对于同一个机械臂,采用标准 D-H 法和改进 D-H 法构建的机器人有较大的区别。

2. 调用工具箱内置机器人

在 Robotics Toolbox 中内置了一些常见的工业机器人模型,供用户直接调用,如 KUKA KR5、PUMA560、FanuclOL 等机器人。

一般调用格式为:

```
mdl_robot
```

其中,参数 robot 代表需要调用的机器人名称。

例 4-16：调用 PUMA560 机器人，并设置机器人为就绪状态。

解：程序代码如下：

```
%% eg4_16
  clear,clc,close all
% 调用工具箱内置机器人 PUMA560
  mdl_puma560
% 设置机器人为就绪状态
  p560.plot(qr)
```

运行结果如图 4-30 所示。

指令"mdl_puma560"还在工作区中创建了一些预设位形，如 qz(0,0,0,0,0,0) 为机器人的零角度状态，qr(0,π/2,-π/2,0,0,0) 为机器人的就绪状态；qs(0,0,-π/2,0,0,0) 为机器人的伸展状态，qn(0,π/4,-π,0,π/4,0) 为机器人的标准状态。qz、qr、qs、qn 对应的机器人位形如图 4-31 所示。

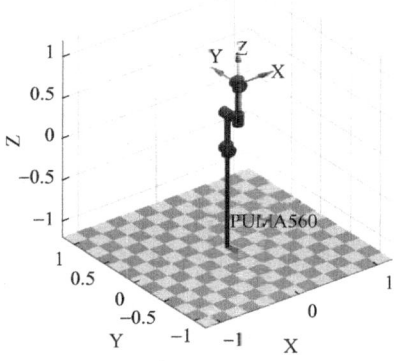

图 4-30 PUMA560 就绪状态

3. teach( ) 函数

teach( ) 函数可以使机器人进入示教状态，用户可以自行调整关节变量，机器人模型将实时运动到这组关节变量对应的状态，示教界面还会显示机器人末端的位置、姿态。

其调用格式为：

robot.teach( ) 或 teach(robot)

其中，参数 robot 是创建的机器人或工具箱自带的机器人变量名称。

例 4-17：调用 PUMA560 机器人，并设置机器人为示教状态。

解：程序代码如下：

```
%% eg4_17
  clear,clc,close all
% 调用工具箱内置机器人 PUMA560
  mdl_puma560
% 设置机器人为示教状态
  p560.teach()
```

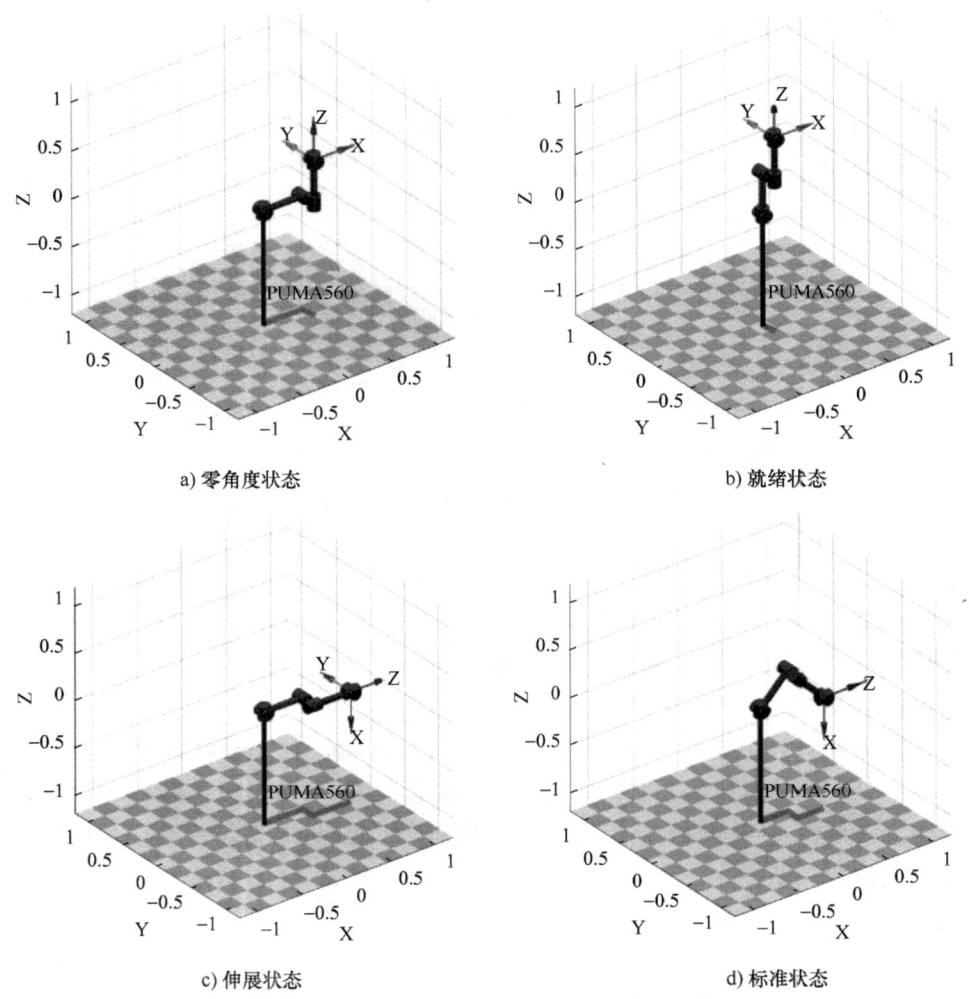

图 4-31 PUMA560 机器人的 4 种预设位形

运行结果如图 4-32 所示。

可以通过调节左下角的滑块或直接输入角度值来调整关节变量，左上角可以看到机器人末端的位置和姿态，右侧的机器人模型则呈现这组关节变量对应的状态。

4. 机器人正运动学求解

由一组关节变量，可以计算末端坐标系相对于基坐标系的位姿，Robotics Toolbox 提供了用于机器人正运动学求解的函数 fkine( )。

第 4 章 机器人正运动学

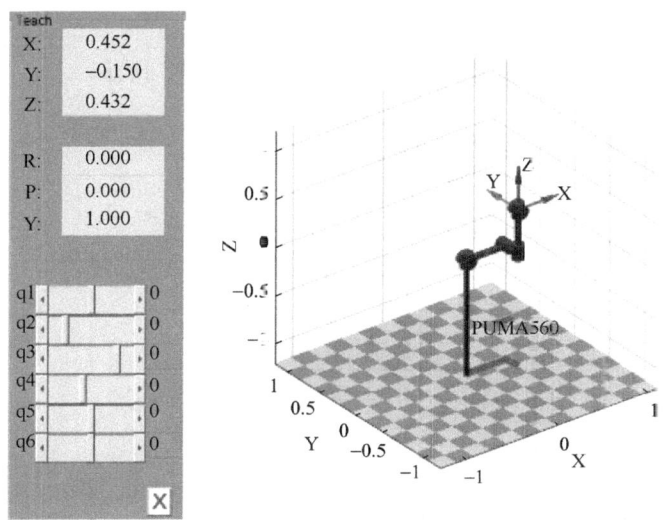

图 4-32 PUMA560 机器人示教状态

其调用格式为：

T=robot.fkine(theta)或 T=fkine(robot,theta)

其中，robot 为 SerialLink 类对象，theta 为机器人的关节变量组成的向量。

例 4-18：在 Robotics Toolbox 中调用内置机器人 PUMA560，使机器人进入就绪状态（qr），通过 fkine()函数求解 PUMA560 机器人在就绪状态下的末端位姿。

解：程序代码如下：

```
%% eg4_18
clear,clc,close all
% 调用工具箱内置机器人 PUMA560
mdl_puma560;
% 求解 PUMA560 机器人在就绪状态下的末端执行器的位姿
T=p560.fkine(qr)
```

运行结果如下：

T =
    1.0000   0   0   0.0203
        0   1.0000   0   -0.15
        0   0   1.0000   0.8636
        0   0   0   1.0000

例 4-19：基于 MATLAB 编程，通过改进 D-H 法建立 PUMA560 机器人的正运动学模型，使机器人进入就绪状态（qr），计算其在就绪状态下的末端位姿，并与工具箱给出的结果进行对比。

解：PUMA560 机器人正运动学建模的流程如图 4-33 所示。

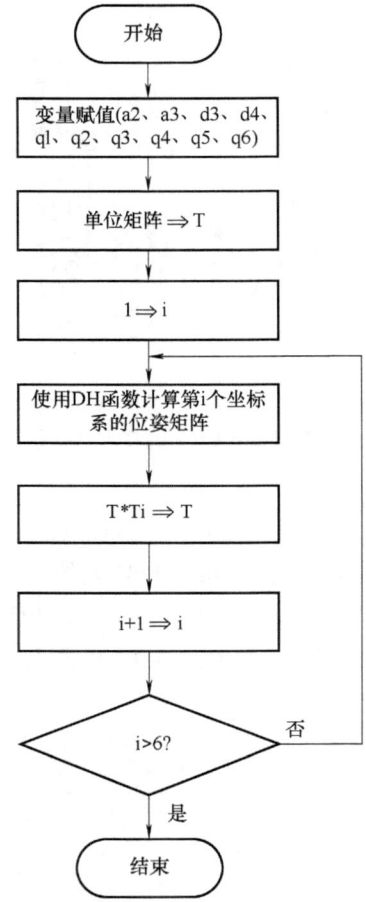

图 4-33　PUMA560 机器人正运动学建模流程

程序代码如下：

```
%% DH.m
% 根据式(4-2)建立相邻坐标系的齐次变换矩阵
function T=DH(alpha,a,d,q)
T=[cos(q)  -sin(q) 0 a;sin(q)*cos(alpha)  cos(q)*cos(alpha)
-sin(alpha)  -sin(alpha)*d;sin(q)*sin(alpha)  cos(q)*sin(alpha)
cos(alpha)  cos(alpha)*d;0  0  0  1];
end
```

将其保存为 DH.m 文件,供后面程序调用。

```
%% eg4_19
% 建立 PUMA560 机器人正运动学模型——坐标系{6}相对{0}坐标系的转换矩阵
clear,clc,close all
% 变量赋值
a2=0.4318;a3=0.0203;d3=0.1501;d4=0.4318;
q1=0;q2=pi/2;q3=-pi/2;q4=0;q5=0;q6=0;
p560DH=[0  0  0  q1;-pi/2  0  0  q2;0  a2  d3  q3;-pi/2  a3  d4  q4;pi/2  0  0  q5;-pi/2  0  0  q6];
T=eye(4);
for i=1:6
%求取 PUMA560 机器人各个连杆的变换矩阵
    Ti=DH(p560DH(i,1),p560DH(i,2),p560DH(i,3),p560DH(i,4));
%求取 PUMA560 机器人的正运动学模型
    T=T*Ti
end
```

运行结果如下:

T =

1	0	0	0.0203
0	-1.0000	0	0.1501
0	0	-1.0000	-0.8636
0	0	0	1.0000

注意到,运行结果与例 4-18 的结果不同,这是因为两者基坐标系的取法不同。Robotics Toolbox 中 PUMA560 机器人的连杆坐标系如图 4-34~图 4-36 所示,对立的连杆参数见表 4-6。

表 4-6 PUMA560 机器人的标准 D-H 参数

i	α_i	a_i	d_i	θ_i
1	90°	0	0	θ_1
2	0°	a_2	0	θ_2
3	-90°	a_3	d_3	θ_3
4	90°	0	d_4	θ_4
5	-90°	0	0	θ_5
6	0°	0	0	θ_6

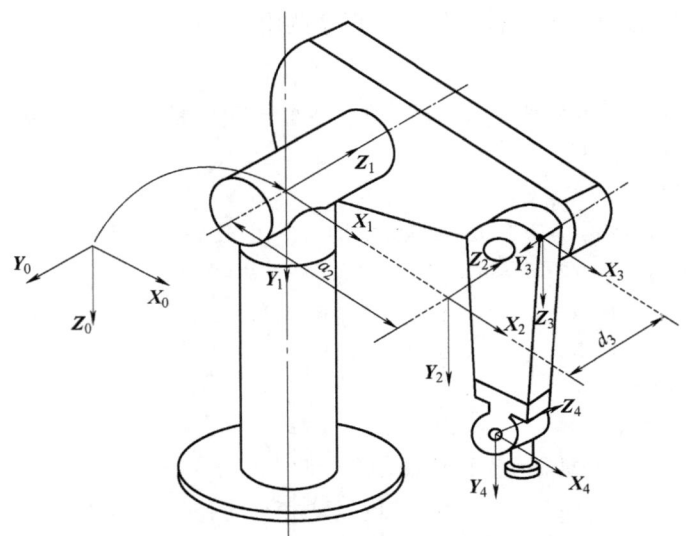

图 4-34　PUMA560 机器人整体连杆坐标系（标准 D-H 法）

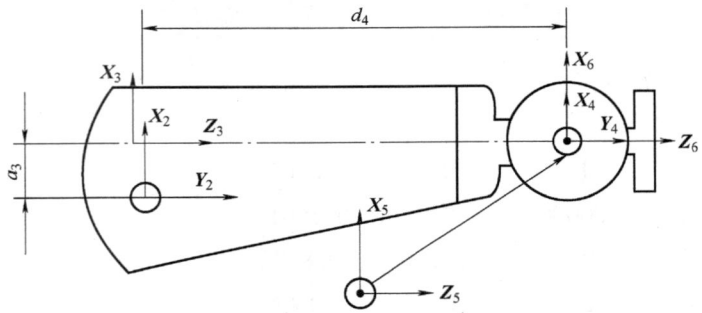

图 4-35　PUMA560 机器人小臂的连杆坐标系（标准 D-H 法）

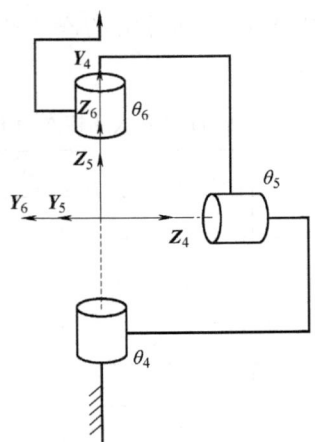

图 4-36　PUMA560 机器人的腕部的连杆坐标系（标准 D-H 法）

例 4-20：在 Robotics Toolbox 中调用 PUMA560 机器人，设置机器人末端工具坐标系，使其相对原末端坐标系平移 (0,0,0.2)，并设置一个高 300mm 的底座。用工具箱中的 fkine() 函数来求解 PUMA560 机器人在零角度（qz）状态下末端工具相对于底座的位姿。

解：程序代码如下：

```
%% eg4_20
clear,clc,close all
% 调用 PUMA560 机器人
mdl_puma560;
% 计算 qz 状态对应的末端位姿
T0=p560.fkine(qz)
% 设置工具和底座
p560.tool=transl(0,0,0.2);
p560.base=transl(0,0,0.3);
% 计算设置工具和底座后,qz 状态对应的末端位姿
T1=p560.fkine(qz)
```

运行结果如下：

T0 =

1.0000	0	0	0.4521
0	1.0000	0	-0.1500
0	0	1.0000	0.4318
0	0	0	1.0000

T1 =

1.0000	0	0	0.4521
0	1.0000	0	-0.1500
0	0	1.0000	0.9318
0	0	0	1.0000

由运行结果可知，设置工具和底座后，末端位姿中的 Z 坐标由 0.4318 增大到 0.9318，增量刚好是工具长度与底座高度的和。

4.4 小结

本章主要介绍了机器人的连杆及其连接方式的描述、正运动学建模方法，主要讨论了改进 D-H 法的原理和步骤，并以标准 D-H 法为对照建立了机器人

的正运动学模型。每部分内容均给出多个例题，并运用 MATLAB Robotics Toolbox 进行了案例讲解和仿真。

参考文献

[1] LYNCH K M, PARK F C. Modern Robotics：Mechanics, Planning, and Control [M]. New York：Cambridge University Press, 2017.

[2] ANGELES J. Fundamentals of Robotic Mechanical Systems：Theory, Methods, and Algorithms [M]. New York：Springer, 2007.

[3] BAJD T, MIHEL J, LENARCIC J, et al. Robotics（Intellingent Systems, Control and Automation：Science and engineering）[M]. New York：Springer, 2010.

[4] CRAIG J J. Introduction to robotics：mechanics and control [M]. 3rd ed. Delhi：Pearson Education India, 2009.

[5] SAHA S K. Introduction to robotics [M]. New Delhi：Tata McGraw-Hill Education, 2014.

[6] 贾瑞清，等. 机器人学：规划、控制及应用 [M]. 北京：清华大学出版社，2020.

[7] CRAIG J J. 机器人学导论 [M]. 3 版. 贠超，等译. 北京：机械工业出版社，2018.

[8] PETER CORKE. 机器人学、机器视觉与控制：MATLAB 算法基础 [M]. 刘荣，等译. 北京：电子工业出版社，2016.

习题

1. 建立图 4-37 所示的 5 自由度机器人的连杆坐标系。

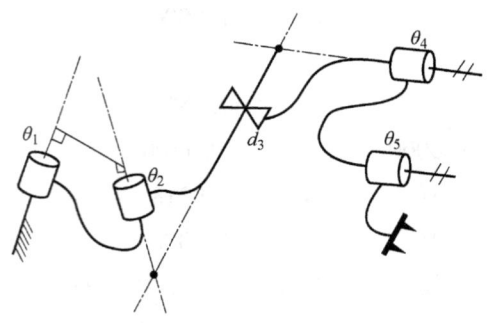

图 4-37　2RP2R 机器人

2. 建立图 4-38 所示的 3 自由度机器人的连杆坐标系。
3. 建立图 4-39 所示的 RPR 平面机器人的连杆坐标系，并给出连杆参数。
4. 建立图 4-40 所示的三连杆 RRP 机器人的连杆坐标系。
5. 建立图 4-41 所示的三连杆 RRR 机器人的连杆坐标系。

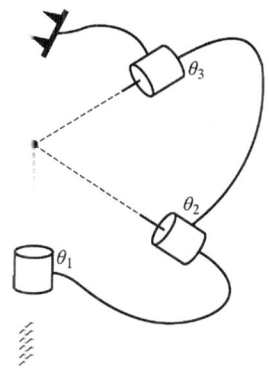

图 4-38 RRR 机器人

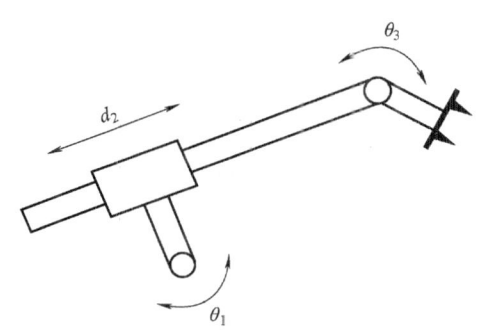

图 4-39 RPR 平面机器人

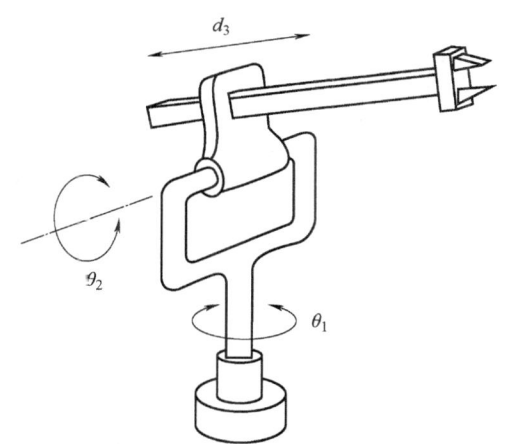

图 4-40 三连杆 RRP 机器人

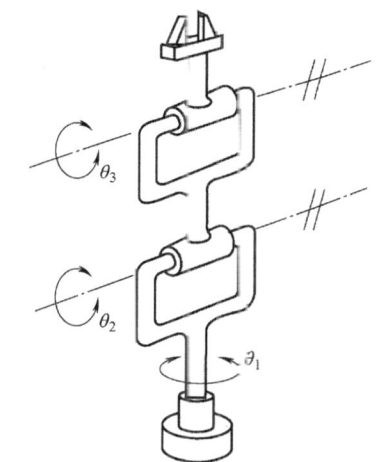

图 4-41 三连杆 RRR 机器人

6. 建立图 4-42 所示的三连杆 RPP 机器人的连杆坐标系。

7. 建立图 4-43 所示的三连杆 PRR 机器人的连杆坐标系。

8. 建立图 4-44 所示的三连杆 PPP 机器人的连杆坐标系。

9. 图 4-45 所示为 3 自由度机器人,关节 1 和关节 2 轴线相互垂直,关节 2 和关节 3 轴线相互平行。如图所示,所有关节都处于初始位置。

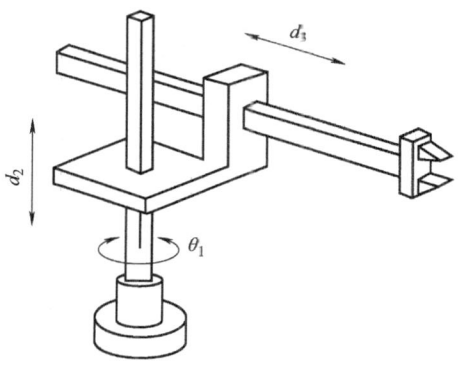

图 4-42 三连杆 RPP 机器人

关节转角的正方向都已标出。在这个机器人的简图中定义连杆坐标系 {0} 到 {3}，并表示在图中。求变换矩阵 ${}^0_1T$、${}^1_2T$ 和 ${}^2_3T$。

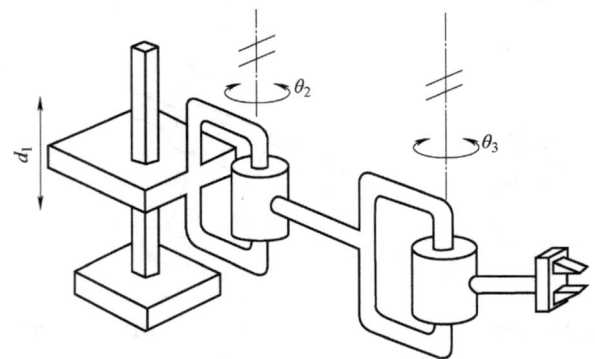

图 4-43　三连杆 PRR 机器人

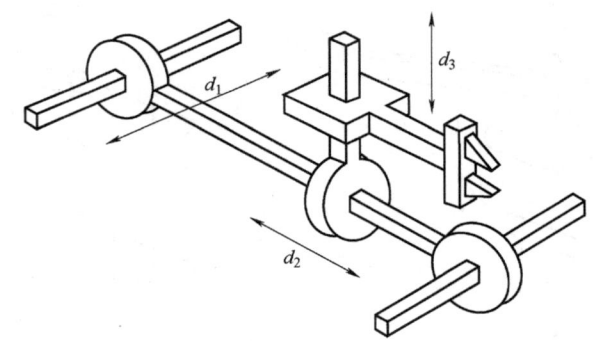

图 4-44　三连杆 PPP 机器人

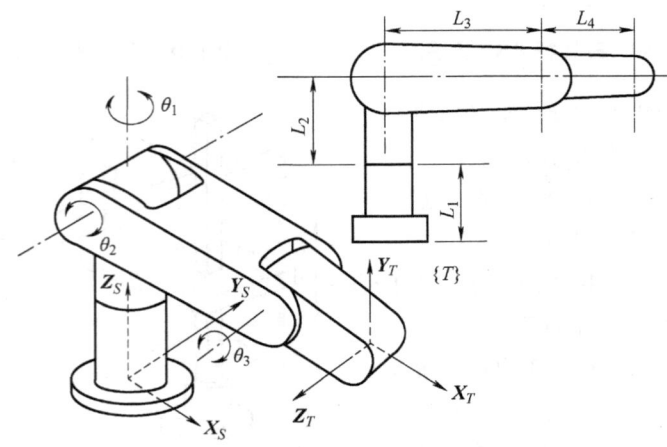

图 4-45　3 自由度机器人简图

10. 图 4-46 所示为 3 自由度空间机器人,与例 4-2 的机器人相似,其中关节 1 轴线与另外两关节轴线不平行。轴 1 和轴 2 之间的夹角为 90°,求解连杆参数和运动学方程 $_W^B T$。注意不需要定义 L_3。

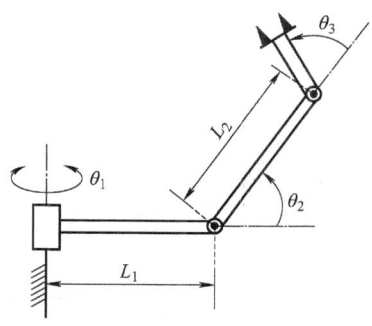

图 4-46 3 自由度空间机器人

11. 图 4-47a 所示的两连杆机器人,已知连杆的坐标变换矩阵为 $_1^0 T$ 和 $_2^1 T$。相乘的结果为

$$_2^0 T = \begin{bmatrix} \cos\theta_1\cos\theta_2 & -\cos\theta_1\sin\theta_2 & \sin\theta_1 & l_1\cos\theta_1 \\ \sin\theta_1\cos\theta_2 & -\sin\theta_1\sin\theta_2 & -\cos\theta_1 & l_1\sin\theta_1 \\ \sin\theta_2 & \cos\theta_2 & 0 & 0 \\ 0 & 0 & 0 & 1 \end{bmatrix}$$

图 4-47b 所示为连杆坐标系的布局。当 $\theta_1 = 0°$ 时,坐标系 {0} 和坐标系 {1} 重合。第一、二个连杆的长度分别为 l_1、l_2。求机器人末端相对于坐标系 {0} 的矢量表达式 $^0 P_{tip}$。

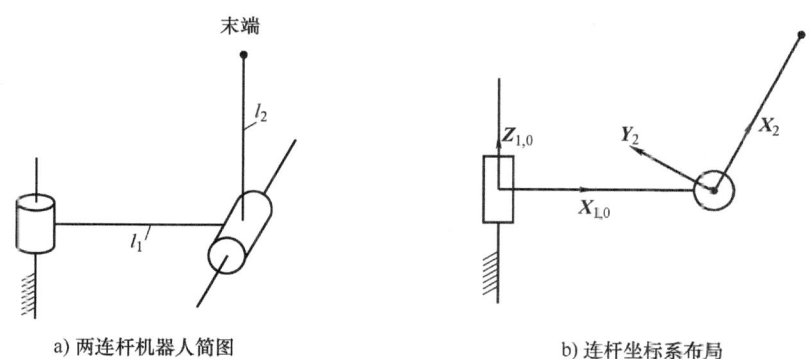

图 4-47 标有坐标系布局的两连杆机器人

12. 建立例 4-3 中 Stanford 机械臂的坐标系及 D-H 参数表。

13. 在图 4-48 中，没有确定工具的位置 $^W_T T$。机器人利用力控制对工具末端进行检测，直到把工件插入位于 $^S_G T$ 的孔中（即目标）。在这个"标定"过程中（坐标系 {G} 和坐标系 {T} 是重合的），通过读取关节角度传感器，进行运动学计算得到机器人的位置 $^B_W T$。假定已知 $^B_S T$ 和 $^S_G T$，求计算未知工具坐标系 $^W_T T$ 的变换方程。

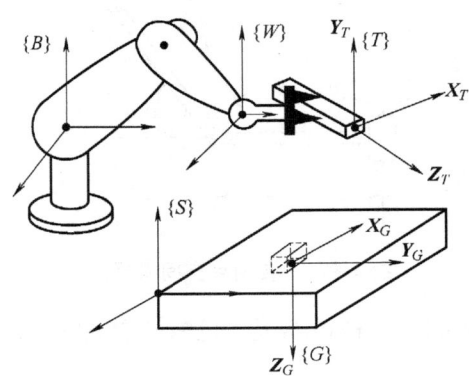

图 4-48 工具坐标系的确定

14. 基于 Robotics Toolbox 中的 fkine( ) 函数，求图 4-11 所示 "RRR" 3 自由度平面机器人末端在关节变量为下列参数时的位姿矩阵。

1) $q_1 = [10° \quad 20° \quad 30°]$。

2) $q_2 = [90° \quad 90° \quad 90°]$。

15. 基于 Robotics Toolbox，分别采用标准 D-H 法和改进 D-H 法建立图 4-46 所示 3 自由度空间机器人的模型，其杆长分别为 $l_1 = 4$、$l_2 = 5$、$l_3 = 2$，并求出关节变量为下列参数时机器人的末端位姿。

1) $q_1 = [10° \quad 20° \quad 30°]$。

2) $q_2 = [90° \quad 90° \quad 90°]$。

16. 调用 Robotics Toolbox 中的 PUMA560 机器人，求出关节变量为下列参数时机器人的位姿，并绘制该状态时的机器人对象。

1) $q_1 = [10° \quad 20° \quad 30° \quad 40° \quad 50° \quad 60°]$。

2) $q_2 = [90° \quad 90° \quad 90° \quad 90° \quad 90° \quad 90°]$。

第 5 章 机器人逆运动学

在实际应用中,常希望使机器人的末端以特定的姿态到达某个指定的空间位置,通过控制关节变量实现这一要求,就是机器人逆运动学的基本任务。本章将介绍机器人逆运动学求解方法,并基于 MATLAB Robotics Toolbox 进行逆运动学仿真。

5.1 引言

在第 4 章中讨论了机器人连杆及其连接的描述以及机器人正运动学的相关问题,本章将进一步研究机器人逆运动学问题,即已知机器人末端坐标系相对于基坐标系的期望位置和姿态,计算使机器人末端达到此位姿的关节变量。

5.2 机器人逆运动学

5.2.1 解的存在性与多解问题

1. 解的存在性

机器人的逆运动学求解是一个非线性问题。机器人逆运动学问题的一般形式是:已知机器人末端坐标系相对于基坐标系的齐次变换矩阵 $_N^0T$,计算关节变量 $\theta_1、\theta_2、\theta_3\cdots\theta_n$。以 6 自由度操作臂 PUMA560 为例,其逆运动学问题可描述为:给定腕部坐标系相对于基坐标系的齐次变换矩阵 $_6^0T$,其中包含 16 个常数(4 个常数无意义),求解 6 个关节角 $\theta_1\sim\theta_6$。

对于 6 自由度操作臂,可通过正运动学得到关于关节角 $\theta_1\sim\theta_6$ 的矩阵 $_6^0T(\theta_1,\theta_2,\cdots,\theta_6)$,它与给定的常数矩阵 $_6^0T$ 相等,根据矩阵元素对应相等,可建立包含 12 个方程的非线性方程组,方程组的未知量为 6 个关节变量,见式（4-10）。其中，由 ^0_6T 的旋转矩阵分量生成的 9 个方程中只有 3 个是独立的，由 ^0_6T 的位置矢量分量生成的 3 个方程是独立的。式（4-10）所描述的机器人的连杆参数较简单，其连杆扭转角 α_i 多为 0° 或 ±90°，连杆偏距 d_i 和连杆长度 a_i 多为 0，因此运动学方程较为简单。但对于一般的 6 自由度操作臂，其运动方程比较复杂。下面从运动学方程解的存在性、多解性以及求解方法等方面展开讨论。

受限于机器人的物理尺寸，机器人末端能够达到的空间范围是有限的，机器人末端可以达到的空间位置的集合称为机器人的工作空间。若期望的末端位置不在机器人的工作空间内，则运动学逆解不存在。根据末端执行器到达某点的姿态，可将工作空间划分为可达工作空间和灵巧工作空间。灵巧工作空间是指末端执行器能够以不同姿态到达的空间点的集合，可达工作空间是指末端执行器至少能以一种姿态到达的空间点的集合。根据定义，灵巧工作空间是可达工作空间的子集，如图 5-1 所示。

下面以图 5-2 所示的两连杆机器人为例，讨论机器人的工作空间。假设机器人的两个关节均能够 360° 旋转，若杆长 $l_1=l_2=L$，则机器人的可达工作空间是以基座中心点为圆心、半径为 $2L$ 的圆盘区域，灵巧工作空间则是仅包含基座中心点的单点集。若杆长 $l_1 \neq l_2$，则可达工作空间为以基座中心点为圆心、外径为 l_1+l_2、内径为 $|l_1-l_2|$ 的圆环区域，灵活工作空间为空集。对于可达工作空间内部的每一点，机器人存在两种到达姿态，而在可达工作空间的边界上，机器人仅有一种到达姿态。

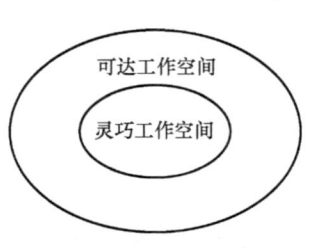

图 5-1 工作空间的划分

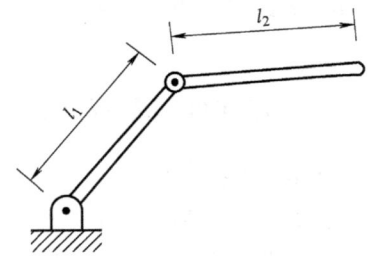

图 5-2 两连杆机器人

实际上，上述讨论假设机器人的两个关节均可以任意旋转，这在实际机构中是很少见的，当关节的旋转范围受限时，工作空间的范围或可达姿态的数目相应减少。例如，对于图 5-2 所示的两连杆机器人，假设第一个关节的运动范围仍为 ±360°，而第二个关节的运动范围被限制在 [0°,180°]，此时可达工作空间内部的点仅存在一种到达姿态。

由力学原理可知,当操作臂的自由度数小于 6 时,它不能达到三维空间内一般目标的位置和姿态,例如图 5-2 所示的两连杆机器人,它只有 2 个自由度,仅能做平面运动。在实际情况中,一些 4 自由度和 5 自由度机器人能够做空间运动,但其运动位姿会受到约束,其工作空间要通过具体研究来确定。

工作空间还与工具坐标系有关,因为机器人的末端通常指工具的末端点。由于工具坐标系 $\{T\}$ 到腕部坐标系 $\{W\}$ 的变换矩阵与机器人的关节变量无关,即与机器人运动学无关,因此一般研究对于腕部坐标系 $\{W\}$ 的工作空间,即机器人腕部坐标系原点能够达到的空间点集。

例 5-1: 图 5-3a 所示为一个 "RR" 两连杆平面机器人,此机器人的第二连杆长度为第一连杆长度的一半,即 $l_1 = 2l_2$。关节的运动范围(角度)为:

$$0° \leqslant \theta_1 \leqslant 180°$$
$$-90° \leqslant \theta_2 \leqslant 180°$$

试绘制出第二个连杆末端近似可达工作空间(范围)的简图。

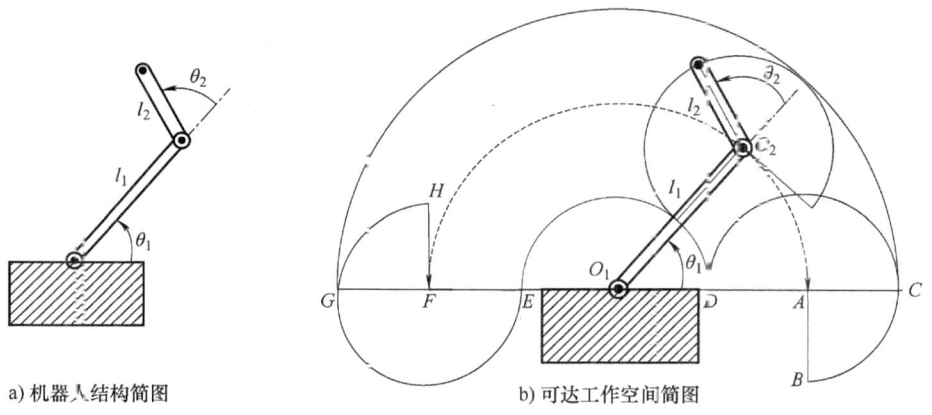

a) 机器人结构简图　　　　　　b) 可达工作空间简图

图 5-3　两连杆平面机器人

解: 由题可知,θ_1 和 θ_2 的运动范围分别是 $0° \sim 180°$ 和 $-90° \sim 180°$,如图 5-3b 所示。关节 2 中心点 O_2 的轨迹为以 O_1 为圆心,l_1 为半径的弧,即 $\widehat{AF}$,同理,机器人末端的运动轨迹也为一段圆弧。当 O_2 位于 A 点时,机器人末端运动轨迹为 $\widehat{BCD}$,又因为 O_2 可在 $\widehat{AF}$ 上连续运动,当 A 点在 $\widehat{AF}$ 上运动至 F 点时,机器人末端的运动轨迹为 $\widehat{EGH}$,整个过程中,$\widehat{BCD}$ 扫过的范围,即由 $\widehat{DE}$、$\widehat{EG}$、$\widehat{GC}$、$\widehat{CB}$ 和线段 BA 和 AD 围成的区域为第二个连杆末端的可达空间。

了解机器人工作空间的形状和大小是十分重要的,它能帮助操作者合理规划任务。机器人工作空间的形状和大小主要取决于机器人的构型和连杆的结构参数，还受关节运动范围的影响和限制。对于多自由度机器人，其腕部坐标系$\{W\}$的工作空间难以通过几何作图方法求解，一般采用代数解法，首先将各关节变量在其变化范围内离散化，对每一组关节变量计算运动学正解，得到一个末端位置点，再绘制全部末端位置点的点云图或包络图。

例 5-2：已知 PUMA560 机器人的 D-H 参数及关节运动范围，见表 5-1。基于 MATLAB 绘制 PUMA560 机器人的工作空间点云图和包络图。

表 5-1　PUMA560 机器人的 D-H 参数及关节运动范围

i	α_{i-1}	a_{i-1}	θ_i	d_i	运动范围
1	0°	0	90°	0	−160°～160°
2	−90°	0	0°	0	−225°～45°
3	0°	431.8	−90°	149.09	−45°～225°
4	−90°	20.32	0°	443.07	−110°～170°
5	90°	0	0°	0	−100°～100°
6	−90°	0	0°	0	−266°～266°

解：具体操作步骤如下：

1) 根据式（4-10）得到 p_x、p_y、p_z 的表达式。

$$\begin{cases} p_x = \cos\theta_1 [a_2\cos\theta_2 + a_3\cos(\theta_2+\theta_3) - d_4\sin(\theta_2+\theta_3)] - d_3\sin\theta_1 \\ p_y = \sin\theta_1 [a_2\cos\theta_2 + a_3\cos(\theta_2+\theta_3) - d_4\sin(\theta_2+\theta_3)] + d_3\cos\theta_1 \\ p_z = -a_3\sin(\theta_2+\theta_3) - a_2\sin\theta_2 - d_4\cos(\theta_2+\theta_3) \end{cases}$$

2) 基于 MATLAB 绘制 PUMA560 机器人工作空间的点云图，流程如图 5-4 所示。

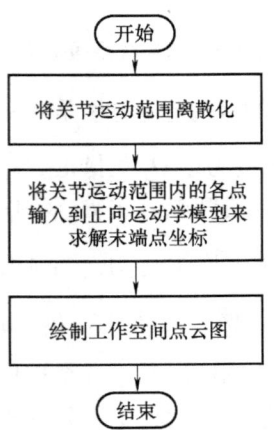

图 5-4　PUMA560 机器人工作空间点云图绘制的流程

程序如下：

```matlab
%%eg5_2_WorkSpacePointCloudPlot.m
clear,clc,close all
% 将各关节变量在其范围内离散化
for k1=-160:15:160
    for k2=-225:15:45
        for k3=-45:15:225
            %将前三个关节角的角度转换为弧度
            u1=k1*pi/180;
            u2=k2*pi/180;
            u3=k3*pi/180;
            %根据u1、u2、u3求解末端位置
            x=431.8*cos(u1)*cos(u2)-443.07*(cos(u1)*cos(u2)*sin(u3)+...
                cos(u1)*cos(u3)*sin(u2))-149.09*sin(u1)-...
                20.32*(cos(u1)*sin(u2)*sin(u3)-cos(u1)*cos(u2)*cos(u3));
            y=149.09*cos(u1)-443.07*(cos(u2)*sin(u1)*sin(u3)+...
                cos(u3)*sin(u1)*sin(u2))-20.32*(sin(u1)*sin(u2)*sin(u3)-...
                cos(u2)*cos(u3)*sin(u1))+431.8*cos(u2)*sin(u1);
            z=-20.32*(cos(u2)*sin(u3)+cos(u3)*sin(u2))-...
                443.07*(cos(u2)*cos(u3)-sin(u2)*sin(u3))-431.8*sin(u2);
            %绘制工作空间的点云图
            plot3(x,y,z,'k.');
            hold on;
        end
    end
end
```

3）基于 MATLAB 绘制 PUMA560 机器人工作空间的包络图，流程如图 5-5 所示。

程序如下：

```matlab
%%eg5_2_WorkSpaceEnvelopePlot
clear,clc,close all
```

```
        n=1;%设置循环初始值
    %将各关节变量在其范围内离散化
    for k1=-160:15:160
        for k2=-225:15:45
            for k3=-45:15:225
                %将前三个关节变量的角度转换为弧度
                u1=k1*pi/180;
                u2=k2*pi/180;
                u3=k3*pi/180;
                %根据u1、u2、u3计算末端位置
                x=431.8*cos(u1)*cos(u2)-443.07*(cos(u1)*cos(u2)*
                    sin(u3)+...
                    cos(u1)*cos(u3)*sin(u2))-149.09*sin(u1)-...
                    20.32*(cos(u1)*sin(u2)*sin(u3)-cos(u1)*
                    cos(u2)*cos(u3));
                y=149.09*cos(u1)-443.07*(cos(u2)*sin(u1)*
                    sin(u3)+...
                    cos(u3)*sin(u1)*sin(u2))-20.32*(sin(u1)*
                    sin(u2)*sin(u3)-...
                    cos(u2)*cos(u3)*sin(u1))+431.8*cos(u2)*
                    sin(u1);
                z=-20.32*(cos(u2)*sin(u3)+cos(u3)*sin(u2))-
                    443.07*(cos(u2)*cos(u3)-...
                    sin(u2)*sin(u3))-431.8*sin(u2);
                K(n,:)=[x,y,z];%将末端位置数据保存在K中
                n=n+1;
            end
        end
    end
    %计算K的三维凸包
        f=convhulln(K);
    %绘制工作空间的包络图
        trisurf(f,K(:,1),K(:,2),K(:,3))
```

得到PUMA560机器人工作空间的点云图和包络图,如图5-5所示。

2. 多重解问题

机器人的逆运动学方程组是一个非线性方程组,它的解一般不唯一,因此

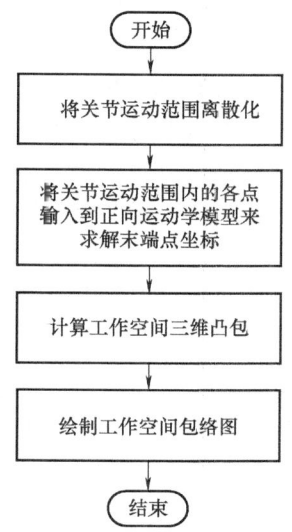

图 5-5 PUMA560 机器人工作空间包络图绘制的流程

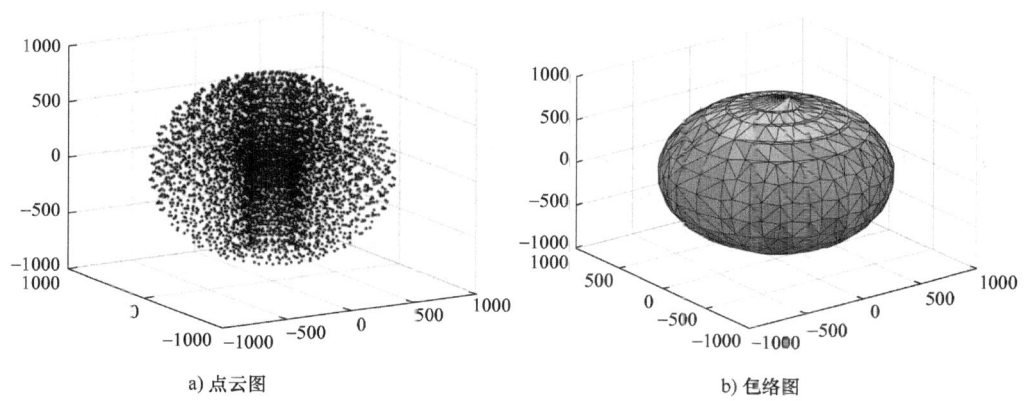

a) 点云图　　　　　　　　　　　　b) 包络图

图 5-6 PUMA560 机器人工作空间的点云图和包络图

机器人的逆运动学存在多重解问题。以具有 3 个旋转关节的三连杆平面机器人为例，其能够以任意姿态到达工作空间内的任意位置，因此在平面中有较大的灵巧工作空间（给定适当的连杆长度和关节运动范围）。图 5-7 所示为三连杆平面机器人在某一位形下的图示，其中的虚线表示第二个可能的位形，在这个位形下，机器人的末端位姿与第一个位形相同。

在实际应用，仅能选择一组逆解，因此机器人的多重解现象会带来解的选择问题。解的选择标准是根据实际情况变化的，一般比较合理的选择是取

"最短行程"解。例如，在图 5-8 中，如果机器人末端位于点 A，现希望它移动到点 B，则最短行程解就是使得各关节变量的总变化量最小的那一组解。因此，在没有障碍物的情况下，可选择图 5-8 中上部虚线所示的位形。在逆解的选择中，还可以引入其他指标，如能量消耗。例如，典型的机器人有 3 个大连杆，附带 3 个小连杆，大连杆的驱动功率一般比小连杆大，因此，从能量消耗最小的角度考虑，应优先移动小连杆而非大连杆。在存在障碍物的情况下，"最短行程"解可能发生干涉，这时只能选择"较长行程"解。由此可见，一般需要先计算出全部可能的解，再建立评价模型进行选择。

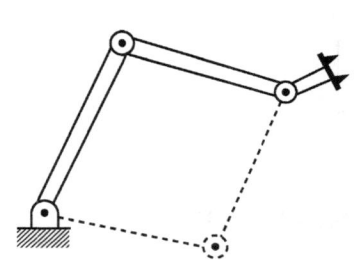

图 5-7 三连杆机器人在同一末端点的两种可能位形

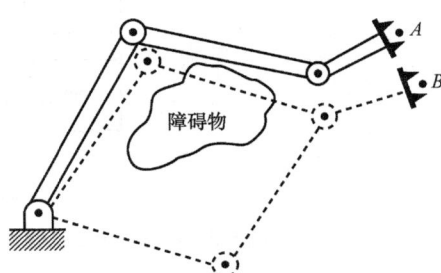

图 5-8 存在障碍物时的三连杆机器人位形

机器人逆解的个数取决于机器人的关节数量、连杆参数和关节运动范围。以 PUMA560 机器人为例，对于工作空间中的一个确定的位姿，PUMA560 机器人有 8 组不同的逆解，图 5-9 所示为其中的 4 组解，这 4 组解对应相同的末端位姿。对于图中所示的每一组解，都可以通过"翻转"后三个关节变量得到另一组解，见式（5-1）。

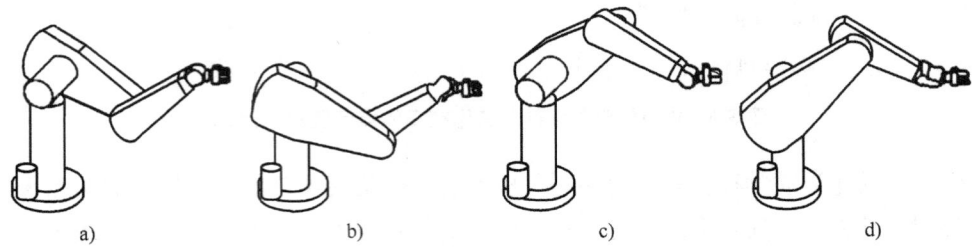

图 5-9 PUMA560 机器人的 4 组逆解

$$\begin{cases} \theta'_4 = \theta_4 + 180° \\ \theta'_5 = -\theta_5 \\ \theta'_6 = \theta_6 + 180° \end{cases} \tag{5-1}$$

因此，对于确定的目标位姿，PUMA560 机器人共有 8 组逆解。由于关节运动范围的限制，这 8 组解中的某些解是不能实现的。

通常，连杆的非零参数越多，达到某一特定目标点的方式也越多。以一个具有 6 个旋转关节的机器人为例，解的最大数目与等于零的连杆长度参数（a_i）的数目有关，见表 5-2。非零参数越多，解的最大数目就越大。对于一个全部为旋转关节的 6 自由度机器人来说，可能多达 16 组解。

表 5-2 解的个数与非零 a_i 的关系

a_i	解的个数
$a_1 = a_3 = a_5 = 0$	≤4
$a_3 = a_5 = 0$	≤8
$a_3 = 0$	≤16
全部 $a_i \neq 0$	≤16

3. 解法

与线性方程组不同，非线性方程组没有通用的求解算法。根据实际需求，在逆运动学求解时，不仅要考虑解的存在性与唯一性，还要给出解的显式表达式。

按照求解原理，可将逆解解法分为两类：封闭解、数值解。封闭解直接求解逆运动学方程组；数值解采用数值方法迭代求解逆运动学方程组，求解速度取决于迭代算法的收敛速度，且存在收敛性问题，其求解速度一般比封闭解慢。考虑到机器人在工作中的实时性要求，在大多数情况下，希望求解运动学逆问题为封闭解，即解析解。

机器人运动学逆解的存在性与它的构型有关，可以证明，所有包含转动关节和移动关节的串联型 6 自由度机构均存在运动学逆解，但是一般只能给出数值解，只有在特殊情况下才能求得封闭解。为提高求解效率，在设计机器人时，应尽量使封闭解存在，对于 6 自由度机器人，Pieper 给出了其逆运动学封闭解存在的一个充分条件，即后三个关节的轴线交于一点，因此目前常见的 6 自由度工业机器人几乎都有三根相交轴，例如工业机器人 PUMA560。

5.2.2 代数解法和几何解法

封闭解的求解方法可以分为两类：代数解法和几何解法。这两种方法的差异仅在于求解过程。下面分别用这两种方法对一个平面 3 自由度机器人进行逆运动学求解。

1. 代数解法

以第 4 章 4.3 节中介绍的 "RRR" 3 自由度机器人为例,它的连杆坐标系如图 5-10 所示,基于改进 D-H 法的连杆参数见表 5-3。

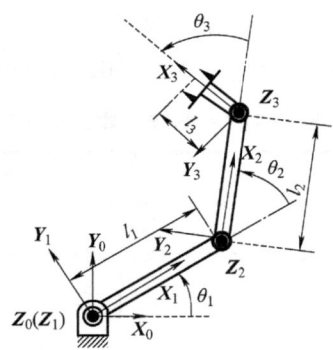

图 5-10 "RRR" 3 自由度机器人模型

表 5-3 "RRR" 3 自由度机器人 D-H 参数

i	α_{i-1}	a_{i-1}	d_i	θ_i
1	0°	0	0	θ_1
2	0°	l_1	0	θ_2
3	0°	l_2	0	θ_3

记机器人的基坐标系为 $\{B\}$、腕部坐标系(即末端坐标系)为 $\{W\}$,按照前文所介绍的方法,容易得到腕部坐标系到基坐标系的齐次变换矩阵,见式(5-2)。

$$_W^B T = {}_3^0 T = \begin{bmatrix} \cos(\theta_1+\theta_2+\theta_3) & -\sin(\theta_1+\theta_2+\theta_3) & 0 & l_1\cos\theta_1+l_2\cos(\theta_1+\theta_2) \\ \sin(\theta_1+\theta_2+\theta_3) & \cos(\theta_1+\theta_2+\theta_3) & 0 & l_1\sin\theta_1+l_2\sin(\theta_1+\theta_2) \\ 0 & 0 & 1 & 0 \\ 0 & 0 & 0 & 1 \end{bmatrix} \quad (5\text{-}2)$$

对于机器人逆运动学问题,末端位姿 $\begin{bmatrix} x & y & \phi \end{bmatrix}$ 为已知量,因此有

$$_W^B T = \begin{bmatrix} \cos\phi & -\sin\phi & 0 & x \\ \sin\phi & \cos\phi & 0 & y \\ 0 & 0 & 1 & 0 \\ 0 & 0 & 0 & 1 \end{bmatrix} \quad (5\text{-}3)$$

式(5-3)中矩阵的每个元素均为已知的常数。令式(5-2)和式(5-3)相等,由矩阵元素对应相等可以建立包含4个方程的非线性方程组,即

$$\begin{cases} \cos\phi = \cos(\theta_1+\theta_2+\theta_3) \\ \sin\phi = \sin(\theta_1+\theta_2+\theta_3) \\ x = l_1\cos\theta_1 + l_2\cos(\theta_1+\theta_2) \\ y = l_1\sin\theta_1 + l_2\sin(\theta_1+\theta_2) \end{cases} \tag{5-4}$$

将式(5-4)的后两式两边同时平方,然后相加,得到

$$x^2 + y^2 = l_1^2 + l_2^2 + 2l_1 l_2 \cos\theta_2 \tag{5-5}$$

这里利用了三角函数的和角公式,见式(5-6)。

$$\begin{cases} \cos(\theta_1+\theta_2) = \cos\theta_1\cos\theta_2 - \sin\theta_1\sin\theta_2 \\ \sin(\theta_1+\theta_2) = \cos\theta_1\sin\theta_2 + \sin\theta_1\cos\theta_2 \end{cases} \tag{5-6}$$

由式(5-5)有

$$\cos\theta_2 = \frac{x^2 + y^2 - l_1^2 - l_2^2}{2l_1 l_2} \tag{5-7}$$

上式有解,当且仅当式(5-7)的等式右边在-1到1之间取值。从物理结构上看,如果此条件不满足,则目标点的位置距离机器人当前位置太远,因此目标不可达。

由式(5-7)计算 $\sin\theta_2$,即

$$\sin\theta_2 = \pm\sqrt{1-\cos\theta_2^2} \tag{5-8}$$

应用双变量反正切函数计算 θ_2,得到

$$\theta_2 = \arctan 2(\sin\theta_2, \cos\theta_2) \tag{5-9}$$

式(5-9)的符号选择对应多组不同的解,可选择"肘部朝上"解或"肘部朝下"解。应注意,在确定 θ_2 时,应先确定其正弦值和余弦值,得到正切值,然后应用双变量反正切函数求解 θ_2,这种解法可以保证求出的角度在恰当的象限之中。

求出 θ_2 后,可根据式(5-4)的后两式计算 θ_1,将其表达为式(5-10)的形式。

$$\begin{cases} x = k_1\cos\theta_1 - k_2\sin\theta_1 \\ y = k_1\sin\theta_1 + k_2\cos\theta_1 \end{cases} \tag{5-10}$$

式中

$$\begin{cases} k_1 = l_1 + l_2\cos\theta_2 \\ k_2 = l_2\sin\theta_2 \end{cases} \tag{5-11}$$

作变量代换

$$\begin{cases} r = \sqrt{k_1^2 + k_2^2} \\ \gamma = \arctan2(k_2, k_1) \end{cases} \quad (5\text{-}12)$$

则有

$$\begin{cases} k_1 = r\cos\gamma \\ k_2 = r\sin\gamma \end{cases} \quad (5\text{-}13)$$

式（5-10）可以表达为

$$\begin{cases} \dfrac{x}{r} = \cos\gamma\cos\theta_1 - \sin\gamma\sin\theta_1 \\ \dfrac{y}{r} = \cos\gamma\sin\theta_1 + \sin\gamma\cos\theta_1 \end{cases} \quad (5\text{-}14)$$

因此有

$$\begin{cases} \cos(\gamma+\theta_1) = \dfrac{x}{r} \\ \sin(\gamma+\theta_1) = \dfrac{y}{r} \end{cases} \quad (5\text{-}15)$$

利用双变量反正切公式，得到

$$\gamma + \theta_1 = \arctan2\left(\dfrac{y}{r}, \dfrac{x}{r}\right) = \arctan2(y, x) \quad (5\text{-}16)$$

因此有

$$\theta_1 = \arctan2(y, x) - \arctan2(k_2, k_1) \quad (5\text{-}17)$$

注意，θ_2 符号的选取将导致 k_2 符号的变化，进而影响 θ_1 的符号。应用变量代换进行角度求解的方法经常出现在逆运动学求解中。注意，如果 $x = y = 0$，则式（5-17）无定义，此时 θ_1 可取任意值。

最后，由式（5-4）的前两式可求解 $\theta_1 + \theta_2 + \theta_3$，即

$$\theta_1 + \theta_2 + \theta_3 = \arctan2(\sin\phi, \cos\phi) = \phi \quad (5\text{-}18)$$

由于 θ_1 和 θ_2 均为已知量，因此可以解出 θ_3。两个或两个以上连杆在平面内运动的机器人是比较典型的问题，其在求解过程中出现了关节变量之和的表达式。

总之，用代数方法求解逆运动学方程的基本过程就是根据矩阵元素对应相等建立方程组，然后分离变量、依次求解。

2. 几何解法

用几何解法求机器人逆解，就是通过机器人连杆的空间几何关系，将逆解问题转化为空间几何问题。对于连杆参数较简单的机器人（尤其是连杆参数 α_i 多为 0° 或 ±90° 的机器人），几何法求逆解的过程比较简洁，应用平面几何方

法就可以计算出关节变量。对于如图 5-11 所示的 3 自由度机器人来说，由于机器人仅做平面运动，因此可以利用平面几何关系直接求解关节变量。

图 5-11 中画出了由 l_1、l_2 以及连接坐标系 $\{0\}$ 的原点和坐标系 $\{3\}$ 的原点的连线所组成的三角形。图中虚线表示在坐标系 $\{3\}$ 的同一位姿下，机器人位形的另一种可能情况。对于实线表示的三角形，根据余弦定理有

$$x^2 + y^2 = l_1^2 + l_2^2 - 2l_1 l_2 \cos(180° + \theta_2) \quad (5\text{-}19)$$

则有

$$\cos\theta_2 = \frac{x^2 + y^2 - l_1^2 - l_2^2}{2l_1 l_2} \quad (5\text{-}20)$$

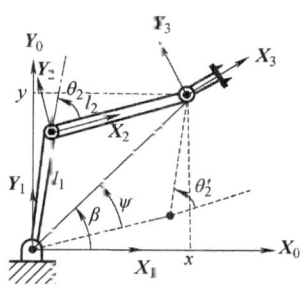

图 5-11 "RRR" 3 自由度机器人的平面几何关系

为了使图 5-11 所示的几何关系成立，坐标系 $\{0\}$ 的原点到目标点的距离 $\sqrt{x^2 + y^2}$ 必须小于或等于两个连杆的长度之和 $l_1 + l_2$。当目标点超出机器人的运动范围时，几何关系不成立。当几何关系成立时，θ_2 应在 $-180° \sim 0°$ 范围内，另一个可能的解（由虚线所示的三角形）可以通过对称关系 $\theta_2' = -\theta_2$ 得到。

为求解 θ_1，需要得到图 5-11 所示的 ψ 角和 β 角的表达式。首先，β 角可以位于任意象限，这是由 x 和 y 的符号决定的，因此为方便起见，应用双变量反正切公式求得 β，见式（5-21）。

$$\beta = \arctan 2(y, x) \quad (5\text{-}21)$$

由余弦定理，有

$$\cos\psi = \frac{x^2 + y^2 + l_1^2 - l_2^2}{2l_1 \sqrt{x^2 + y^2}} \quad (5\text{-}22)$$

直接由式（5-22）求反余弦，解出 ψ，使 $0° \leq \psi \leq 180°$，于是

$$\theta_1 = \beta \pm \psi \quad (5\text{-}23)$$

式中，当 $\theta_2 < 0°$ 时，取 "+" 号；当 $\theta_2 > 0°$ 时，取 "-" 号。

最后，由式（5-24）可求解得到 θ_3。

$$\theta_1 + \theta_2 + \theta_3 = \phi \quad (5\text{-}24)$$

至此所有关节变量均已计算完毕。

5.2.3 三轴相交的 Pieper 解法

如前面所述，一般的 6 自由度机器人难以求得封闭解，但在某些特殊情况下可以得到封闭解。Pieper 研究了 3 个连续轴相交于一点的 6 自由度机器人的逆解解法，这种方法针对 6 个关节均为旋转关节、后 3 个关节轴线相交于一点

的机器人,这也是工业机器人设计时常采用的构型,因此 Pieper 解法广泛应用于工业机器人的逆运动学求解中。具有这种构型的机器人,其末端位置仅与前三轴有关、末端姿态仅与后三轴有关。Pieper 解法也是一种代数解法,其基本思想仍然是分离变量、依次求解。

假设满足 Pieper 构型的 6 自由度机器人已通过改进 D-H 法建立了正运动学模型,则相邻连杆坐标系的齐次变换矩阵为

$$^{i-1}_{i}T = \begin{bmatrix} \cos\theta_i & -\sin\theta_i & 0 & a_{i-1} \\ \sin\theta_i\cos\alpha_{i-1} & \cos\theta_i\cos\alpha_{i-1} & -\sin\alpha_{i-1} & -d_i\sin\alpha_{i-1} \\ \sin\theta_i\sin\alpha_{i-1} & \cos\theta_i\sin\alpha_{i-1} & \cos\alpha_{i-1} & d_i\cos\alpha_{i-1} \\ 0 & 0 & 0 & 1 \end{bmatrix} \quad (5\text{-}25)$$

机器人的后 3 个关节轴线交于一点时,连杆坐标系 $\{4\}$、$\{5\}$ 和 $\{6\}$ 的原点均位于这个交点上,此交点在基坐标系下的坐标为

$$^0P_{4ORG} = {}^0_1T{}^1_2T{}^2_3T{}^3P_{4ORG} = \begin{bmatrix} x & y & z & 1 \end{bmatrix}^T \quad (5\text{-}26)$$

在式(5-25)中,取 $i=4$,由矩阵的第 4 列可得

$$^0P_{4ORG} = {}^0_1T{}^1_2T{}^2_3T \begin{bmatrix} a_3 \\ -d_4\sin\alpha_3 \\ d_4\cos\alpha_3 \\ 1 \end{bmatrix} \quad (5\text{-}27)$$

将 ^2_3T 与其右侧的向量做乘法,有

$$^0P_{4ORG} = {}^0_1T{}^1_2T \begin{bmatrix} f_1(\theta_3) \\ f_2(\theta_3) \\ f_3(\theta_3) \\ 1 \end{bmatrix} \quad (5\text{-}28)$$

式中

$$\begin{bmatrix} f_1 \\ f_2 \\ f_3 \\ 1 \end{bmatrix} = {}^2_3T \begin{bmatrix} a_3 \\ -d_4\sin\alpha_3 \\ d_4\cos\alpha_3 \\ 1 \end{bmatrix} \quad (5\text{-}29)$$

在式(5-25)中,取 $i=3$,代入式(5-29),得到 $f_i(i=1,2,3)$,见式(5-30)。

$$\begin{cases} f_1 = a_3\cos\theta_3 + d_4\sin\alpha_3\sin\theta_3 + a_2 \\ f_2 = a_3\cos\alpha_2\sin\theta_3 - d_4\sin\alpha_3\cos\alpha_2\cos\theta_3 - d_4\sin\alpha_2\cos\alpha_3 - d_3\sin\alpha_2 \\ f_3 = a_3\sin\alpha_2\sin\theta_3 - d_4\sin\alpha_3\sin\alpha_2\cos\theta_3 + d_4\cos\alpha_2\cos\alpha_3 + d_3\cos\alpha_2 \end{cases} \quad (5\text{-}30)$$

则 f_i 仅与 θ_3 有关。

在式（5-25）中，分别取 $i=1$ 和 $i=2$，代入式（5-28），得到

$${}^0\boldsymbol{P}_{4ORG} = \begin{bmatrix} \cos\theta_1 g_1 - \sin\theta_1 g_2 \\ \sin\theta_1 g_1 + \cos\theta_1 g_2 \\ g_3 \\ 1 \end{bmatrix} \quad (5\text{-}31)$$

式中

$$\begin{cases} g_1 = \cos\theta_2 f_1 - \sin\theta_2 f_2 + a_1 \\ g_2 = \sin\theta_2 \cos\alpha_1 f_1 + \cos\theta_2 \cos\alpha_1 f_2 - \sin\alpha_1 f_3 - d_2 \sin\alpha_1 \\ g_3 = \sin\theta_2 \sin\alpha_1 f_1 + \cos\theta_2 \sin\alpha_1 f_2 + \cos\alpha_1 f_3 + d_2 \cos\alpha_1 \end{cases} \quad (5\text{-}32)$$

则 g_i 仅与 f_i 和 θ_2 有关。上述操作通过 f_i 和 g_i 实现了 θ_1、θ_2、θ_3 的分离。

将式（5-31）的前三行作平方和，可消去 θ_1，设 $r = x^2 + y^2 - z^2$，由式（5-26）有

$$r = g_1^2 + g_2^2 + g_3^2 \quad (5\text{-}33)$$

对照式（5-26）和式（5-31），有

$$z = g_3 \quad (5\text{-}34)$$

对于式（5-33）和式（5-34），等式左端均为已知量，而等式右端仅含 θ_2 和 θ_3，因此是可以求解的。

将式（5-32）代入式（5-33）和式（5-34），得到

$$\begin{cases} r = (k_1 \cos\theta_2 + k_2 \sin\theta_2) 2a_1 + k_3 \\ z = (k_1 \sin\theta_2 - k_2 \cos\theta_2) \sin\alpha_1 + k_4 \end{cases} \quad (5\text{-}35)$$

式中

$$\begin{cases} k_1 = f_1 \\ k_2 = -f_2 \\ k_3 = f_1^2 + f_2^2 + f_3^2 + a_1^2 + d_2^2 + 2d_2 f_3 \\ k_4 = f_3 \cos\alpha_1 + d_2 \cos\alpha_1 \end{cases} \quad (5\text{-}36)$$

由于 f_i 仅与 θ_3 有关，α_1 为常量，因此 k_i 仅与 θ_3 有关。

下面讨论如何由式（5-36）求解 θ_3，分三种情况：

1）若 $a_1 = 0$，则 $r = k_3$，这里 r 是已知的，k_3 仅是 θ_3 的函数，因此可以解出 θ_3。

2）若 $\sin\alpha_1 = 0$，则 $z = k_4$，这里 z 是已知的，k_4 仅是 θ_3 的函数，因此可以解出 θ_3。

3）若上述两个条件都不成立，则从式（5-35）中消去 $\sin\theta_2$ 和 $\cos\theta_2$，

得到

$$\frac{(r-k_3)^2}{4a_1^2}+\frac{(z-k_4)^2}{\sin^2\alpha_1}=k_1^2+k_2^2 \tag{5-37}$$

式（5-37）只包含 θ_3，因此可以解出 θ_3。

解出 θ_3 后，可根据式（5-35）解出 θ_2，再根据式（5-31）解出 θ_1。至此，与机器人末端位置有关的三个关节变量 θ_1、θ_2、θ_3 已经求解完毕，下面求解与末端姿态有关的后三轴关节变量。

在求出 θ_1、θ_2、θ_3 后，可以由 $\theta_4=0°$ 时坐标系 $\{4\}$ 相对于基坐标系的姿态计算出 ${}^0_4\boldsymbol{R}|_{\theta_4=0}$，而 ${}^0_6\boldsymbol{R}$ 为已知量，因此有

$${}^4_6\boldsymbol{R}|_{\theta_4=0}={}^0_4\boldsymbol{R}^{-1}|_{\theta_4=0}\,{}^0_6\boldsymbol{R} \tag{5-38}$$

注意到，${}^4_6\boldsymbol{R}|_{\theta_4=0}$ 即为末端姿态矩阵，最后三个关节变量 θ_4、θ_5、θ_6 对应 Z-Y-Z 欧拉角，回顾第 3 章介绍的 Z-Y-Z 欧拉角解法，即可解出 θ_4、θ_5、θ_6。

例 5-3：利用 Pieper 解法求解工业机器人 PUMA560 的运动学逆解。

解：根据表 4-5 PUMA560 机器人的连杆参数，有 $a_1=0$，因此属于情况 1），则 $r=k_3$，将 PUMA560 机器人的连杆参数代入式（5-36），得到

$$r=f_1^2+f_2^2+f_3^2$$

根据 PUMA560 机器人的连杆参数，可得其中 $f_i(i=1,2,3)$，即

$$\begin{cases} f_1=a_3\cos\theta_3-d_4\sin\theta_3+a_2 \\ f_2=a_3\sin\theta_3+d_4\cos\theta_3 \\ f_3=d_3 \end{cases}$$

令 $r=f_1^2+f_2^2+f_3^2$，有

$$r=a_2^2+a_3^2+d_3^2+d_4^2-2a_2d_4\sin\theta_3+2a_2a_3\cos\theta_3$$

因此得到

$$a_3\cos\theta_3-d_4\sin\theta_3=\frac{r-(a_2^2+a_3^2+d_3^2+d_4^2)}{2a_2}$$

令

$$d_4=\rho\cos\phi,\quad a_3=\rho\sin\phi,\quad K=\frac{r-(a_2^2+a_3^2+d_3^2+d_4^2)}{2a_2}$$

则

$$\rho=\sqrt{d_4^2+a_3^2},\quad \phi=\arctan2(a_3,d_4)$$

则有

$$\sin(\phi-\theta_3)=\frac{K}{\rho},\quad \cos(\phi-\theta_3)=\pm\sqrt{1-\frac{K^2}{\rho^2}}$$

因此
$$\theta_3 = \arctan2(a_3, d_4) - \arctan2(K, \pm\sqrt{d_4^2+a_3^2-K^2})$$

解得 θ_3 后，即可计算出 k_i 和 f_i，根据式（5-35）可解出 θ_2，解出 θ_2 后可计算出 g_i，根据式（5-31）可解出 θ_1，根据式（5-38）可解出 θ_4、θ_5、θ_6。

5.2.4 工业机器人逆运动学实例

前面通过三轴相交的 Pieper 解法求解了 PUMA560 机器人的运动学逆解，三轴相交的 Pieper 解法对于 6 个关节均为旋转关节且后面 3 个轴相交的机器人具有通用性。下面仍以 PUMA560 机器人为例，介绍另一种常用的运动学逆解求法，这种解法通过在方程两边同乘中间变换的逆矩阵来分离变量，进而依次求解关节变量。

PUMA560 机器人的运动学逆解问题为：当 ${}_6^0\boldsymbol{T}$ 中的数值已知时，通过下列方程解出 θ_i。

$${}_6^0\boldsymbol{T} = \begin{bmatrix} r_{11} & r_{12} & r_{13} & p_x \\ r_{21} & r_{22} & r_{23} & p_y \\ r_{31} & r_{32} & r_{33} & p_z \\ 0 & 0 & 0 & 1 \end{bmatrix}$$

$$= {}_1^0\boldsymbol{T}(\theta_1){}_2^1\boldsymbol{T}(\theta_2){}_3^2\boldsymbol{T}(\theta_3){}_4^3\boldsymbol{T}(\theta_4){}_5^4\boldsymbol{T}(\theta_5){}_6^5\boldsymbol{T}(\theta_6) \quad (5\text{-}39)$$

整理式（5-39），将与 θ_1 有关的部分移到方程左边，见式（5-40）。

$$[{}_1^0\boldsymbol{T}(\theta_1)]^{-1}{}_6^0\boldsymbol{T} = {}_2^1\boldsymbol{T}(\theta_2){}_3^2\boldsymbol{T}(\theta_3){}_4^3\boldsymbol{T}(\theta_4){}_5^4\boldsymbol{T}(\theta_5){}_6^5\boldsymbol{T}(\theta_6) \quad (5\text{-}40)$$

式（5-40）可表达为

$$\begin{bmatrix} \cos\theta_1 & \sin\theta_1 & 0 & 0 \\ -\sin\theta_1 & \cos\theta_1 & 0 & 0 \\ 0 & 0 & 1 & 0 \\ 0 & 0 & 0 & 1 \end{bmatrix} \begin{bmatrix} r_{11} & r_{12} & r_{13} & p_x \\ r_{21} & r_{22} & r_{23} & p_y \\ r_{31} & r_{32} & r_{33} & p_z \\ 0 & 0 & 0 & 1 \end{bmatrix} = {}_6^1\boldsymbol{T} \quad (5\text{-}41)$$

式中，${}_6^1\boldsymbol{T}$ 由第 4 章 4.3.5 节的式（4-9）给出。

由式（5-41）等式两边矩阵的（2,4）元素相等，得到

$$-\sin\theta_1 p_x + \cos\theta_1 p_y = d_3 \quad (5\text{-}42)$$

为求解这种形式的方程，可作式（5-43）形式的变换

$$\begin{cases} p_x = \rho\cos\phi \\ p_y = \rho\sin\phi \end{cases} \quad (5\text{-}43)$$

其中

$$\begin{cases} \rho = \sqrt{p_x^2 + p_y^2} \\ \phi = \arctan2(p_y, p_x) \end{cases} \quad (5\text{-}44)$$

解得

$$\phi - \theta_1 = \arctan2\left(\frac{d_3}{\rho}, \pm\sqrt{1-\frac{d_3^2}{\rho^2}}\right) \quad (5\text{-}45)$$

因此有

$$\theta_1 = \arctan2(p_y, p_x) - \arctan2(d_3, \pm\sqrt{p_x^2+p_y^2-d_3^2}) \quad (5\text{-}46)$$

对应式（5-45）的正负号，θ_1 有两组解。

令式（5-41）等式两边矩阵的（1,4）元素对应相等，得到

$$\cos\theta_1 p_x + \sin\theta_1 p_y = a_3\cos(\theta_2+\theta_3) - d_4\sin(\theta_2+\theta_3) + a_2\cos\theta_2 \quad (5\text{-}47)$$

将式（5-42）与式（5-47）平方后相加，得到

$$a_3\cos\theta_3 - d_4\sin\theta_3 = K \quad (5\text{-}48)$$

式中

$$K = \frac{p_x^2 + p_y^2 + p_z^2 - a_2^2 - a_3^2 - d_3^2 - d_4^2}{2a_2} \quad (5\text{-}49)$$

由式（5-48）可求解得到

$$\theta_3 = \arctan2(a_3, d_4) - \arctan2(K, \pm\sqrt{a_3^2+d_4^2-K^2}) \quad (5\text{-}50)$$

对应（5-50）中的符号，θ_3 有两组解。

整理式（5-39），将与 θ_2 有关的部分移到等式左侧，将已知量移到等式右侧，得到

$$[{}^0_3T(\theta_2)]^{-1}\,{}^0_6T = {}^3_4T(\theta_4)\,{}^4_5T(\theta_5)\,{}^5_6T(\theta_6) \quad (5\text{-}51)$$

即

$$\begin{bmatrix} \cos\theta_1\cos(\theta_2+\theta_3) & \sin\theta_1\cos(\theta_2+\theta_3) & -\sin(\theta_2+\theta_3) & -a_2\cos\theta_3 \\ -\cos\theta_1\sin(\theta_2+\theta_3) & -\sin\theta_1\sin(\theta_2+\theta_3) & -\cos(\theta_2+\theta_3) & a_2\sin\theta_3 \\ -\sin\theta_1 & \cos\theta_1 & 0 & -d_3 \\ 0 & 0 & 0 & 1 \end{bmatrix} \begin{bmatrix} r_{11} & r_{12} & r_{13} & p_x \\ r_{21} & r_{22} & r_{23} & p_y \\ r_{31} & r_{32} & r_{33} & p_z \\ 0 & 0 & 0 & 1 \end{bmatrix} = {}^3_6T$$

$$(5\text{-}52)$$

式中，${}^3_6T$ 由第 4 章 4.3.5 节的式（4-7）给出。令式（5-52）等式两边矩阵的（1,4）和（2,4）元素对应相等，有

$$\begin{cases} \cos\theta_1\cos(\theta_2+\theta_3)p_x + \sin\theta_1\cos(\theta_2+\theta_3)p_y - \sin(\theta_2+\theta_3)p_z - a_2\cos\theta_3 = a_3 \\ -\cos\theta_1\sin(\theta_2+\theta_3)p_x - \sin\theta_1\sin(\theta_2+\theta_3)p_y - \cos(\theta_2+\theta_3)p_z + a_2\sin\theta_3 = d_4 \end{cases} \quad (5\text{-}53)$$

解出 $\sin(\theta_2+\theta_3)$ 和 $\cos(\theta_2+\theta_3)$，结果为

$$\begin{cases}\sin(\theta_2+\theta_3)=\dfrac{(-a_3-a_2\cos\theta_3)p_z+(\cos\theta_1 p_x+\sin\theta_1 p_y)(a_2\sin\theta_3-d_4)}{p_z^2+(\cos\theta_1 p_x+\sin\theta_1 p_y)^2}\\[2mm]\cos(\theta_2+\theta_3)=\dfrac{(a_2\sin\theta_3-d_4)p_z-(a_3+a_2\cos\theta_3)(\cos\theta_1 p_x+\sin\theta_1 p_y)}{p_z^2+(\cos\theta_1 p_x+\sin\theta_1 p_y)^2}\end{cases} \quad (5\text{-}54)$$

解得 θ_2 与 θ_3 的和为

$$\begin{aligned}\theta_{23}=\arctan2[\,&(-a_3-a_2\cos\theta_3)p_z-(\cos\theta_1 p_x+\sin\theta_1 p_y)(d_4-a_2\sin\theta_3),\\&(a_2\sin\theta_3-d_4)p_z-(a_3+a_2\cos\theta_3)(\cos\theta_1 p_x+\sin\theta_1 p_y)\,]\end{aligned} \quad (5\text{-}55)$$

则有

$$\theta_2=\theta_{23}-\theta_3 \quad (5\text{-}56)$$

因此，固定 θ_1 和 θ_3 时，θ_2 仅有一组解。

现在，式（5-52）的等式左边均为已知量，令式（5-52）等式两边矩阵的 (1,3) 和 (3,3) 元素对应相等，有

$$\begin{cases}r_{13}\cos\theta_1\cos(\theta_2+\theta_3)+r_{23}\sin\theta_1\cos(\theta_2+\theta_3)-r_{33}\sin(\theta_2+\theta_3)=-\cos\theta_4\sin\theta_5\\-r_{13}\sin\theta_1+r_{23}\cos\theta_1=\sin\theta_4\sin\theta_5\end{cases} \quad (5\text{-}57)$$

当 $\sin\theta_5\ne 0$，可求解出 θ_4，即

$$\begin{aligned}\theta_4=\arctan2[\,&-r_{13}\sin\theta_1+r_{23}\cos\theta_1,\,-r_{13}\cos\theta_1\cos(\theta_2+\theta_3)-r_{23}\sin\theta_1\cos(\theta_2+\theta_3)+\\&r_{33}\sin(\theta_2+\theta_3)\,]\end{aligned} \quad (5\text{-}58)$$

因此，固定 θ_1 和 θ_{23} 时，θ_4 仅有一组解。

当 $\sin\theta_5=0$ 时，关节轴 4 和关节轴 6 共线，此时机器人处于奇异位形，θ_4 和 θ_6 的变化将在机器人末端造成相同的运动，此时逆解中包含 θ_4 与 θ_6 的和或差。这种情况可以通过检查式（5-58）中 atan2 函数的两个输入是否都接近零来判断，如果是，则可任意选取 θ_4，并相应地确定 θ_6。

整理式（5-39），将与 θ_4 有关的项置于等式左侧，即

$$[{}_4^0\boldsymbol{T}(\theta_4)]^{-1}{}_6^0\boldsymbol{T}={}_5^4\boldsymbol{T}(\theta_5){}_6^5\boldsymbol{T}(\theta_6) \quad (5\text{-}59)$$

式中

$$[{}_4^0\boldsymbol{T}(\theta_4)]^{-1}=\begin{bmatrix}c_1c_{23}c_4+s_1s_4 & s_1c_{23}c_4-c_1s_4 & -s_{23}c_4 & -a_2c_3c_4+d_3s_4-a_3c_4\\-c_1c_{23}s_4+s_1c_4 & -s_1c_{23}s_4-c_1c_4 & s_{23}s_4 & a_2c_3s_4+d_3c_4+a_3s_4\\-c_1s_{23} & -s_1s_{23} & -c_{23} & a_2s_3-d_4\\0 & 0 & 0 & 1\end{bmatrix} \quad (5\text{-}60)$$

式中，c_1 为 $\cos\theta_1$，s_1 为 $\sin\theta_1$，c_3 为 $\cos\theta_3$，s_3 为 $\sin\theta_3$，c_4 为 $\cos\theta_4$，s_4 为 $\sin\theta_4$，c_{23} 为 $\cos(\theta_2+\theta_3)$，s_{23} 为 $\sin(\theta_2+\theta_3)$。

$_6^4T$ 由第 4 章 4.3.5 节的式（4-6）给出。令式（5-59）等式两边矩阵的 (1,3) 和 (3,3) 元素对应相等，有

$$\begin{cases} r_{13}\left[\cos\theta_1\cos(\theta_2+\theta_3)\cos\theta_4+\sin\theta_1\sin\theta_4\right]+r_{23}\left[\sin\theta_1\cos(\theta_2+\theta_3)\cos\theta_4-\cos\theta_1\sin\theta_4\right]- \\ \quad r_{33}\sin(\theta_2+\theta_3)\cos\theta_4 = -\sin\theta_5 \\ r_{13}\left[-\cos\theta_1\sin(\theta_2+\theta_3)\right]+r_{23}\left[-\sin\theta_1\sin(\theta_2+\theta_3)\right]+r_{33}\left[-\cos(\theta_2+\theta_3)\right]=\cos\theta_5 \end{cases}$$

(5-61)

由式（5-61）可以解出 θ_5，即

$$\theta_5 = \arctan2(\sin\theta_5,\cos\theta_5) \tag{5-62}$$

式中，$\sin\theta_5$ 和 $\cos\theta_5$ 由式（5-61）给出。固定 θ_1、θ_{23} 和 θ_4 时，θ_5 仅有一组解。

重复上述方法，可以计算出 $_5^0T^{-1}$，并将式（5-39）表达为式（5-63）的形式。

$$_5^0T^{-1}\,_6^0T = _6^5T(\theta_6) \tag{5-63}$$

令式（5-63）等式两边矩阵的 (1,1) 和 (3,1) 元素对应相等，得到

$$\theta_6 = \arctan2(\sin\theta_6,\cos\theta_6) \tag{5-64}$$

式中

$$\begin{cases} \sin\theta_6 = -r_{11}\left[\cos\theta_1\cos(\theta_2+\theta_3)\sin\theta_4-\sin\theta_1\cos\theta_4\right]-r_{21}\left[\sin\theta_1\cos(\theta_2+\theta_3)\sin\theta_4+\right. \\ \left.\quad \cos\theta_1\cos\theta_4\right]+r_{31}\sin(\theta_2+\theta_3)\sin\theta_4 \\ \cos\theta_6 = r_{11}\{\left[\cos\theta_1\cos(\theta_2+\theta_3)\cos\theta_4+\sin\theta_1\sin\theta_4\right]\cos\theta_5-\cos\theta_1\sin(\theta_2+\theta_3)\sin\theta_5\}+ \\ \quad r_{21}\{\left[\sin\theta_1\cos(\theta_2+\theta_3)\cos\theta_4-\cos\theta_1\sin\theta_4\right]\cos\theta_5-\sin\theta_1\sin(\theta_2+\theta_3)\sin\theta_5\}- \\ \quad r_{31}\left[\sin(\theta_2+\theta_3)\cos\theta_4\cos\theta_5+\cos(\theta_2+\theta_3)\sin\theta_5\right] \end{cases}$$

(5-65)

固定 θ_1、θ_{23}、θ_4 和 θ_5 时，θ_6 仅有一组解。

由上述讨论可知，PUMA560 机器人共有 8 组逆解，由于关节运动范围的限制，需要将其中的一些解舍去，在余下的有效解中选取一组解。

从几何上看，对于同一个目标位姿，PUMA560 机器人只需"翻转"腕关节，即可从一组关节角 θ_4、θ_5、θ_6 切换到另一组关节角 θ_4'、θ_5'、θ_6'，即

$$\begin{cases} \theta_4' = \theta_4 + 180° \\ \theta_5' = -\theta_5 \\ \theta_6' = \theta_6 + 180° \end{cases} \tag{5-66}$$

这种求逆解的方法主要是通过矩阵相等关系建立方程，对于连杆参数中非零参数较多的机器人，此方法的运算量较大。

5.2.5 机器人运动学逆解的实际应用

在实际应用中，常出现以下场景：有一工作台，其上有一个目标物体，工

作台附近安装了一台带有夹爪的机械臂,希望通过机械臂末端的夹爪抓取目标物体,如图 5-12 所示。

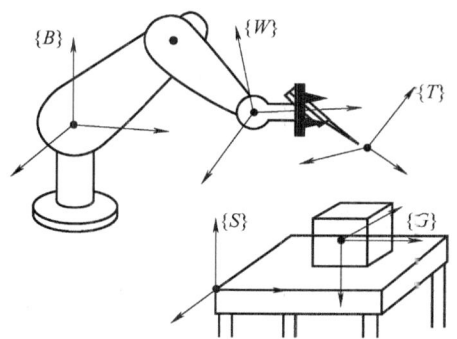

图 5-12 机器人抓取目标物体的场景

为了描述这一问题,首先需要建立若干坐标系:

在工作台上建立固定坐标系 $\{S\}$,在机器人底座上建立基坐标系 $\{B\}$,并确定 $\{B\}$ 到 $\{S\}$ 的齐次变换矩阵 $^S_B T$。假设目标物体框对于工作台是静止的,则 $^S_B T$ 是一个静态变换,且它与机械臂的关节变量无关。此处我们以固定坐标系 $\{S\}$ 为基准坐标系。

在机械臂上建立连杆坐标系,其中末端(腕部)坐标系为 $\{W\}$,此外,还要在工具(如夹爪)上建立工具坐标系 $\{T\}$,并确定 $\{T\}$ 到 $\{W\}$ 的齐次变换矩阵 $^W_T T$。一般来说,$^W_T T$ 是一个静态变换,它与机械臂的关节变量无关,确定 $^W_T T$ 的过程称为工具坐标系的标定。

于是,要实现目标物体的抓取,只需控制机械臂,使机械臂工具坐标系 $\{T\}$ 与目标坐标系 $\{G\}$ 重合,如图 5-13 所示。因此,抓取问题可描述为:

已知目标物体相对于工作台的位姿 $^S_G T$,求机械臂的关节变量,使机械臂工具坐标系相对于工作台的位姿 $^S_T T$ 与 $^S_G T$ 重合,根据坐标系变换关系,有

$$^B_W T = ^B_S T \, ^S_T T \, ^T_W T = ^B_S T \, ^S_G T \, ^T_W T \tag{5-67}$$

注意到,$^S_G T$、$^S_B T$、$^T_W T$ 与关节变量无关,均为常矩阵,因此等式右边为常矩阵,则此问题刚好就是本章讨论的逆运动学问题。假设机械臂的初始关节变量为 q_0,通过逆运动学模型可计算出所需的关节变量 q_1,如何使关节变量由 q_0 变化到 q_1?

显然,我们不能"一步到位"地使 q_0 瞬间跳变到 q_1,这是因为机器人的各关节一般由电动机驱动,电动机的转动是近似连续的。因此自然地想到,可

以在 q_0 和 q_1 之间加入若干个中间状态，使关节角从初始状态逐渐过渡到目标状态，这就涉及"轨迹规划"问题，我们将在第 7 章详细讨论。

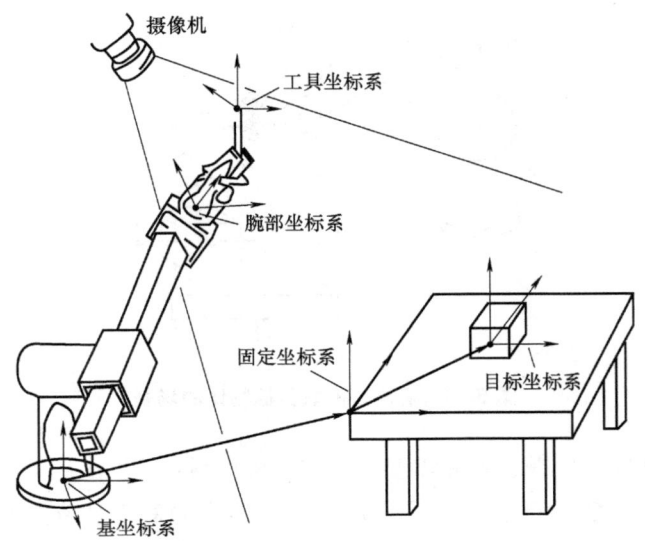

图 5-13　机器人抓取目标物体场景中的坐标系

5.2.6　基于 Robotics Toolbox 的机器人逆运动学

机器人逆运动学求解方法一般分为两类：封闭解和数值解。Robotics Toolbox 分别采用 ikine6s( ) 函数和 ikine( ) 函数进行逆运动学求解。

1. 逆运动学的封闭解

对于 6 自由度机器人，若其满足 Pieper 准则，即末端三个关节的轴线相交于一点，则机器人存在逆运动学封闭解，且末端三个关节的运动只改变末端执行器的姿态，而不改变其位置。这种机构被称为球腕机构，几乎所有的工业机器人都具有这样的腕关节。对于关节数量为 6，且腕部三个旋转关节的轴线相交于一点的机器人，可以用 ikine6s( ) 函数来求这类机器人的逆运动学解。

其调用格式为：

```
qi = robot.ikine6s(T);
```

其中，参数 robot 为通过 SerialLink( ) 函数创建的机器人类对象的名称；参数 T 为末端位姿矩阵。

例 5-4：调用 PUMA560 机器人，用 ikine6s( ) 函数来求解逆解。

解：程序代码如下：

```
%% ex5_4.m
   clear,clc,close all
%  调用PUMA560机器人
   mdl_puma560;
   q=[0 -pi/4 -pi/4 0 pi/8 0];
   T=p560.fkine(q);
   qi=p560.ikine6s(T)
```

运行结果如下：

qi =

  2.7400 -3.0950 -0.7854 2.7547 1.2768 0.2787

注意到，输出 qi 与输入 q 不一致，这是由于逆运动学存在多解。实际上，ikine6s( )函数可以通过不同的配置来得到不同的解，调用格式为：

$$qi = robot.ikine6s(T,config);$$

其中，参数 config 为采用不同的字符标志来得到机器人不同状态的逆解，如参数 'l' 代表左手；参数 'r' 代表右手；参数 'u' 代表肘部在上；参数 'd' 代表肘部在下；参数 'f' 代表手部翻转；参数 'n' 代表手部不翻转。

例 5-5：对于 PUMA560 机器人，给定一个末端位姿，求左手、肘部在上、手部不翻转状态的运动学逆解。

解：程序代码如下：

```
%% ex5_5.m
   clear,clc,close all
%  调用PUMA560机器人
   mdl_puma560;
   q=[0 -pi/4 -pi/4 0 pi/8 0];
   T=p560.fkine(q);
   qi=p560.ikine6s(T,'l','u','n')
   p560.plot(qi)
```

运行结果如下：

qi =

  2.7400 -3.0950 -0.7854 2.7547 1.2768 0.2787

PUMA560 机器人左手、肘部在上、手部不翻转姿态逆解如图 5-14 所示。

2. 逆运动学的数值解

使用 ikine( )函数可计算运动学逆解。它适用于各种关节数目的机械臂，

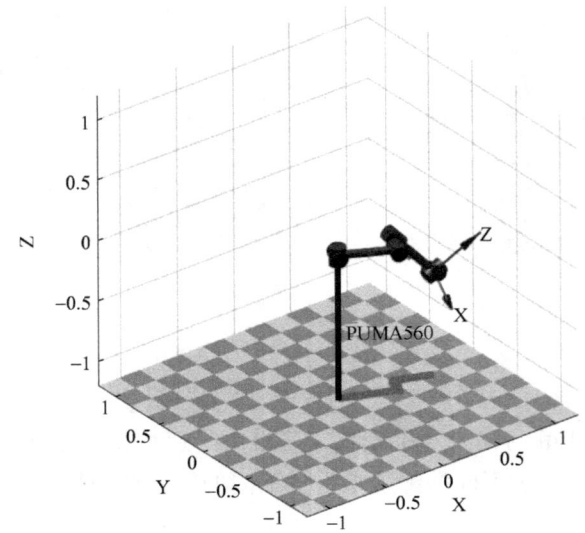

图 5-14 PUMA560 机器人左手、肘部在上、手部不翻转姿态逆解

可以通过设定初始的关节角对机械臂运动学配置进行隐式控制,其形式为:

$$qi=robot.ikine(T);$$

其中,参数 robot 为通过 SerialLink( )函数创建的机器人类对象的名称;参数 T 为末端位姿矩阵。

例 5-6:调用 PUMA560 机器人,设置关节角,计算正向运动学结果,并将正向运动学的解代入到 ikine( )函数中,计算逆向运动学数值解。

解:程序代码如下:

```
%% ex5_6.m
clear,clc,close all
mdl_puma560;
q=[0  -pi/4  -pi/4  0  pi/8  0];
T=p560.fkine(q);
qi=p560.ikine(T)
```

运行结果如下:

qi =

　　-0.0000　-0.7854　-0.7854　-0.0000　0.3927　0.0000

3. 欠驱动机械臂的逆运动学

欠驱动机械臂是一类具有非完全约束的机械系统,即可通过少维数控制输入实现高维数机器人位形空间的运动控制。自由度数目少于 6 的机械臂,其末端执行器可以达到的位姿是受限制的。

例 5-7：创建一个平面两连杆机械臂，命名为 two_link，然后给定一个末端位姿，求运动学逆解。

解：程序代码如下：

```
%% ex5_7.m
clear,clc,close all
%采用标准D-H法建立机器人坐标系
L(1)=Link([0 0 1 0 0],'standard');
L(2)=Link([0 0 1 0 0],'standard');
two_link=SerialLink(L,'name','two_link');
T=transl(0.4,0.5,0.6);
q=two_link.ikine(T,[0 0],[1 1 0 0 0 0])
TT=two_link.fkine(q)
```

我们给定的位姿矩阵 T 是过约束的，因为机器人做平面运动，其末端位置的 Z 坐标始终为零，但我们仍希望机器人末端可以跟踪给定的 X、Y 坐标，此时可使用带有"遮盖向量"的 ikine() 函数，其调用格式为：

$$qi=robot.ikine(T,q0,mask);$$

其中，参数 robot 为通过 SerialLink() 函数创建的机器人类对象的名称；参数 T 为末端位姿矩阵；参数 q0 为初始关节变量；参数 mask 为遮盖向量，它是一个六维向量，其 6 个分量分别对应于机器人末端坐标系的 3 个平动自由度和 3 个转动自由度 tx、ty、tz、rx、ry、rz。若机器人末端运动的自由度受限，则遮盖向量的对应分量应填入 0，否则填入 1，遮盖向量中非零分量的个数应与机器人的自由度数相等。

在本例中，只考虑末端坐标系在 X、Y 方向上的平动自由度，因此将前两个分量置"1"，其他分量置"0"，[0 0] 为求解的初始值，得到的关节角度值对应其个末端位姿。运行结果如下：

```
q =
    -0.3488         2.4898
TT =
    -0.5398   -0.8418        0    0.4000
     0.8418   -0.5398        0    0.5000
          0         0    1.0000        0
          0         0         0    1.0000
```

其中，末端在 X、Y 方向的平移量与期望值一致。

5.3 雅可比矩阵

对于一般的 n 自由度机械臂，其运动学逆解的解析解难以求得，而数值解的求解效率较低，难以应对实际需求。以机械臂末端的纠偏问题为例，当机械臂末端位姿与期望位姿有一定偏差时，在实际工程中可利用"微分变换"方法实现纠偏，在机器人末端执行器前一杆件上安装视觉传感器，测量位置信息并处理后，控制末端执行器产生一定的微分运动，使末端执行器的位姿达到期望值，从而保证机器人的工作精度。微分变换法的关键就是雅可比矩阵，下面进行具体介绍。例 5-8 较为直观地展示了雅可比矩阵的概念及作用。

例 5-8：如图 5-15 所示，为一个"RR"平面机械臂，杆长分别是 l_1 和 l_2，杆 2 的端点为 M，关节变量为 θ_1 和 θ_2，试求点 M 的线速度与关节速度的关系。

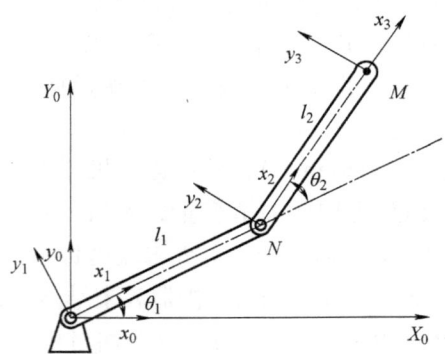

图 5-15 "RR" 平面机械臂

解：机器人的齐次变换矩阵为

$$_1^0T = \begin{bmatrix} \cos\theta_1 & -\sin\theta_1 & 0 & 0 \\ \sin\theta_1 & \cos\theta_1 & 0 & 0 \\ 0 & 0 & 1 & 0 \\ 0 & 0 & 0 & 1 \end{bmatrix}, \quad _2^1T = \begin{bmatrix} \cos\theta_2 & -\sin\theta_2 & 0 & l_1 \\ \sin\theta_2 & \cos\theta_2 & 0 & 0 \\ 0 & 0 & 1 & 0 \\ 0 & 0 & 0 & 1 \end{bmatrix}$$

$$_2^0T = {_1^0T}\,{_2^1T} = \begin{bmatrix} \cos(\theta_1+\theta_2) & -\sin(\theta_1+\theta_2) & 0 & l_1\cos\theta_1 \\ \sin(\theta_1+\theta_2) & \cos(\theta_1+\theta_2) & 0 & l_1\sin\theta_1 \\ 0 & 0 & 1 & 0 \\ 0 & 0 & 0 & 1 \end{bmatrix}$$

点 M 在 $\{2\}$ 坐标系下的坐标为 $(l_2,0,0)$，则其在 $\{0\}$ 坐标系下的坐

标为

$$\begin{bmatrix} x_M \\ y_M \\ 0 \\ 1 \end{bmatrix} = {}_2^0\boldsymbol{T} \begin{bmatrix} l_2 \\ 0 \\ 0 \\ 1 \end{bmatrix}$$

则有

$$\begin{cases} x_M = l_1\cos\theta_1 + l_2\cos(\theta_1+\theta_2) \\ y_M = l_1\sin\theta_1 + l_2\sin(\theta_1+\theta_2) \end{cases}$$

将两式分别对时间求导，有

$$\begin{cases} \dot{x}_M = -l_1\sin\theta_1\dot{\theta}_1 - l_2\sin(\theta_1+\theta_2)\dot{\theta}_1 - l_2\sin(\theta_1+\theta_2)\dot{\theta}_2 \\ \dot{y}_M = l_1\cos\theta_1\dot{\theta}_1 + l_2\cos(\theta_1+\theta_2)\dot{\theta}_1 + l_2\cos(\theta_1+\theta_2)\dot{\theta}_2 \end{cases}$$

整理得

$$\begin{bmatrix} \dot{x}_M \\ \dot{y}_M \end{bmatrix} = \begin{bmatrix} -l_1\sin\theta_1 - l_2\sin(\theta_1+\theta_2) & -l_2\sin(\theta_1-\theta_2) \\ l_1\cos\theta_1 + l_2\cos(\theta_1+\theta_2) & l_2\cos(\theta_1+\theta_2) \end{bmatrix} \begin{bmatrix} \dot{\theta}_1 \\ \dot{\theta}_2 \end{bmatrix}$$

上式给出了点 M 的坐标 x 的导数与关节变量 q 的导数之间的关系，它们通过一个矩阵联系起来，此矩阵就是机器人的雅可比矩阵 $\boldsymbol{J}$，即

$$\dot{\boldsymbol{x}} = \boldsymbol{J}(\boldsymbol{q})\dot{\boldsymbol{q}} \tag{5-68}$$

雅可比矩阵是机器人关节速度到机器人末端速度的广义传动比，它是关节变量 q 的函数。n 自由度机器人的雅可比矩阵 $\boldsymbol{J}$ 由式（5-69）定义。

$$\begin{bmatrix} \boldsymbol{v} \\ \boldsymbol{\omega} \end{bmatrix} = \begin{bmatrix} \boldsymbol{J}_{L1} & \boldsymbol{J}_{L2} & \cdots & \boldsymbol{J}_{Ln} \\ \boldsymbol{J}_{A1} & \boldsymbol{J}_{A2} & \cdots & \boldsymbol{J}_{An} \end{bmatrix} \begin{bmatrix} \dot{q}_1 \\ \dot{q}_2 \\ \vdots \\ \dot{q}_n \end{bmatrix} = \boldsymbol{J}\dot{\boldsymbol{q}} \tag{5-69}$$

式中，$\boldsymbol{v}$ 和 $\boldsymbol{\omega}$ 分别为机器人末端坐标系相对于基坐标系 $\{0\}$ 的速度和角速度，它们均为 3×1 向量；$\boldsymbol{J}_{Li}$ 为线速度的传动比，$\boldsymbol{J}_{Ai}$ 为角速度的传动比，它们也均为 3×1 向量。当机器人的自由度数为 6 时，雅可比矩阵是一个方阵。

末端的线速度 $\boldsymbol{v}$ 和角速度 $\boldsymbol{\omega}$ 可表示为

$$\begin{cases} \boldsymbol{v} = \boldsymbol{J}_{L1}\dot{q}_1 + \boldsymbol{J}_{L2}\dot{q}_2 + \cdots + \boldsymbol{J}_{Ln}\dot{q}_n \\ \boldsymbol{\omega} = \boldsymbol{J}_{A1}\dot{q}_1 + \boldsymbol{J}_{A2}\dot{q}_2 + \cdots + \boldsymbol{J}_{An}\dot{q}_n \end{cases} \tag{5-70}$$

于是，末端的微分移动矢量 $\boldsymbol{d}$ 和微分转动矢量 $\boldsymbol{\delta}$ 与各关节变量的微分 $\mathrm{d}q$ 之间的关系为

$$\begin{cases} \boldsymbol{d} = \boldsymbol{J}_{L1}\mathrm{d}q_1 + \boldsymbol{J}_{L2}\mathrm{d}q_2 + \cdots + \boldsymbol{J}_{Ln}\mathrm{d}q_n \\ \boldsymbol{\delta} = \boldsymbol{J}_{A1}\mathrm{d}q_1 + \boldsymbol{J}_{A2}\mathrm{d}q_2 + \cdots + \boldsymbol{J}_{An}\mathrm{d}q_n \end{cases} \quad (5\text{-}71)$$

实际上，通过机器人的正运动学，可将末端位姿表达为关节变量的函数，即 $x = x(q)$，雅可比矩阵就是末端位姿对关节变量的导数。常用的雅可比矩阵有"末端相对于基坐标系的雅可比矩阵"和"末端相对于当前坐标系的雅可比矩阵"，它们的区别在于，前者的末端位姿是相对于基坐标系的，而后者的末端位姿是相对于当前坐标系的。

下面给出雅可比矩阵的计算方法：矢量积法和微分变换法。

5.3.1 雅可比矩阵的矢量积法

根据矢量力学原理，可通过矢量积法求解机器人末端相对于基坐标系的雅可比矩阵。假设机器人末端相对于基坐标系的线速度和角速度分别为 $\boldsymbol{v}$ 和 $\boldsymbol{\omega}$，则末端线速度和角速度可看作各关节线速度和角速度的叠加，具体来说，每个关节对应于雅可比矩阵的一列，可按关节类型逐列求解雅可比矩阵。

若关节 i 为移动关节，则它仅在末端产生沿坐标系 $\{i\}$ 的 Z 轴方向的移动，则有

$$\begin{bmatrix} \boldsymbol{v}_i \\ \boldsymbol{\omega}_i \end{bmatrix} = \begin{bmatrix} \boldsymbol{Z}_i \\ \boldsymbol{0} \end{bmatrix} \dot{q}_i \quad (5\text{-}72)$$

式中，$\boldsymbol{Z}_i$ 是坐标系 $\{i\}$ 的 Z 轴方向单位向量在基坐标系 $\{0\}$ 下的坐标，于是雅可比矩阵的第 i 列为

$$\boldsymbol{J}_i = \begin{bmatrix} \boldsymbol{Z}_i \\ \boldsymbol{0} \end{bmatrix} \quad (5\text{-}73)$$

若关节 j 为转动关节，则该关节转动时，将在末端同时产生转动和移动。关节 j 的转动在末端产生的角速度为

$$\boldsymbol{\omega}_j = \boldsymbol{Z}_j \dot{q}_j \quad (5\text{-}74)$$

关节 j 的转动在末端产生的线速度为

$$\boldsymbol{v}_j = (\boldsymbol{Z}_j \times {}^0\boldsymbol{P}_j^n) \dot{q}_j \quad (5\text{-}75)$$

式中，${}^0\boldsymbol{P}_j^n$ 为由坐标系 $\{j\}$ 的原点到末端坐标系 $\{n\}$ 的原点的矢量在 $\{0\}$ 坐标系下的坐标，有

$${}^0\boldsymbol{P}_j^n = {}^0_j\boldsymbol{R}\,{}^j\boldsymbol{P}_j^n \quad (5\text{-}76)$$

则雅可比矩阵的第 j 列为

$$\boldsymbol{J}_j = \begin{bmatrix} \boldsymbol{Z}_j \times {}^0\boldsymbol{P}_j^n \\ \boldsymbol{Z}_j \end{bmatrix} = \begin{bmatrix} \boldsymbol{Z}_j \times ({}^0_j\boldsymbol{R}\,{}^j\boldsymbol{P}_j^n) \\ \boldsymbol{Z}_j \end{bmatrix} \quad (5\text{-}77)$$

需要注意的是,矢量积法求得的雅可比矩阵是相对于基坐标系的,机器人末端的线速度和角速度也都是相对于基坐标系的。

例 5-9:用矢量积法计算例 5-8 中"RR"平面机械臂相对于基坐标系的雅可比矩阵。

解:建立"RR"平面机械臂的连杆坐标系,如图 5-16 所示。

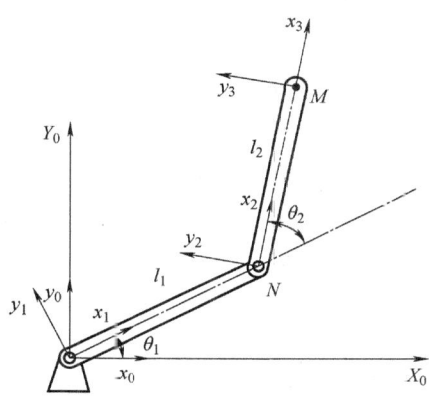

图 5-16 "RR"平面机械臂的连杆坐标系

在例 5-8 中已计算出 $_1^0T$、$_2^1T$、$_2^0T$,则有

$$_3^2T = \begin{bmatrix} 0 & 0 & 0 & l_2 \\ 0 & 0 & 0 & 0 \\ 0 & 0 & 1 & 0 \\ 0 & 0 & 0 & 1 \end{bmatrix}, \quad _3^0T = _2^0T\,_3^2T = \begin{bmatrix} \cos(\theta_1+\theta_2) & -\sin(\theta_1+\theta_2) & 0 & l_2\cos(\theta_1+\theta_2)+l_1\cos\theta_1 \\ \sin(\theta_1+\theta_2) & \cos(\theta_1+\theta_2) & 0 & l_2\sin(\theta_1+\theta_2)+l_1\sin\theta_1 \\ 0 & 0 & 1 & 0 \\ 0 & 0 & 0 & 1 \end{bmatrix}$$

由于机器人的两个关节均为旋转关节,由式(5-77)可得

$$\boldsymbol{J}_1 = \begin{bmatrix} \boldsymbol{Z}_1 \times {}_1^0\boldsymbol{R}\,{}^1\boldsymbol{P}_1^M \\ \boldsymbol{Z}_1 \end{bmatrix}, \quad \boldsymbol{J}_2 = \begin{bmatrix} \boldsymbol{Z}_2 \times {}_2^0\boldsymbol{R}\,{}^2\boldsymbol{P}_2^M \\ \boldsymbol{Z}_2 \end{bmatrix}$$

计算得到

$$\begin{cases} \boldsymbol{J}_1 = \begin{bmatrix} -l_2\sin(\theta_1+\theta_2)-l_1\sin\theta_1 & l_2\cos(\theta_1+\theta_2)+l_1\cos\theta_1 & 0 & 0 & 0 & 1 \end{bmatrix}^T \\ \boldsymbol{J}_2 = \begin{bmatrix} -l_2\sin(\theta_1+\theta_2) & l_2\cos(\theta_1+\theta_2) & 0 & 0 & 0 & 1 \end{bmatrix}^T \\ \boldsymbol{J} = \begin{bmatrix} \boldsymbol{J}_1 & \boldsymbol{J}_2 \end{bmatrix} \end{cases}$$

对于平面运动的机器人,v_z、ω_x、ω_y 始终为零。如果不考虑方向,则位置分量的雅可比矩阵(2×2)可以通过只考虑前两行得出,即

$$\boldsymbol{J} = \begin{bmatrix} -l_2\sin(\theta_1+\theta_2)-l_1\sin\theta_1 & -l_2\sin(\theta_1+\theta_2) \\ l_2\cos(\theta_1-\theta_2)+l_1\cos\theta_1 & l_2\cos(\theta_1-\theta_2) \end{bmatrix}$$

5.3.2 微分变换原理

根据微分变换原理，可计算某一空间点相对于末端坐标系的雅可比矩阵，首先给出微分变换的相关理论。

1. 绕坐标轴的微分旋转变换

绕 X 轴旋转 θ 弧度的旋转变换为

$$\mathbf{rot}(X,\theta) = \begin{bmatrix} 1 & 0 & 0 & 0 \\ 0 & \cos\theta & -\sin\theta & 0 \\ 0 & \sin\theta & \cos\theta & 0 \\ 0 & 0 & 0 & 1 \end{bmatrix} \tag{5-78}$$

若令式（5-78）中的 θ 为无穷小量 δ_x，则有 $\cos\delta_x \approx 1$，$\sin\delta_x \approx \delta_x$，代入式（5-78），得到绕 X 轴的微分旋转变换，即

$$\mathbf{rot}(X,\delta_x) = \begin{bmatrix} 1 & 0 & 0 & 0 \\ 0 & 1 & -\delta_x & 0 \\ 0 & \delta_x & 1 & 0 \\ 0 & 0 & 0 & 1 \end{bmatrix} \tag{5-79}$$

同理，绕 Y 轴的微分旋转变换为

$$\mathbf{rot}(Y,\delta_y) = \begin{bmatrix} 1 & 0 & \delta_y & 0 \\ 0 & 1 & 0 & 0 \\ -\delta_y & 0 & 1 & 0 \\ 0 & 0 & 0 & 1 \end{bmatrix} \tag{5-80}$$

联立式（5-79）和式（5-80），得到的先绕 Y 轴旋转 δ_y，再绕 X 轴旋转 δ_x 的微分旋转变换为

$$\mathbf{rot}(X,\delta_x)\mathbf{rot}(Y,\delta_y) = \begin{bmatrix} 1 & 0 & \delta_y & 0 \\ \delta_x\delta_y & 1 & -\delta_x & 0 \\ -\delta_y & \delta_x & 1 & 0 \\ 0 & 0 & 0 & 1 \end{bmatrix} \tag{5-81}$$

忽略二阶无穷小量 $\delta_x\delta_y$，则有

$$\mathbf{rot}(X,\delta_x)\mathbf{rot}(Y,\delta_y) = \begin{bmatrix} 1 & 0 & \delta_y & 0 \\ 0 & 1 & -\delta_x & 0 \\ -\delta_y & \delta_x & 1 & 0 \\ 0 & 0 & 0 & 1 \end{bmatrix} \tag{5-82}$$

类似地，先绕 X 轴旋转 δ_x，再绕 Y 轴旋转 δ_y 的微分旋转变换为

$$\mathbf{rot}(Y,\delta_y)\mathbf{rot}(X,\delta_x) = \begin{bmatrix} 1 & 0 & \delta_y & 0 \\ 0 & 1 & -\delta_x & 0 \\ -\delta_y & \delta_x & 1 & 0 \\ 0 & 0 & 0 & 1 \end{bmatrix} \qquad (5\text{-}83)$$

比较式（5-82）和式（5-83），有
$$\mathbf{rot}(Y,\delta_y)\mathbf{rot}(X,\delta_x) = \mathbf{rot}(X,\delta_x)\mathbf{rot}(Y,\delta_y) \qquad (5\text{-}84)$$
因此，绕 X 轴和 Y 轴的微分旋转变换可以交换次序。

一般地，绕 X、Y、Z 轴的微分旋转变换与次序无关，即
$$\begin{aligned}
\mathbf{rot}(X,\delta_x)\mathbf{rot}(Y,\delta_y)\mathbf{rot}(Z,\delta_z) &= \mathbf{rot}(Z,\delta_z)\mathbf{rot}(Y,\delta_y)\mathbf{rot}(X,\delta_x) \\
&= \mathbf{rot}(Y,\delta_y)\mathbf{rot}(Z,\delta_z)\mathbf{rot}(X,\delta_x) \\
&\vdots \\
&= \begin{bmatrix} 1 & -\delta_z & \delta_y & 0 \\ \delta_z & 1 & -\delta_x & 0 \\ -\delta_y & \delta_x & 1 & 0 \\ 0 & 0 & 0 & 1 \end{bmatrix}
\end{aligned} \qquad (5\text{-}85)$$

2. 绕任意轴转动的微分旋转变换

绕空间中任意轴 $\mathbf{k} = \begin{bmatrix} k_x & k_y & k_z \end{bmatrix}$ 转动的变换矩阵为

$$\mathbf{rot}(\mathbf{k},\theta) = \begin{bmatrix} k_x k_x \mathrm{versin}\theta + \cos\theta & k_x k_y \mathrm{versin}\theta - k_z \sin\theta & k_x k_z \mathrm{versin}\theta + k_y \sin\theta & 0 \\ k_y k_x \mathrm{versin}\theta + k_z \sin\theta & k_y k_y \mathrm{versin}\theta + \cos\theta & k_y k_z \mathrm{versin}\theta - k_x \sin\theta & 0 \\ k_z k_x \mathrm{versin}\theta - k_y \sin\theta & k_z k_y \mathrm{versin}\theta + k_x \sin\theta & k_z k_z \mathrm{versin}\theta + \cos\theta & 0 \\ 0 & 0 & 0 & 1 \end{bmatrix}$$
$$(5\text{-}86)$$

令 $\theta = \delta_\theta$，则 $\mathrm{versin}\delta_\theta = 1 - \cos\delta_\theta \approx 0$，$\cos\delta_\theta \approx 1$，$\sin\delta_\theta \approx \delta_\theta$，代入式（5-86），得到

$$\mathbf{rot}(\mathbf{k},\delta_\theta) = \begin{bmatrix} 1 & -k_z \delta_\theta & k_y \delta_\theta & 0 \\ k_z \delta_\theta & 1 & -k_x \delta_\theta & 0 \\ -k_y \delta_\theta & k_x \delta_\theta & 1 & 0 \\ 0 & 0 & 0 & 1 \end{bmatrix} \qquad (5\text{-}87)$$

比较式（5-85）与式（5-87）可知，只要令 $\delta_x = k_x \delta_\theta$、$\delta_y = k_y \delta_\theta$、$\delta_z = k_z \delta_\theta$，则绕 k 轴的微分变换 δ_θ 可表示为绕 X、Y、Z 轴的按任何次序进行的三个微分变换 δ_x、δ_y、δ_z 的复合。

3. 微分平移变换

微分平移变换为

$$\text{trans}(d_x, d_y, d_z) = \begin{bmatrix} 1 & 0 & 0 & d_x \\ 0 & 1 & 0 & d_y \\ 0 & 0 & 1 & d_z \\ 0 & 0 & 0 & 1 \end{bmatrix} \tag{5-88}$$

由于平移变换与次序无关，因此微分平移变换也与次序无关。

综上所述，一般的微分变换可表示为 $\text{d}T = \text{trans}(d)\text{rot}(k, \delta_\theta)$。

4. 变换微分

现假设有两个坐标系 $\{B\}$ 和 $\{A\}$，规定 $\{B\}$ 为基坐标系，$\{A\}$ 为当前坐标系，且 T 为 $\{A\}$ 到 $\{B\}$ 的齐次变换矩阵，考虑两种情况：

情况一：对 T 作用一个相对于基坐标系 $\{B\}$ 的微分变换 $\text{trans}(d)\text{rot}(k, \delta_\theta)$，即对矩阵 T 左乘微分变换的矩阵，其效果是先绕空间轴 k 旋转无穷小角度 δ_θ，再沿无穷小向量 d 做平移运动，记微分变换后的结果为 $T + \text{d}T$，其中 $\text{d}T$ 为微分变换作用前后的变换之差，即

$$T + \text{d}T = \text{trans}(d)\text{rot}(k, \delta_\theta)T \tag{5-89}$$

因此

$$\text{d}T = \text{trans}(d)\text{rot}(k, \delta_\theta)T - T = [\text{trans}(d)\text{rot}(k, \delta_\theta) - I_4]T \tag{5-90}$$

式中，I_4 为 4 阶单位矩阵。

式（5-90）给出了微分变换与原变换 T 的关系，称 $\text{d}T$ 为 T 对此微分变换的变换微分，简称 T 对此微分变换的微分，定义微分变换算子 $\nabla = [\text{trans}(d)\text{rot}(k, \delta_\theta) - I_4]$，则有

$$\nabla = \begin{bmatrix} 0 & -k_z\delta_\theta & k_y\delta_\theta & d_x \\ k_z\delta_\theta & 0 & -k_x\delta_\theta & d_y \\ -k_y\delta_\theta & k_x\delta_\theta & 0 & d_z \\ 0 & 0 & 0 & 0 \end{bmatrix} \tag{5-91}$$

将微分变换 $\text{rot}(k, \delta_\theta)$ 等效为绕 X、Y、Z 轴的三次微分变换的复合 $\text{rot}(\delta_x, \delta_y, \delta_z)$，则 ∇ 可表达为式（5-92）的形式。

$$\nabla = \begin{bmatrix} 0 & -\delta_z & \delta_y & d_x \\ \delta_z & 0 & -\delta_x & d_y \\ -\delta_y & \delta_x & 0 & d_z \\ 0 & 0 & 0 & 0 \end{bmatrix} \tag{5-92}$$

则有

$$\text{d}T = \nabla T \tag{5-93}$$

情况二：对 T 作用一个相对于当前坐标系 $\{A\}$ 的微分变换 $\text{trans}(^A d)$

$\text{rot}(^A\boldsymbol{k}, ^A\delta_\theta)$，即对矩阵 $\boldsymbol{T}$ 右乘微分变换的矩阵，有

$$\boldsymbol{T}+\mathrm{d}\boldsymbol{T}=\boldsymbol{T}[\text{trans}(^A\boldsymbol{d})\text{rot}(^A\boldsymbol{k}, ^A\delta_\theta)] \tag{5-94}$$

因此

$$\mathrm{d}\boldsymbol{T}=\boldsymbol{T}[\text{trans}(^A\boldsymbol{d})\text{rot}(^A\boldsymbol{k}, ^A\delta_\theta)-\boldsymbol{I}_4] \tag{5-95}$$

于是有

$$\mathrm{d}\boldsymbol{T}=\boldsymbol{T}\,^A\boldsymbol{\nabla} \tag{5-96}$$

式中，$^A\boldsymbol{\nabla}=[\text{trans}(^A\boldsymbol{d})\text{rot}(^A\boldsymbol{k}, ^A\delta_\theta)-\boldsymbol{I}_4]$ 为变换微分算子，有

$$^A\boldsymbol{\nabla}=\begin{bmatrix} 0 & -^A\delta_z & ^A\delta_y & ^A d_x \\ ^A\delta_z & 0 & -^A\delta_x & ^A d_y \\ -^A\delta_y & ^A\delta_x & 0 & ^A d_z \\ 0 & 0 & 0 & 0 \end{bmatrix} \tag{5-97}$$

情况一给出了相对于基坐标系的变换微分算子，情况二给出了相对于当前坐标系的变换微分算子，下面研究相对于不同坐标系的变换微分算子的关系。假定 $\boldsymbol{T}$ 对某微分变换 $\text{trans}(\boldsymbol{d})\text{rot}(\boldsymbol{k},\delta_\theta)$ 的微分为 $\mathrm{d}\boldsymbol{T}$，其相对于基坐标系的微分算子为 $\boldsymbol{\nabla}$，相对于当前坐标系 $\{i\}$ 的微分算子为 $^A\boldsymbol{\nabla}$，令式（5-93）和式（5-96）相等，有

$$\mathrm{d}\boldsymbol{T}=\boldsymbol{\nabla}\boldsymbol{T}=\boldsymbol{T}\,^A\boldsymbol{\nabla} \tag{5-98}$$

若 $\boldsymbol{T}$ 可逆，则有

$$^A\boldsymbol{\nabla}=\boldsymbol{T}^{-1}\boldsymbol{\nabla}\boldsymbol{T} \tag{5-99}$$

将无穷小平移量和旋转角度表示为分量形式，即

$$\begin{cases} \boldsymbol{d}=\begin{bmatrix} d_x & d_y & d_z \end{bmatrix}^\mathrm{T} \\ \boldsymbol{\delta}=\begin{bmatrix} \delta_x & \delta_y & \delta_z \end{bmatrix}^\mathrm{T} \end{cases} \tag{5-100}$$

设

$$\boldsymbol{T}=\begin{bmatrix} n_x & o_x & a_x & p_x \\ n_y & o_y & a_y & p_y \\ n_z & o_z & a_z & p_z \\ 0 & 0 & 0 & 1 \end{bmatrix} \tag{5-101}$$

则有

$$\boldsymbol{\nabla}\boldsymbol{T}=\begin{bmatrix} 0 & -\delta_z & \delta_y & d_x \\ \delta_z & 0 & -\delta_x & d_y \\ -\delta_y & \delta_x & 0 & d_z \\ 0 & 0 & 0 & 1 \end{bmatrix}\begin{bmatrix} n_x & o_x & a_x & p_x \\ n_y & o_y & a_y & p_y \\ n_z & o_z & a_z & p_z \\ 0 & 0 & 0 & 1 \end{bmatrix}$$

$$= \begin{bmatrix} (\delta \times n)_x & (\delta \times o)_x & (\delta \times a)_x & [(\delta \times p)+d]_x \\ (\delta \times n)_y & (\delta \times o)_y & (\delta \times a)_y & [(\delta \times p)+d]_y \\ (\delta \times n)_z & (\delta \times o)_z & (\delta \times a)_z & [(\delta \times p)+d]_z \\ 0 & 0 & 0 & 1 \end{bmatrix} \quad (5\text{-}102)$$

因此

$${}^A\nabla = T^{-1}\nabla T$$

$$= \begin{bmatrix} n \cdot (\delta \times n) & n \cdot (\delta \times o) & n \cdot (\delta \times a) & n \cdot [(\delta \times p)+d] \\ o \cdot (\delta \times n) & o \cdot (\delta \times o) & o \cdot (\delta \times a) & o \cdot [(\delta \times p)+d] \\ a \cdot (\delta \times n) & a \cdot (\delta \times o) & a \cdot (\delta \times a) & a \cdot [(\delta \times p)+d] \\ 0 & 0 & 0 & 0 \end{bmatrix}$$

$$= \begin{bmatrix} 0 & -\delta \cdot (n \times o) & \delta \cdot (a \times n) & \delta \cdot (p \times n)+d \cdot n \\ \delta \cdot (n \times o) & 0 & -\delta \cdot (o \times a) & \delta \cdot (p \times o)+d \cdot o \\ -\delta \cdot (a \times n) & \delta \cdot (o \times a) & 0 & \delta \cdot (p \times a)+d \cdot a \\ 0 & 0 & 0 & 0 \end{bmatrix} \quad (5\text{-}103)$$

由式（5-97）和式（5-103）中矩阵的对应元素相等，有

$$\begin{cases} {}^A d_x = \delta \cdot (p \times n)+d \cdot n = n \cdot [\delta \times p+d] \\ {}^A d_y = \delta \cdot (p \times o)+d \cdot o = o \cdot [\delta \times p+d] \\ {}^A d_z = \delta \cdot (p \times a)+d \cdot a = a \cdot [\delta \times p+d] \\ {}^A \delta_x = \delta \cdot n = n \cdot \delta \\ {}^A \delta_y = \delta \cdot o = o \cdot \delta \\ {}^A \delta_z = \delta \cdot a = a \cdot \delta \end{cases} \quad (5\text{-}104)$$

定义微分运动矢量，即

$$\begin{cases} D = [d_x \quad d_y \quad d_z \quad \delta_x \quad \delta_y \quad \delta_z]^T \\ {}^A D = [{}^i d_x \quad {}^i d_y \quad {}^i d_z \quad {}^i \delta_x \quad {}^i \delta_y \quad {}^i \delta_z]^T \end{cases} \quad (5\text{-}105)$$

式中，D 为相对于基坐标系的微分运动矢量，${}^A D$ 为相对于 $\{A\}$ 坐标系的微分运动矢量。则由式（5-104）可得

$$\begin{bmatrix} {}^A d_x \\ {}^A d_y \\ {}^A d_z \\ {}^A \delta_x \\ {}^A \delta_y \\ {}^A \delta_z \end{bmatrix} = \begin{bmatrix} n_x & n_y & n_z & (p \times n)_x & (p \times n)_y & (p \times n)_z \\ o_x & o_y & o_z & (p \times o)_x & (p \times o)_y & (p \times o)_z \\ a_x & a_y & a_z & (p \times a)_x & (p \times a)_y & (p \times a)_z \\ 0 & 0 & 0 & n_x & n_y & n_z \\ 0 & 0 & 0 & o_x & o_y & o_z \\ 0 & 0 & 0 & a_x & a_y & a_z \end{bmatrix} \begin{bmatrix} d_x \\ d_y \\ d_z \\ \delta_x \\ \delta_y \\ \delta_z \end{bmatrix} \quad (5\text{-}106)$$

因此，为了使 $\{A\}$ 坐标系发生一个无穷小位姿变化，既可以相对于基坐标系做微分变换（微分运动矢量为 D），也可以相对 $\{A\}$ 坐标系做微分变换（微分运动矢量为 ^AD）。若希望两种微分变换对坐标系 $\{A\}$ 产生相同的作用，则 D 与 ^AD 应满足式（5-106）。

5.3.3 雅可比矩阵的微分变换法

根据微分变换原理，下面按关节种类计算末端相对于当前坐标系的雅可比矩阵。

若关节 i 为旋转关节，在坐标系 $\{i\}$ 中，假设关节 i 绕 Z 轴的微分转动为 $\mathrm{d}\theta_i$，则坐标系 $\{i\}$ 的微分运动矢量为

$$^i\boldsymbol{D} = \begin{bmatrix} ^i\boldsymbol{d} \\ ^i\boldsymbol{\delta} \end{bmatrix}, \quad ^i\boldsymbol{d} = \begin{bmatrix} 0 \\ 0 \\ 0 \end{bmatrix}, \quad ^i\boldsymbol{\delta} = \begin{bmatrix} 0 \\ 0 \\ \mathrm{d}\theta_i \end{bmatrix} \tag{5-107}$$

根据式（5-106），将坐标系 $\{i\}$ 视为基坐标系，将末端坐标系 $\{n\}$ 视为当前坐标系，此时有

$$\begin{bmatrix} ^nd_x \\ ^nd_y \\ ^nd_z \\ ^n\delta_x \\ ^n\delta_y \\ ^n\delta_z \end{bmatrix} = \begin{bmatrix} n_x & n_y & n_z & (p\times n)_x & (p\times n)_y & (p\times n)_z \\ o_x & o_y & o_z & (p\times o)_x & (p\times o)_y & (p\times o)_z \\ a_x & a_y & a_z & (p\times a)_x & (p\times a)_y & (p\times a)_z \\ 0 & 0 & 0 & n_x & n_y & n_z \\ 0 & 0 & 0 & o_x & o_y & o_z \\ 0 & 0 & 0 & a_x & a_y & a_z \end{bmatrix} \begin{bmatrix} ^id_x \\ ^id_y \\ ^id_z \\ ^i\delta_x \\ ^i\delta_y \\ ^i\delta_z \end{bmatrix}$$

$$= \begin{bmatrix} n_x & n_y & n_z & (p\times n)_x & (p\times n)_y & (p\times n)_z \\ o_x & o_y & o_z & (p\times o)_x & (p\times o)_y & (p\times o)_z \\ a_x & a_y & a_z & (p\times a)_x & (p\times a)_y & (p\times a)_z \\ 0 & 0 & 0 & n_x & n_y & n_z \\ 0 & 0 & 0 & o_x & o_y & o_z \\ 0 & 0 & 0 & a_x & a_y & a_z \end{bmatrix} \begin{bmatrix} 0 \\ 0 \\ 0 \\ 0 \\ 0 \\ \mathrm{d}\theta_i \end{bmatrix} \tag{5-108}$$

式中，变换 T 的矩阵［见式（5-101）］为坐标系 $\{n\}$ 到坐标系 $\{i\}$ 的齐次变换矩阵。在式（5-108）中，只有 $^i\delta_z = \mathrm{d}\theta_i$ 不为零，因此机器人末端坐标系 $\{n\}$ 中的微分运动矢量为

$$\begin{bmatrix} {}^n d_x \\ {}^n d_y \\ {}^n d_z \\ {}^n \delta_x \\ {}^n \delta_y \\ {}^n \delta_z \end{bmatrix} = \begin{bmatrix} (p \times n)_z \\ (p \times o)_z \\ (p \times a)_z \\ n_z \\ o_z \\ a_z \end{bmatrix} \mathrm{d}\theta_i \tag{5-109}$$

而 $\mathrm{d}\theta_i$ 刚好是第 i 个关节变量，因此雅可比矩阵的第 i 列为

$$ {}^i \boldsymbol{J}_i = \begin{bmatrix} p_x n_y - n_x p_y \\ p_x o_y - o_x p_y \\ p_x a_y - a_x p_y \\ n_z \\ o_z \\ a_z \end{bmatrix} \tag{5-110}$$

该列向量中，线速度的传动比 ${}^n\boldsymbol{J}_{Li}$ 和角速度的传动比 ${}^n\boldsymbol{J}_{Ai}$ 分别为

$$ {}^i \boldsymbol{J}_{Li} = \begin{bmatrix} p_x n_y - n_x p_y \\ p_x o_y - o_x p_y \\ p_x a_y - a_x p_y \end{bmatrix}, \quad {}^i \boldsymbol{J}_{Ai} = \begin{bmatrix} n_z \\ o_z \\ a_z \end{bmatrix} \tag{5-111}$$

若关节 j 是移动关节，在坐标系 $\{j\}$ 中，假设关节 j 沿 Z_j 轴的微分移动为 $\mathrm{d}d_j$，则坐标系 $\{j\}$ 中关节 j 的微分运动矢量为

$$ \boldsymbol{D} = \begin{bmatrix} \boldsymbol{d} \\ \boldsymbol{\delta} \end{bmatrix}, \quad \boldsymbol{d} = \begin{bmatrix} 0 \\ 0 \\ \mathrm{d}d_j \end{bmatrix}, \quad \boldsymbol{\delta} = \begin{bmatrix} 0 \\ 0 \\ 0 \end{bmatrix} \tag{5-112}$$

根据式（5-106），将坐标系 $\{j\}$ 视为基坐标系，则机器人末端坐标系 $\{n\}$ 中对应的微分运动矢量为

$$\begin{bmatrix} {}^n d_x \\ {}^n d_y \\ {}^n d_z \\ {}^n \delta_x \\ {}^n \delta_y \\ {}^n \delta_z \end{bmatrix} = \begin{bmatrix} n_x & n_y & n_z & (p \times n)_x & (p \times n)_y & (p \times n)_z \\ o_x & o_y & o_z & (p \times o)_x & (p \times o)_y & (p \times o)_z \\ a_x & a_y & a_z & (p \times a)_x & (p \times a)_y & (p \times a)_z \\ 0 & 0 & 0 & n_x & n_y & n_z \\ 0 & 0 & 0 & o_x & o_y & o_z \\ 0 & 0 & 0 & a_x & a_y & a_z \end{bmatrix} \begin{bmatrix} {}^j d_x \\ {}^j d_y \\ {}^j d_z \\ {}^j \delta_x \\ {}^j \delta_y \\ {}^j \delta_z \end{bmatrix}$$

$$= \begin{bmatrix} n_x & n_y & n_z & (p \times n)_x & (p \times n)_y & (p \times n)_z \\ o_x & o_y & o_z & (p \times o)_x & (p \times o)_y & (p \times o)_z \\ a_x & a_y & a_z & (p \times a)_x & (p \times a)_y & (p \times a)_z \\ 0 & 0 & 0 & n_x & n_y & n_z \\ 0 & 0 & 0 & o_x & o_y & o_z \\ 0 & 0 & 0 & a_x & a_y & a_z \end{bmatrix} \begin{bmatrix} 0 \\ 0 \\ \mathrm{d}d_j \\ 0 \\ 0 \\ 0 \end{bmatrix} \quad (5\text{-}113)$$

因此，机器人末端坐标系 $\{n\}$ 中的微分运动矢量为

$$\begin{bmatrix} d_x^n \\ d_y^n \\ d_z^n \\ \delta_x^n \\ \delta_x^n \\ \delta_x^n \end{bmatrix} = \begin{bmatrix} n_z \\ o_z \\ a_z \\ 0 \\ 0 \\ 0 \end{bmatrix} \mathrm{d}d_j \quad (5\text{-}114)$$

而 $\mathrm{d}d_j$ 刚好是第 j 个关节变量，因此雅可比矩阵的第 j 列为

$$^j\boldsymbol{J}_j = \begin{bmatrix} n_z & o_z & a_z & 0 & 0 & 0 \end{bmatrix}^T \quad (5\text{-}115)$$

该列向量中，线速度的传动比 $^j\boldsymbol{J}_{Lj}$ 和角速度的传动比 $^j\boldsymbol{J}_{Aj}$ 分别为

$$^j\boldsymbol{J}_{Lj} = \begin{bmatrix} n_z \\ o_z \\ a_z \end{bmatrix}, \quad ^j\boldsymbol{J}_{Aj} = \begin{bmatrix} 0 \\ 0 \\ 0 \end{bmatrix} \quad (5\text{-}116)$$

因此，末端相对于当前坐标系的雅可比矩阵仅由各连杆坐标系到当前坐标系的齐次变换矩阵决定。

5.3.4 雅可比矩阵参考坐标系的变换

已知末端相对于坐标系 $\{B\}$ 的雅可比矩阵，其由式（5-117）给出。

$$\begin{bmatrix} ^E\boldsymbol{v} \\ ^B\boldsymbol{\omega} \end{bmatrix} = {}^B\boldsymbol{v} = {}^B\boldsymbol{J}(\boldsymbol{\Theta})\dot{\boldsymbol{\Theta}} \quad (5\text{-}117)$$

现希望求解末端相对于另一个坐标系 $\{A\}$ 的雅可比矩阵。

注意到

$$\begin{bmatrix} ^A\boldsymbol{v} \\ ^A\boldsymbol{\omega} \end{bmatrix} = \begin{bmatrix} ^A_B\boldsymbol{R} & \boldsymbol{0} \\ \boldsymbol{0} & ^A_B\boldsymbol{R} \end{bmatrix} \begin{bmatrix} ^B\boldsymbol{v} \\ ^B\boldsymbol{\omega} \end{bmatrix} \quad (5\text{-}118)$$

因此有

$$\begin{bmatrix} {}^A v \\ {}^A \omega \end{bmatrix} = \begin{bmatrix} {}^A_B R & 0 \\ 0 & {}^A_B R \end{bmatrix} {}^B J(\Theta) \dot{\Theta} = {}^A J(\Theta) \dot{\Theta} \tag{5-119}$$

即

$$ {}^A J(\Theta) = \begin{bmatrix} {}^A_B R & 0 \\ 0 & {}^A_B R \end{bmatrix} {}^B J(\Theta) \tag{5-120}$$

例 5-10：用微分变换法求例 5-9 中机器人末端相对于末端坐标系的雅可比矩阵。

解：由式（5-111）可以得出

$$ {}^3 J_{L1} = \begin{bmatrix} p_x n_y - p_y n_x \\ p_x o_y - p_y o_x \\ p_x a_y - p_y a_x \end{bmatrix} = \begin{bmatrix} l_1 s_2 \\ l_1 c_2 + l_2 \\ 0 \end{bmatrix}, \quad {}^3 J_{A1} = \begin{bmatrix} 0 \\ 0 \\ 1 \end{bmatrix} $$

$$ {}^3 J_{L2} = \begin{bmatrix} p_x n_y - p_y n_x \\ p_x o_y - p_y o_x \\ p_x a_y - p_y a_x \end{bmatrix} = \begin{bmatrix} 0 \\ l_2 \\ 0 \end{bmatrix}, \quad {}^3 J_{A2} = \begin{bmatrix} 0 \\ 0 \\ 1 \end{bmatrix} $$

即有

$$ {}^3 J = \begin{bmatrix} l_1 s_2 & 0 \\ l_1 c_2 + l_2 & l_2 \end{bmatrix} $$

由于微分变换法与矢量积法的参考坐标系不同，因此得到的雅可比矩阵是不同的，根据式（5-120），有

$$ J = {}^0_3 R \, {}^3 J = \begin{bmatrix} -l_2 s_{12} - l_1 s_1 & -l_2 s_{12} \\ l_2 c_{12} + l_1 c_1 & l_2 c_{12} \end{bmatrix} $$

5.3.5 奇异性

回顾本节起始提出的机械臂纠偏问题，其可描述为：给定末端的微小位移（矢量 d）和微小转角（矢量 δ），计算关节变量的微分 $\mathrm{d}q$。若能够计算出机械臂末端相对于基坐标系的雅可比矩阵 J，且 J 非奇异，则只需在雅可比矩阵的定义式两边左乘雅可比矩阵的逆矩阵，即可得到

$$ \dot{\Theta} = J^{-1}(\Theta) v \tag{5-121}$$

在实际问题中，常将式（5-121）离散化，迭代计算机械臂的运动学逆解，即

$$ \dot{\Theta}_{i+1} = J^{-1}(\Theta_i) v_i \tag{5-122}$$

给定机械臂初始时刻的关节变量,并设定机械臂末端的期望位置序列 $\{x_i\}$,由期望位置序列可以求寻计算期望速度序列 $\{v_i\}$,则由迭代形式[见式(5-122)]可计算后续时间点的关节速度 $\dot{\Theta}_{i+1}$,对关节速度积分即得到关节变量 Θ,由此就实现了逆运动学求解。

注意到,上述迭代求解过程中,要求雅可比矩阵对于任意关节变量都是非奇异的,若不满足,则求解过程无法进行,因此雅可比矩阵的奇异性是实际应用中的关键问题。

实际上,大多数操作臂都存在使雅可比矩阵奇异的关节变量,这些关节变量称为操作臂的奇异位形。所有操作臂在工作空间的边界都存在奇异位形,并且大多数操作臂在它们的工作空间内也有奇异位形。对奇异位形分类的深入研究已超出本书讨论范围,更多的有关内容可以参见文献[5]。在本书中,我们没有给出奇异性的严格定义,而是大致将它们分为两类:

1)工作空间边界的奇异位形出现在操作臂完全展开或者收回,使得末端执行器处于或非常接近工作空间边界的情况。

2)工作空间内部的奇异位形总是远离工作空间的边界,通常是由于两个或两个以上的关节轴线共线引起的。

当操作臂处于奇异位形时,它会失去一个或多个笛卡儿空间自由度。也就是说,在笛卡儿空间的某个方向上,无论选择什么样的关节速度,都不能使机器人手臂运动,这种情况也会在机器人工作空间边界发生。

5.3.6 雅可比条件数及可操作性

对于一个 n 自由度机器人,其雅可比矩阵为一个 $6 \times n$ 矩阵,自由度数 $n=6$ 时,雅可比矩阵为方阵。当 $\det J(\Theta) = 0$ 时,机器人处于奇异位形,此时机械臂上有一个或多个关节轴重合,这会引发自由度的损失。

例如,在 PUMA560 机器人的就绪位姿时,两个腕关节(关节 4 和 6)重合就会造成一个自由度的损失,此时雅可比矩阵为

$$J = \begin{bmatrix} 0.1500 & -0.8636 & -0.4318 & 0 & 0 & 0 \\ 0.0203 & 0 & 0 & 0 & 0 & 0 \\ 0 & 0.0203 & 0.0203 & 0 & 0 & 0 \\ 0 & 0 & 0 & 0 & 0 & 0 \\ 0 & -1.0000 & -1.0000 & 0 & -1.0000 & 0 \\ 1.0000 & 0 & 0 & 1.0000 & 0 & 1.0000 \end{bmatrix} \quad (5\text{-}123)$$

该矩阵是奇异的,其秩为 5。观察该雅可比矩阵可发现,它的第 4 列和第 6 列是完全相同的,这意味着这两个关节的运动将导致相同的笛卡儿速度,此

外 Θ_6 的速度可以完全用 Θ_4 的速度来表达。实际上，当机器人接近奇异位形时，其中一些操作空间运动速度将导致极高的关节速度，在奇异位形时，这些速率将达到无穷大，因此机器人在运动时应远离奇异位形。

上述问题引出了可操作性的概念，可操作性是机器人与奇异位形之距离的度量，它量化了机构的速度传递能力及灵巧度，现考虑一个关节速度单位向量，见式（5-124）。

$$\dot{\boldsymbol{\Theta}}^{\mathrm{T}}\dot{\boldsymbol{\Theta}} = 1 \tag{5-124}$$

它位于 n 维关节速度空间的超球面上。将式（5-121）代入式（5-124），有

$$\dot{\boldsymbol{x}}^{\mathrm{T}}[\boldsymbol{J}(\boldsymbol{\Theta})\boldsymbol{J}(\boldsymbol{\Theta})^{\mathrm{T}}]^{-1}\dot{\boldsymbol{x}} = 1 \tag{5-125}$$

式（5-125）是关于 $\dot{\boldsymbol{x}}$ 的一个二次型，它描述了一个高维椭球面，椭球面的形状和方向由二次型的矩阵 $[\boldsymbol{J}(\boldsymbol{\Theta})\boldsymbol{J}(\boldsymbol{\Theta})^{\mathrm{T}}]^{-1}$ 决定。椭球体的主轴方向由矩阵 $[\boldsymbol{J}(\boldsymbol{\Theta})\boldsymbol{J}(\boldsymbol{\Theta})^{\mathrm{T}}]^{-1}$ 的特征向量 $\boldsymbol{u}_i$ 确定，而主轴长度由 $\boldsymbol{J}$ 的奇异值 $\sigma_i = \sqrt{\lambda_i[\boldsymbol{J}(\boldsymbol{\Theta})\boldsymbol{J}(\boldsymbol{\Theta})^{\mathrm{T}}]^{-1}}$ 给出。

为了能够更直观地度量机器人与奇异位形之间的距离，可以使用 $[\boldsymbol{J}(\boldsymbol{\Theta})\boldsymbol{J}(\boldsymbol{\Theta})^{\mathrm{T}}]^{-1}$ 的行列式作为机器人运动能力的度量，即

$$\omega(q) = \sqrt{\det[\boldsymbol{J}(\boldsymbol{\Theta})\boldsymbol{J}(\boldsymbol{\Theta})^{\mathrm{T}}]^{-1}} \tag{5-126}$$

当机器人处于奇异位形时，$[\boldsymbol{J}(\boldsymbol{\Theta})\boldsymbol{J}(\boldsymbol{\Theta})^{\mathrm{T}}]^{-1}$ 不是满秩的，必然存在零特征值，因此 $\omega=0$。在非奇异位置时，$\omega>0$，此时 ω 描述了机器人与奇异位形之间的距离。

在日常的实际应用中也不难发现，有些机器人看似工作空间较大，但由于关节限制、自碰撞、奇异性等问题，机器人末端在各个自由度方向的运动能力被大大缩减了。

5.3.7　基于 Robotics Toolbox 的雅可比矩阵

1. 相对于基坐标系的雅可比矩阵

在 MATLAB Robotics Toolbox 中，jacob0( ) 函数可计算机器人相对于基坐标系（0 坐标系）的雅可比矩阵。

其调用形式为：

```
robot.jacob0(theta)
```

其中，robot 为一个 SerialLink 类对象；theta 为机器人的关节变量，为 $n \times 1$ 矩阵。

例 5-11：计算 PUMA560 机器人在标准状态 q_n 下相对于 {0} 坐标系的雅可比矩阵。

解：程序代码如下：

```
%% ex5_11.m
  clear,clc,close all
% 调用 PUMA560 机器人
  mdl_puma560;
% 计算在标准状态 qn 下相对于{0}坐标系的雅可比矩阵
  J0=p560.jacob0(qn)
```

运行结果如下：

J0 =

0.1501	0.0144	0.3197	0	0	0
0.5963	0.0000	0.0000	0	0	0
0	0.5963	0.2910	0	0	0
-0.0000	0.0000	0.0000	0.7071	0.0000	1.0000
0	-1.0000	-1.0000	-0.0000	-1.0000	-0.0000
1.0000	0.0000	0.0000	-0.7071	0.0000	-0.0000

矩阵的行对应于笛卡儿空间自由度，而列对应于各个关节——它们是对应于各相应关节单位速度的末端执行器空间速度。其右上方3×3的零矩阵表明手腕关节的运动对末端位置没有影响——这是因为机械臂拥有球形手腕和零长度工具。

2. 相对于末端坐标系的雅可比矩阵

在 MATLAB Robotics Toolbox 中，jacobn( )函数可计算机器人相对于末端坐标系（n 坐标系）的雅可比矩阵。

其调用形式为：

$$\text{robot.jacobn(theta)}$$

其中，robot 为一个 SerialLink 类对象；theta 为机器人的关节变量，为 $n×1$ 矩阵。

例 5-12：计算 PUMA560 机器人在标准状态 q_n 下相对于末端坐标系的雅可比矩阵。

解：程序代码如下：

```
%% ex5_12.m
  clear,clc,close all
% 调用 PUMA560 机器人
  mdl_puma560;
% 计算在标准状态 qn 下相对于末端坐标系的雅可比矩阵
  Jn=p560.jacobn(qn)
```

运行结果如下：

Jn =

-0.0000	-0.5963	-0.2910	0	0	0
0.5963	0.0000	0.0000	0	0	0
0.1500	0.0144	0.3917	0	0	0
-1.0000	0	0	0.7071	0	0
-0.0000	-1.0000	-1.0000	-0.0000	-1.0000	0
-0.0000	0.0000	0.0000	0.7071	0.0000	1.0000

3. 可操作性

机器人可操作性是指机器人的操作难易程度，使用 plot_ellipse( ) 函数可以将其形象地显示出来，其调用格式为：

```
plot_ellipse(A)
```

其中，参数 A 是二次型的矩阵，为 2 阶或 3 阶方阵。此函数将绘制一个由二次型 $X'AX=0$ 定义的椭圆。

例 5-13：绘制 PUMA560 机器人在 [0 pi/3 pi/6 0 pi/3 pi/4] 位形下线速度和角速度的可操作性椭球。

解：程序代码如下：

```
%% p5_13_PlotEllipse
clear,clc,close all
% 调用 PUMA560 机器人
mdl_puma560;
% 给定关节变量 q
q=[0 pi/3 pi/6 0 pi/3 pi/4];
% 计算关节变量为 q 时,相对于{0}坐标系的雅可比矩阵
J=p560.jacob0(q);
figure('color',[1 1 1])
%计算二次型的矩阵(对应于线速度)
A1=inv(J(1:3,:)*J(1:3,:)');
% 绘制线速度可操作性椭球
plot_ellipse(A1)
xlabel('x');ylabel('y');zlabel('z')
figure('color',[1 1 1])
%计算二次型的矩阵(对应于角速度)
A2=inv(J(4:6,:)*J(4:6,:)');
```

```
% 绘制角速度可操作性椭球
plot_ellipse(A2)
xlabel('x');ylabel('y');zlabel('z')
```

运行结果如图 5-17 和图 5-18 所示。

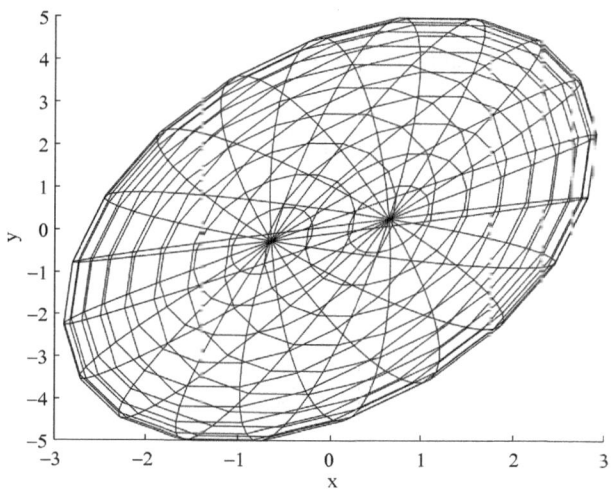

图 5-17 线速度的可操作性椭球（俯视图）

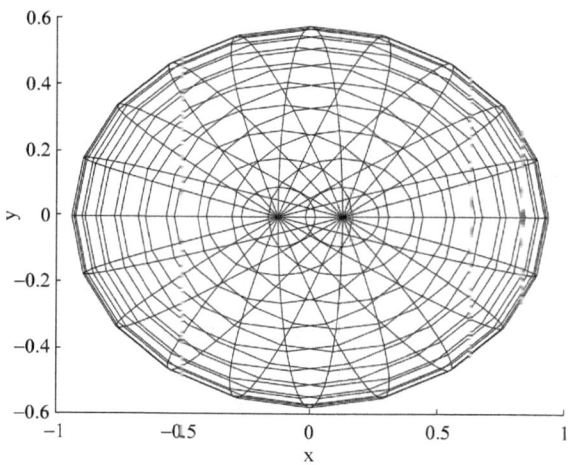

图 5-18 角速度的可操作性椭球（俯视图）

雅可比矩阵的条件数就是可操作性椭圆长半轴与短半轴之比的平方，条件数越接近 1，椭圆就越接近正球体，机器人在任意方向上就更容易移动。图 5-17

和图 5-18 所示的线速度和角速度的可操作性椭球对应的条件数均大于 1。

4. 可操作度

可操作度与可操作性度量值与椭球的体积成正比，利用 Robotics Toolbox 提供的 maniplty( ) 函数可以实现可操作性度量值的求解。

其调用形式为：

$$robot.maniplty(theta)$$

其中，robot 为一个 SerialLink 类对象；theta 为机器人的关节变量，为 $n \times 1$ 矩阵。

例 5-14：绘制 PUMA560 机器人在 [0 pi/3 pi/6 0 pi/3 pi/4] 状态下的可操作性度量值。

解：程序代码如下：

```
%% ex5_14.m
clear,clc,close all
mdl_puma560;
q=[0 pi/3 pi/6 0 pi/3 pi/4];
p560.maniplty(q)
```

运行结果如下：
ans =
    0.0358

5.4 小结

本章主要介绍了机器人逆运动学解的存在性及求解方法，在求解方法中详细讨论了机器人逆运动学的代数解法、几何解法，并介绍了 Pieper 解法，基于 PUMA560 机器人进行了逆运动学实例讲解，并运用 Robotics Toolbox 进行了案例讲解和运算仿真。此外，本章对雅可比矩阵的原理及应用进行了讲解，简单分析了操作臂的奇异性；最后基于 Robotics Toolbox 对雅可比矩阵进行更深层次的剖析，并评价了机器人的可操纵性，深入了解雅可比矩阵及其在机器人中的应用。

参考文献

[1] Adept Technology Inc. AIM Manual [M]. San Jose：Adept Technology Inc，2002.
[2] GOLDMAN R. Design of an Interactive Manipulator Programming Environment [M]. Ann

Arbor: UMI Research Press, 1985.
[3] MUJTABA S, GOLDMAN R. AL User's Manual [M]. Redwood City: Stanford University Press, 1981.
[4] 贾瑞清，等. 机器人学：规划、控制及应用 [M]. 北京：清华大学出版社，2020.
[5] GORLA B, RENAUD M. Robots Manipulateurs [M]. Toulouse: Cepadues-Editions, 1984.
[6] LORENZO SCIAVICCO, BRUNO SICILIANO. Modeling and Control of Robot Manipulators [M]. London: Springer Verlag, 1996.

习题

1. 试推导第 4 章习题 10 的三连杆机器人的运动学逆解。

2. 试推导第 4 章例 4-5 的 "RPR" 3 自由度机器人的运动学逆解。

3. 图 5-19 所示为一个 4R 机器人，其非零连杆参数为 $a_1 = 1$，$\alpha_2 = 45°$，$d_3 = \sqrt{2}$ 和 $a_3 = \sqrt{2}$，机构位形为 $\theta = [0° \quad 90° \quad -90° \quad 0°]^T$，每个关节的运动范围均为 $\pm 180°$，对于

$$^0\boldsymbol{P}_{4ORG} = [1.1 \quad 1.5 \quad 1.707]^T$$

计算所有 θ_3 的值。

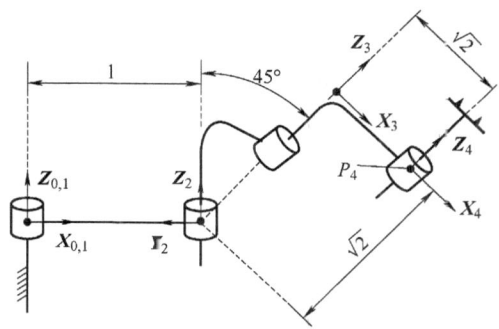

图 5-19 4R 操作臂，图示位置 $\theta = [0° \quad 90° \quad -90° \quad 0°]^T$

4. 图 5-20 所示为一个 4R 机器人，其非零连杆参数为 $\alpha_1 = -90°$，$d_2 = 1$，$\alpha_2 = 45°$，$d_3 = 1$ 和 $a_3 = 1$，其位形为 $\theta = [0° \quad 0° \quad 90° \quad 0°]^T$，每个关节的运动范围均为 $\pm 180°$，对于

$$^0\boldsymbol{P}_{4ORG} = [0.0 \quad 1.0 \quad 1.414]^T$$

计算所有 θ_3 的值。

5. 对于例 5-1 中的两连杆平面机器人，其杆长 $l_1 = 2l_2 = 4$，试通过 MATLAB 编程绘制机器人指端工作空间的点云图。

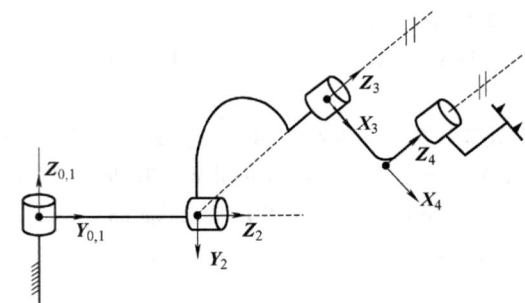

图 5-20　4R 机器人，图示位置为 $\theta = [0° \quad 0° \quad 90° \quad 0°]^T$

6. 基于 MATLAB Robotics Toolbox 中的 ikine( ) 函数计算例 4-15 中 "RRR" 机器人在下列位姿时的关节变量（需要使用遮盖向量）。

1) $T = \begin{bmatrix} 1 & 0 & 0 & 9 \\ 0 & 1 & 0 & 0 \\ 0 & 0 & 1 & 0 \\ 0 & 0 & 0 & 1 \end{bmatrix}$。

2) $T = \begin{bmatrix} 0 & 1 & 0 & -3 \\ -1 & 0 & 0 & 2 \\ 0 & 0 & 1 & 0 \\ 0 & 0 & 0 & 1 \end{bmatrix}$。

7. 基于 MATLAB Robotics Toolbox 中的 ikine( ) 函数计算第 4 章习题 14 中 "RRR" 机器人在下列位姿时的关节变量（需要使用遮盖向量）。

1) $T = \begin{bmatrix} 1 & 0 & 0 & 11 \\ 0 & 1 & 0 & 0 \\ 0 & 0 & 1 & 0 \\ 0 & 0 & 0 & 1 \end{bmatrix}$。

2) $T = \begin{bmatrix} 0 & 0 & 1 & 0 \\ -1 & 0 & 0 & 1 \\ 0 & -1 & 0 & 3 \\ 0 & 0 & 0 & 1 \end{bmatrix}$。

8. 调用 MATLAB Robotics Toolbox 中的 PUMA560 机器人，用 ikine6s( ) 函数计算机器人在下列位姿时的运动学逆解（采用不同标志字符求多解）。

1) $T = \begin{bmatrix} 1 & 0 & 0 & 0.4521 \\ 0 & 1 & 0 & -0.1500 \\ 0 & 0 & 1 & 0.43180 \\ 0 & 0 & 0 & 1 \end{bmatrix}$。

2) $T = \begin{bmatrix} 0 & 0 & 1 & 0.150 \\ 1 & 0 & 0 & -0.0203 \\ 0 & 1 & 0 & 0 \\ 0 & 0 & 0 & 1 \end{bmatrix}$。

9. 假设有一个6自由度机械臂,在某一时刻,机器人框对于基坐标系的雅可比矩阵如下,现给定关节微分运动 Δq,试计算机器人末端相对于基坐标系的微分运动。

$$J = \begin{bmatrix} 2 & 0 & 0 & 0 & 1 & 0 \\ -1 & 0 & 1 & 0 & 0 & 0 \\ 0 & 1 & 0 & 0 & 0 & 0 \\ 0 & 0 & 0 & 2 & 0 & 0 \\ 0 & 0 & 1 & 0 & 0 & 0 \\ 0 & 0 & 0 & 0 & 0 & 1 \end{bmatrix} \quad \Delta q = \begin{bmatrix} 0 \\ 0.1 \\ -0.1 \\ 0 \\ 0 \\ 0.2 \end{bmatrix}$$

10. 假设有一个6自由度机械臂,其6个关节均为旋转关节,设基坐标系为 $\{B\}$、腕部坐标系为 $\{W\}$,腕部装有相机,相机坐标系为 $\{C\}$。在某一时刻,已知机器人相对于基坐标系的雅可比矩阵的逆矩阵为 J^{-1},相机坐标系到腕部坐标系的齐次变换矩阵为 ${}^W_C T$,给定相机相对于基坐标系的微分运动 $\Delta D^C = \begin{bmatrix} 0.05 & 0 & -0.1 & 0 & 0.1 & 0.03 \end{bmatrix}^T$,计算机器人关节的微分运动 Δq。

$${}^W_C T = \begin{bmatrix} 0 & 1 & 0 & 3 \\ 1 & 0 & 0 & 2 \\ 0 & 0 & -1 & 8 \\ 0 & 0 & 0 & 1 \end{bmatrix} \quad J^{-1} = \begin{bmatrix} 1 & 0 & 0 & 0 & 0 & 0 \\ 2 & 0 & -1 & 0 & 0 & 0 \\ 0 & -0.2 & 0 & 0 & 0 & 0 \\ 0 & -1 & 0 & 0 & 1 & 0 \\ 0 & 0 & 0 & 1 & 0 & 0 \\ 1 & 0 & 0 & 0 & 0 & 1 \end{bmatrix}$$

11. 假设有一个RP机器人,其连杆2的坐标系原点在基坐标系下的坐标为

$${}^0 P_{2ORG} = \begin{bmatrix} a_1 \cos\theta_1 + d_2 \sin\theta_2 \\ a_1 \sin\theta_1 + d_2 \cos\theta_2 \\ 0 \end{bmatrix}$$

试计算机器人末端相对于基坐标系的雅可比矩阵,并计算机器人奇异位形对应的关节变量。

第 6 章 机器人动力学

在前面的章节中已介绍了机器人的运动学,根据机器人运动学,可以使机器人末端以特定的姿态达到指定的空间位置,即实现"位置控制"。然而,在机器人的许多应用场景中,不仅希望控制机器人达到指定的位置,还希望控制机器人与环境的接触力,也就是"力控制",要实现机器人的力控制,必须研究机器人系统的动力学特性,建立机器人系统的动力学模型。本章将介绍机器人动力学的概念、力学基础及常用建模方法,并通过 MATLAB Robotics Toolbox 进行动力学仿真实验。

6.1 概述

机器人动力学主要研究机器人关节力、力矩和机器人运动学参数的关系。类似于运动学,动力学问题也可以分为动力学正问题和动力学逆问题:动力学正问题是由关节驱动力(矩)求关节加速度,动力学逆问题则是由关节加速度求关节驱动力(矩)。

机器人是一个非线性、多输入多输出的动力学系统,它由多个关节和连杆组成,其动力学方程存在着复杂的耦合关系,本章主要介绍两种常用的动力学建模方法:

(1)牛顿-欧拉法 牛顿-欧拉法以牛顿第二定律和欧拉旋转方程为基础,首先从运动学出发应用牛顿方程求得加速度,并消去内力,然后得到关节力矩和关节变量的关系。这种方法比较直观,但计算量较大。

(2)拉格朗日法 拉格朗日法以分析力学的拉格朗日方程为基础,拉格朗日法建模不需要考虑系统内力,因此建模和解算过程比较方便。

6.2 动力学分析基础

6.2.1 广义坐标

动力学系统的广义坐标是描述动力学系统的一组最少的独立变量,它表征了动力学系统的状态。

N 个质点组成的力学系统具有 $3N$ 个空间自由度，假设系统具有 S 个约束方程，即

$$\begin{cases} f_1(x_1,y_1,z_1,\cdots,x_N,y_N,z_N)=0 \\ f_2(x_1,y_1,z_1,\cdots,x_N,y_N,z_N)=0 \\ \qquad\vdots \\ f_s(x_1,y_1,z_1,\cdots,x_N,y_N,z_N)=0 \end{cases} \tag{6-1}$$

则在 $3N$ 个坐标 x_i、y_i、$z_i (i=1,2,\cdots,N)$ 中有 $k=3N-S$ 个坐标是独立的，即系统的自由度为 $k=3N-S$。进而可以选择 k 个独立的参数，把系统的坐标表示成它们的函数，即

$$\begin{cases} x_i=x_i(q_1,q_2,\cdots,q_k) \\ y_i=y_i(q_1,q_2,\cdots,q_k) \quad (i=1,2,\cdots,N) \\ z_i=z_i(q_1,q_2,\cdots,q_k) \end{cases} \tag{6-2}$$

或表达为向量形式，即

$$\boldsymbol{r}_i=\boldsymbol{r}_i(q_1,q_2,\cdots,q_k) \quad (i=1,2,\cdots,N) \tag{6-3}$$

这 k 个独立参数决定了质点系统的位形，称为系统的广义坐标，在系统的约束都是几何约束的情况下，广义坐标数等于系统的自由度数。广义坐标在具体问题中既可以取直角坐标，也可以取其他坐标。在本章中，将出现许多向量方程，为便于阅读，向量和矩阵均使用粗体符号，标量使用非粗体符号。

例 6-1：对于图 6-1 所示的单自由度曲柄滑块机构，可任选 x_A、y_A、x_B、φ 之一为广义坐标，而选择曲柄转角 φ 是最方便的。试以曲柄转角 φ 为广义坐标，用 φ 表达 x_A、y_A、x_B。

解：x_A、y_A、x_B 可通过广义坐标 φ 表达，即

$$\begin{cases} x_A=r\cos\varphi \\ y_A=r\sin\varphi \\ x_B=r\cos\varphi+\sqrt{l^2-r^2\sin^2\varphi} \\ y_B=0 \end{cases}$$

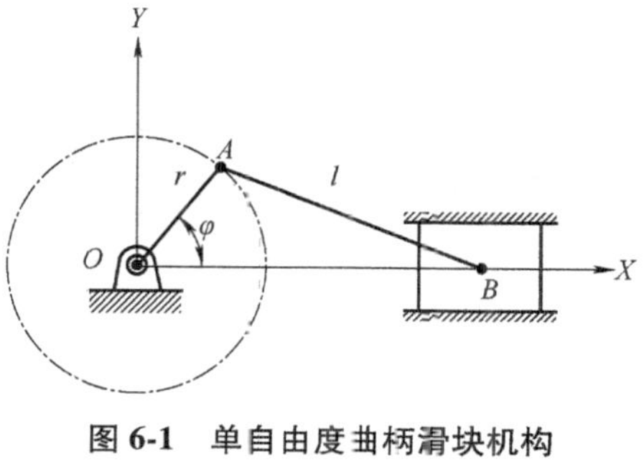

图 6-1 单自由度曲柄滑块机构

6.2.2 虚位移和虚功原理

机器人机构是一个复杂的系统，若使用牛顿力学原理建立动力学平衡方程，则方程中会出现约束反力，而这些未知的约束反力在研究的问题中往往是

不需要求解的。若使用分析力学的虚功原理求解系统的平衡问题,则动力学方程中不会出现约束反力,方程的数目也将减少,因此求解过程更加简便。

对于非自由质点系,其中各个质点的运动要满足特定的约束条件,即包含各质点力学参数的方程,这些方程称为质点系的约束,约束体现为作用在质点上的约束力。由于约束的存在,质点系的位形将受到一定的限制。在给定时刻,约束所允许的系统各质点的任何无限小的位移,称为质点系在这一时刻的虚位移。虚位移与质点的实际位移不同,实际位移与作用在质点系上的力、初始条件及时间有关,且随着这些条件的变化而发生改变,而虚位移与质点系上的力、初始条件及时间无关,它完全由约束的性质决定,是约束下的"可能位移"。力在虚位移上做的功称为虚功。

质点系的虚位移由各质点的虚位移 $\delta r_i (i=1,2,\cdots,N)$ 组成。在广义坐标系中,各质点的虚位移 $\delta r_i (i=1,2,\cdots,N)$ 也可以用广义坐标的变分 δq_1、δq_2、$\cdots$、δq_k(称为广义虚位移)来表示。只需对式(6-2)和式(6-3)进行变分,即

$$\begin{cases} \delta x_i = \sum_{j=1}^{k} \dfrac{\partial x_i}{\partial q_j} \delta q_j \\ \delta y_i = \sum_{j=1}^{k} \dfrac{\partial y_i}{\partial q_j} \delta q_j \quad (i=1,2,\cdots,N) \\ \delta z_i = \sum_{j=1}^{k} \dfrac{\partial z_i}{\partial q_j} \delta q_j \end{cases} \quad (6\text{-}4)$$

或表达为向量形式

$$\delta \boldsymbol{r}_i = \sum_{j=1}^{k} \frac{\partial \boldsymbol{r}_i}{\partial q_j} \delta q_j \quad (i=1,2,\cdots,N) \quad (6\text{-}5)$$

当质点系统处于平衡状态时,作用于质点系中任一质点 M_i 上的合力 $\boldsymbol{F}_i = 0$。设 $\boldsymbol{F}_i$ 所引起的质点 i 的虚位移为 $\delta \boldsymbol{r}_i$,则 $\boldsymbol{F}_i$ 在虚位移上做的功(即虚功)为零,即 $\boldsymbol{F}_i \cdot \delta \boldsymbol{r}_i = 0$,因此系统中各质点的虚功之和也为零,即

$$\sum_{i=1}^{N} \boldsymbol{F}_i \cdot \delta \boldsymbol{r}_i = 0 \quad (6\text{-}6)$$

或表达为标量形式

$$\sum_{i=1}^{N} \boldsymbol{F}_i \cdot \delta \boldsymbol{r}_i = \sum_{i=1}^{N} (F_{xi}i + F_{yi}j + F_{zi}k)(\delta_{xi}i + \delta_{yi}j + \delta_{zi}k)$$

$$= \sum_{i=1}^{N} (F_{xi}\delta_{xi} + F_{yi}\delta_{yi} + F_{zi}\delta_{zi}) = 0 \quad (6\text{-}7)$$

式中,F_{xi}、F_{yi}、F_{zi} 分别为力 $\boldsymbol{F}_i$ 在 x、y、z 坐标轴上的投影;δ_{xi}、δ_{yi}、δ_{zi} 分别

为虚位移 δr_i 在 x、y、z 坐标轴上的投影。

F_i 由约束力 F_{ic} 和外力 F_{ie} 两部分组成，若约束力的虚功为零，则称约束为理想约束，此时式（6-6）变为

$$\sum_{i=1}^{N} F_{ie} \cdot \delta r_i = 0 \tag{6-8}$$

式（6-8）指出，对于理想约束下的质点系，若它处于平衡状态，则其继续保持平衡状态的条件是作用于其上的外力的虚功之和为零，这就是质点系的虚功原理。

6.2.3　广义外力

现考虑一般情况，对于 N 个质点的质点系，假设其可通过 k 个广义坐标描述，则作用于各质点的虚功之和为

$$\delta W_F = \sum_{i=1}^{N} F_{ie} \cdot \delta r_i \tag{6-9}$$

将式（6-5）代入式（6-9），得到标量形式

$$\delta W_F = \sum_{i=1}^{N} F_{ie} \cdot \left(\sum_{j=1}^{k} \frac{\partial r_i}{\partial q_j} \delta q_j \right) = \sum_{j=1}^{k} \left(\sum_{i=1}^{N} F_{ie} \cdot \frac{\partial r_i}{\partial q_j} \right) \delta q_j \tag{6-10}$$

令 $Q_j = \sum_{i=1}^{N} F_{ie} \cdot \dfrac{\partial r_i}{\partial q_j} (j=1,2,\cdots,k)$，则

$$\delta W_F = \sum_{j=1}^{k} Q_j \delta q_j \tag{6-11}$$

式中，$Q_j(j=1,2,\cdots,k)$ 称为对应于广义坐标 $q_j(j=1,2,\cdots,k)$ 的广义外力。

6.2.4　达朗贝尔原理

达朗贝尔原理给出了一种将动力学问题转化为静力学问题求解的方法，这种方法称为动静法。利用达朗贝尔原理与虚位移原理结合求解，是求解复杂动力学的一种普遍适用的方法。下面先介绍达朗贝尔原理。

对于 N 个质点的理想约束下的质点系，设 $p_i(i=1,2,\cdots,N)$ 为质点系中各质点的动量，则对于质点 i，由牛顿第二定律有

$$F_i - \dot{p}_i = 0 \tag{6-12}$$

式中，F_i 为作用在质点 i 上的合力。设 δr_i 为质点 i 的虚位移，则

$$(F_i - \dot{p}_i) \cdot \delta r_i = 0 \tag{6-13}$$

于是，对于整个质点系，有

$$\sum_{i=1}^{N}(\boldsymbol{F}_i-\dot{\boldsymbol{p}}_i)\cdot\delta\boldsymbol{r}_i=0 \qquad (6\text{-}14)$$

由于约束力的虚功为零,因此有

$$\sum_{i=1}^{N}(\boldsymbol{F}_{ie}-\dot{\boldsymbol{p}}_i)\cdot\delta\boldsymbol{r}_i=0 \qquad (6\text{-}15)$$

式(6-15)即为质点系的达朗贝尔原理。

将式(6-5)代入式(6-15),得到达朗贝尔原理的标量形式,即

$$\sum_{i=1}^{N}(\boldsymbol{F}_{ie}-\dot{\boldsymbol{p}}_i)\cdot\sum_{j=1}^{k}\frac{\partial \boldsymbol{r}_i}{\partial q_j}\delta q_j=0$$

即

$$\begin{aligned}&\sum_{i=1}^{N}\sum_{j=1}^{k}\boldsymbol{F}_{ie}\cdot\frac{\partial \boldsymbol{r}_i}{\partial q_j}\delta q_j-\sum_{i=1}^{N}\sum_{j=1}^{k}\dot{\boldsymbol{p}}_i\cdot\frac{\partial \boldsymbol{r}_i}{\partial q_j}\delta q_j\\ &=\sum_{j=1}^{k}\left(\sum_{i=1}^{N}\boldsymbol{F}_{ie}\cdot\frac{\partial \boldsymbol{r}_i}{\partial q_j}\right)\delta q_j-\sum_{j=1}^{k}\left(\sum_{i=1}^{N}m_i\ddot{\boldsymbol{r}}_i\cdot\frac{\partial \boldsymbol{r}_i}{\partial q_j}\right)\delta q_j=0\end{aligned} \qquad (6\text{-}16)$$

式中,m_i 是质点 i 的质量。

6.2.5 拉格朗日方程

拉格朗日方程是关于广义坐标的二阶偏微分方程,下面由达朗贝尔原理推导拉格朗日方程。

联立式(6-16)和式(6-11),有

$$\sum_{j=1}^{k}Q_j\delta q_j-\sum_{j=1}^{k}\left(\sum_{i=1}^{N}m_i\ddot{\boldsymbol{r}}_i\cdot\frac{\partial \boldsymbol{r}_i}{\partial q_j}\right)\delta q_j=0 \qquad (6\text{-}17)$$

下面对式(6-17)进行简化,最终得到如式(6-23)所示的拉格朗日方程。

注意到

$$\sum_{i=1}^{N}\frac{\mathrm{d}}{\mathrm{d}t}\left(m_i\dot{\boldsymbol{r}}_i\cdot\frac{\partial \boldsymbol{r}_i}{\partial q_j}\right)=\sum_{i=1}^{N}m_i\ddot{\boldsymbol{r}}_i\cdot\frac{\partial \boldsymbol{r}_i}{\partial q_j}+\sum_{i=1}^{N}m_i\dot{\boldsymbol{r}}_i\cdot\frac{\partial \dot{\boldsymbol{r}}_i}{\partial q_j}$$

即

$$\sum_{i=1}^{N}m_i\ddot{\boldsymbol{r}}_i\cdot\frac{\partial \boldsymbol{r}_i}{\partial q_j}=\sum_{i=1}^{N}\frac{\mathrm{d}}{\mathrm{d}t}\left(m_i\dot{\boldsymbol{r}}_i\cdot\frac{\partial \boldsymbol{r}_i}{\partial q_j}\right)-\sum_{i=1}^{N}m_i\dot{\boldsymbol{r}}_i\cdot\frac{\partial \dot{\boldsymbol{r}}_i}{\partial q_j} \qquad (6\text{-}18)$$

将式(6-18)代入式(6-17),有

$$\sum_{j=1}^{k}Q_j\delta q_j-\sum_{j=1}^{k}\left[\sum_{i=1}^{N}\frac{\mathrm{d}}{\mathrm{d}t}\left(m_i\dot{\boldsymbol{r}}_i\cdot\frac{\partial \boldsymbol{r}_i}{\partial q_j}\right)-\sum_{i=1}^{N}m_i\dot{\boldsymbol{r}}_i\cdot\frac{\partial \dot{\boldsymbol{r}}_i}{\partial q_j}\right]\delta q_j=0 \qquad (6\text{-}19)$$

由于

$$\dot{\boldsymbol{r}}_i = \frac{\mathrm{d}\boldsymbol{r}_i}{\mathrm{d}t} = \frac{\partial \boldsymbol{r}_i}{\partial t} + \frac{\partial \boldsymbol{r}_i}{\partial q_j}\frac{\mathrm{d}q_j}{\mathrm{d}t} = \frac{\partial \boldsymbol{r}_i}{\partial t} + \frac{\partial \boldsymbol{r}_i}{\partial q_j}\dot{q}_j$$

因此有

$$\frac{\partial \dot{\boldsymbol{r}}_i}{\partial \dot{q}_j} = \frac{\partial \boldsymbol{r}_i}{\partial q_j} \tag{6-20}$$

将式（6-20）代入式（6-19），得到

$$\sum_{j=1}^{k} Q_j \delta q_j - \sum_{j=1}^{k}\left[\sum_{i=1}^{N} \frac{\mathrm{d}}{\mathrm{d}t}\left(m_i \dot{\boldsymbol{r}}_i \cdot \frac{\partial \dot{\boldsymbol{r}}_i}{\partial \dot{q}_j}\right) - \sum_{i=1}^{N} m_i \dot{\boldsymbol{r}}_i \cdot \frac{\partial \dot{\boldsymbol{r}}_i}{\partial q_j}\right]\delta q_j$$

$$= \sum_{j=1}^{k} Q_j \delta q_j - \sum_{j=1}^{k}\left\{\frac{\mathrm{d}}{\mathrm{d}t}\left[\frac{\partial}{\partial \dot{q}_j}\left(\sum_{i=1}^{N}\frac{1}{2}m_i \dot{\boldsymbol{r}}_i^2\right)\right] - \frac{\partial}{\partial q_j}\left(\sum_{i=1}^{N}\frac{1}{2}m_i \dot{\boldsymbol{r}}_i^2\right)\right\}\delta q_j = 0 \tag{6-21}$$

记质点系的动能 $T = \sum_{i=1}^{N} \frac{1}{2} m_i \dot{\boldsymbol{r}}_i^2$，则有

$$\sum_{j=1}^{k} Q_j \delta q_j - \sum_{j=1}^{k}\left[\frac{\mathrm{d}}{\mathrm{d}t}\left(\frac{\partial T}{\partial \dot{q}_j}\right) - \frac{\partial T}{\partial q_j}\right]\delta q_j = 0$$

即

$$\sum_{j=1}^{k}\left\{\left[\frac{\mathrm{d}}{\mathrm{d}t}\left(\frac{\partial T}{\partial \dot{q}_j}\right) - \frac{\partial T}{\partial q_j}\right] - Q_j\right\}\delta q_j = 0 \tag{6-22}$$

式（6-22）就是拉格朗日方程的一般形式，由于广义坐标和虚位移相互独立，所以式（6-22）成立，当且仅当

$$\frac{\mathrm{d}}{\mathrm{d}t}\left(\frac{\partial T}{\partial \dot{q}_j}\right) - \frac{\partial T}{\partial q_j} = Q_j \quad (j=1,2,\cdots,k) \tag{6-23}$$

式（6-23）表达了质点系的动态力学关系，式中 T 是质点系的动能，q_j 是第 j 个广义坐标，Q_j 是对应于第 j 个广义坐标的广义外力。注意到，式（6-23）是一个标量方程组，相较于基于牛顿力学的向量方程，标量方程更容易处理。

下面按作用于质点系的广义力的类型，分两种情况讨论：

1）如果作用在质点系上的合力是有势力，则质点系具有势能，势能 P 仅是各质点坐标的函数，即

$$P = P(x_1, y_1, z_1, x_2, y_2, z_2, \cdots, x_n, y_n, z_n)$$

当质点系中各质点的位置是由广义坐标来决定时，质点的势能可以表达为广义坐标的函数，即

$$P = P(q_1, q_2, \cdots, q_k)$$

作用于任意质点上的力等于系统势能的负梯度，按分量来看，有

$$F_{xi} = -\frac{\partial P}{\partial x_i}, \quad F_{yi} = -\frac{\partial P}{\partial y_i}, \quad F_{zi} = -\frac{\partial P}{\partial z_i}$$

则广义力为

$$Q_j = -\sum_{i=1}^{N}\left(\frac{\partial P}{\partial x_i}\cdot\frac{\partial x_i}{\partial q_j}+\frac{\partial P}{\partial y_i}\cdot\frac{\partial y_i}{\partial q_j}+\frac{\partial P}{\partial z_i}\cdot\frac{\partial z_i}{\partial q_j}\right)$$

$$= -\frac{\partial P}{\partial q_j} \quad (j=1,2,\cdots,k) \tag{6-24}$$

将式（6-24）代入式（6-23），得到

$$\frac{\mathrm{d}}{\mathrm{d}t}\left[\frac{\partial (T-P)}{\partial \dot{q}_j}\right]-\frac{\partial (T-P)}{\partial q_j}=0 \quad (j=1,2,\cdots,k) \tag{6-25}$$

定义拉格朗日函数 L 为系统动能与系统势能的差，即

$$L = T - P$$

于是，式（6-25）可表达为

$$\frac{\mathrm{d}}{\mathrm{d}t}\left(\frac{\partial L}{\partial \dot{q}_j}\right)-\frac{\partial L}{\partial q_j}=0 \quad (j=1,2,\cdots,k) \tag{6-26}$$

式（6-26）就是有势力作用下的拉格朗日方程，它描述了质点系在广义力作用下的动力学关系，其中拉格朗日函数是时间、广义坐标、广义速度的函数，即 $L=L(t,q_j,\dot{q}_j)$，广义力为有势力，因此它仅是广义坐标的函数。

2）如果作用在质点系上的合力不仅包含有势力，还包含了非有势力，则有

$$Q_j = -\frac{\partial P}{\partial q_j} + Q_{ij} \tag{6-27}$$

式中，Q_{ij} 为第 i 个质点的第 j 个广义坐标对应的广义力，将式（6-27）代入式（6-23），得到

$$\frac{\mathrm{d}}{\mathrm{d}t}\left(\frac{\partial L}{\partial \dot{q}_j}\right)-\frac{\partial L}{\partial q_j}=Q_{ij} \quad (j=1,2,\cdots,k) \tag{6-28}$$

对比式（6-26）与式（6-28），等式左侧具有相同的形式，区别仅在于等式右侧。当广义外力仅包含有势力时，等式右侧为0，否则等式右侧为广义力中的非有势力部分。

6.2.6 惯性张量

如图 6-2 所示，对于某一刚体 S，现希望描述其定点转动的动力学特性，首先在刚体上一点 O 建立一个惯性坐标系 $\{0\}$，作为基准坐标系；再在 O 点建立固连坐标系 $\{1\}$，它随刚体一起平动、转动，坐标系 $\{0\}$ 和 $\{1\}$ 的原点重合。

刚体定点转动的动力学特性可用动量矩 $\boldsymbol{H}$ 来描述，刚体的动量矩即刚体

中所有质点的动量矩之和（或积分），固连坐标系下的动量矩为

$$H=\sum_j r_j\times(m_j v_j)=\sum_j m_j(r_j\times v_j) \quad (6\text{-}29)$$

式中，m_j 为刚体上质点 j 的质量，r_j 为质点 j 在固连坐标系下的坐标，v_j 为质点 j 在固连坐标系下的线速度。

设刚体的角速度为 ω，则有

$$v_j=\omega\times r_j \quad (6\text{-}30)$$

将式（6-30）代入式（6-29），得到

$$H=\sum_j m_j[r_j\times(\omega\times r_j)] \quad (6\text{-}31)$$

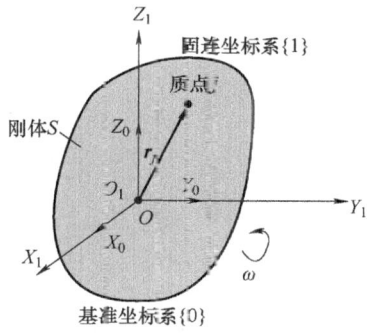

图 6-2 刚体的空间转动

使用反对称矩阵表达向量外积，有

$$\begin{aligned}H&=\sum_j m_j[r_j\times(\omega\times r_j)]\\&=-\sum_j m_j[r_j\times(r_j\times\omega)]\\&=\left(-\sum_j m_j[r_j]_\times^2\right)\omega\\&=I\omega\end{aligned} \quad (6\text{-}32)$$

式中，矩阵 I 包含了与刚体惯性相关的信息，称为刚体的惯性张量，确切地说，是固连坐标系下的惯性张量。$[r_j]_\times$ 是向量 r_j 对应的三阶反对称矩阵，设 $r_j=[x_j\ y_j\ z_j]$，它满足

$$r_j\times\omega=[r_j]_\times\omega=\begin{bmatrix}0 & -z_j & y_j\\ z_j & 0 & -x_j\\ -y_j & x_j & 0\end{bmatrix}\omega$$

为便于具体计算，还需要给出惯性张量中各元素的表达式，由式（6-32）有

$$\begin{aligned}I&=-\sum_j m_j[r_j]_\times^2=-\sum_j m_j(r_j^T r_j E_3-r_j r_j^T)\\&=-\sum_j m_j\begin{bmatrix}|r_j|^2-x_j^2 & -x_j y_j & -x_j z_j\\ -y_j x_j & |r_j|^2-y_j^2 & -y_j z_j\\ -z_j x_j & -z_j y_j & |r_j|^2-z_j^2\end{bmatrix}\\&=\begin{bmatrix}I_{xx} & -I_{xy} & -I_{xz}\\ -I_{yx} & I_{yy} & -I_{yz}\\ -I_{zx} & -I_{zy} & I_{zz}\end{bmatrix}\end{aligned} \quad (6\text{-}33)$$

式中，E_3 为三阶单位矩阵，I_{xx}、I_{yy}、I_{zz} 称为刚体对固连坐标系的惯性矩（或转动惯量），I_{xy}、I_{yx}、I_{xz}、I_{zx}、I_{yz}、I_{zy} 称为刚体对固连坐标系的惯性积，它们的表达式为

$$\begin{cases} I_{xx} = \sum_j m_j(y_j^2 + z_j^2) \\ I_{yy} = \sum_j m_j(z_j^2 + x_j^2) \\ I_{zz} = \sum_j m_j(x_j^2 + y_j^2) \\ I_{xy} = I_{yx} = \sum_j m_j x_j y_j \\ I_{xz} = I_{zx} = \sum_j m_j x_j z_j \\ I_{yz} = I_{zy} = \sum_j m_j y_j z_j \end{cases} \qquad (6\text{-}34)$$

注意，根据式（6-32），固连坐标系下的惯性张量仅与刚体中质点的质量 m_j 和坐标 r_j 有关，在本书中，假设任一质点 m_j 的质量不随时间改变；根据刚体的定义，刚体中任一质点在固连坐标系下的坐标 r_j 不随时间改变，因此固连坐标系下的惯性张量不随时间改变，是一个常数矩阵。

特别地，若固连坐标系的原点与刚体质心重合，则刚体质心在固连坐标系下的坐标为零向量，根据刚体质心的定义，有

$$\begin{cases} \sum_j m_j x_j = 0 \\ \sum_j m_j y_j = 0 \\ \sum_j m_j z_j = 0 \end{cases} \qquad (6\text{-}35)$$

因此，刚体在质心坐标系下的惯性积均为 0，此时惯性张量是一个对角矩阵，具有最简洁的形式。因此在实际使用中，常考虑质心坐标系下的惯性张量。

下面研究基准坐标系下的惯性张量，类似于式（6-32），有

$$^0\boldsymbol{H} = {^0\boldsymbol{I}}\boldsymbol{\omega} = \left(-\sum_j m_j [^0\boldsymbol{r}_j]_\times^2\right){^0\boldsymbol{\omega}} \qquad (6\text{-}36)$$

式中，左上标"0"表示相对于基准坐标系的力学量。根据坐标系变换关系，有

$$\begin{aligned} ^0\boldsymbol{I} &= -\sum_j m_j [\boldsymbol{R}\boldsymbol{r}_j]_\times^2 \\ &= -\sum_j m_j (\boldsymbol{R}[\boldsymbol{r}_j]_\times \boldsymbol{R}^\mathrm{T})^2 \\ &= \boldsymbol{R}\left(-\sum_j m_j [\boldsymbol{r}_j]_\times^2\right)\boldsymbol{R}^\mathrm{T} \\ &= \boldsymbol{R}\boldsymbol{I}\boldsymbol{R}^\mathrm{T} \end{aligned} \qquad (6\text{-}37)$$

式中，$\boldsymbol{R}$ 为固连坐标系 {1} 到基准坐标系 {0} 的旋转矩阵。由式（6-37）可知，惯性张量在不同坐标系下的矩阵是相似的，相似变换矩阵就是坐标系之间的旋转矩阵。

注意，基准坐标系下的惯性张量^0I与时间有关，它不再是常数矩阵，这是因为，固连坐标系的坐标轴相对于基准坐标系发生了运动，因此旋转矩阵R与时间有关，于是惯性张量^0I也与时间有关。基准坐标系下的惯性张量主要用于理论推导，因此无需计算各元素的具体表达式。

为便于后续讨论，给出基准坐标系下惯性张量对时间的导数，即

$$\frac{d^0I}{dt}=\frac{d}{dt}(RIR^T)$$
$$=\dot{R}IR^T+0+RI\dot{R}^T \tag{6-38}$$

下面计算旋转矩阵的导数。由于旋转矩阵是正交矩阵，因此有$RR^T=E$，将等式两边对时间求导，有

$$\dot{R}R^T=-R\dot{R}^T=-(\dot{R}R^T)^T \tag{6-39}$$

因此，$S=\dot{R}R^T$是一个反对称矩阵，于是有

$$\dot{R}=(\dot{R}R^T)R=SR \tag{6-40}$$

即旋转矩阵的导数可表达为一个反对称矩阵与旋转矩阵自身的乘积。

另一方面，设刚体上一点A在固连坐标系$\{1\}$下的坐标为r_A、在基准坐标系下的坐标为^0r_A，则有$^0r_A=Rr_A$，由于A为刚体上的点，因此r_A与时间无关，而旋转矩阵R与时间有关，在等式两边对时间求导，有

$$^0v_A=\dot{R}r_A=SRr_A=S^0r_A \tag{6-41}$$

根据角速度的定义，又有$^0v_A=^0\omega\times^0r_A=[^0\omega]_\times {}^0r_A$，对照式（6-41），有$S=[^0\omega]_\times$。

将S代入式（6-40），有

$$\dot{R}=[^0\omega]_\times R \tag{6-42}$$

将式（6-42）代入式（6-38），得到基准坐标系下惯性张量对时间的导数，即

$$\frac{d^0I}{dt}=\dot{R}IR^T+RI\dot{R}^T$$
$$=[^0\omega]_\times RIR^T+RIR^T[^0\omega]_\times^T$$
$$=[^0\omega]_\times RIR^T-RIR^T[^0\omega]_\times$$
$$=[^0\omega]_\times {}^0I-{}^0I[^0\omega]_\times \tag{6-43}$$

6.2.7 牛顿-欧拉方程

刚体的空间运动可以分解为刚体质心的平动和刚体绕质心的转动。应用牛顿第二定律可描述刚体质心平动的动力学关系，应用欧拉旋转方程可描述刚体绕质心转动的动力学关系。牛顿第二定律与欧拉旋转方程合称牛顿-欧拉方程，

机器人学基础

应用牛顿-欧拉方程的动力学建模方法称为牛顿-欧拉法。

对于刚体运动,牛顿第二定律的物理含义为:刚体质心受到的外力之和等于质心动量对时间的变化率;类似地,欧拉旋转方程的物理含义为:在质心坐标系下,刚体受到的外力矩之和等于动量矩对时间的变化率。下面由牛顿第二定律推导欧拉旋转方程。

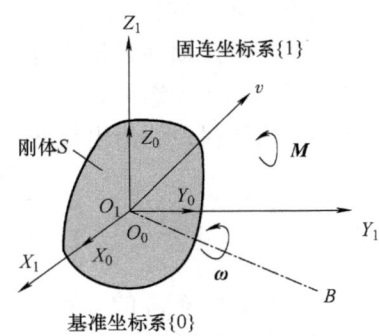

图 6-3 欧拉旋转方程示意图

变量及符号规定与 6.2.6 节相同,如图 6-3 所示,设刚体 S 在基准坐标系 $\{0\}$ 下受到外力矩 M,它在基准坐标系 $\{0\}$ 下的表达为 $^0M = [\,^0M_x \quad ^0M_y \quad ^0M_z\,]^T$,则根据动量矩定理,外力矩等于刚体总动量矩的导数,即

$$^0M = \frac{\mathrm{d}\,^0H}{\mathrm{d}t} = \frac{\mathrm{d}}{\mathrm{d}t}(^0I\,^0\omega) = \,^0\dot{I}\,^0\omega + \,^0I\,^0\dot{\omega} \tag{6-44}$$

由式(6-43),有

$$\begin{aligned}
^0M &= ([\,^0\omega\,]_\times \,^0I - \,^0I[\,^0\omega\,]_\times)\,^0\omega + \,^0I\,^0\dot{\omega} \\
&= [\,^0\omega\,]_\times \,^0I\,^0\omega - \,^0I\,[\,^0\omega\,]_\times \,^0\omega + \,^0I\,^0\dot{\omega} \\
&= [\,^0\omega\,]_\times \,^0I\,^0\omega + \,^0I\,^0\dot{\omega}
\end{aligned} \tag{6-45}$$

式(6-45)即为欧拉旋转方程在基准坐标系(惯性系)下的表达。下面将式(6-45)转换到固连坐标系下,假设外力矩在固连坐标系下的表达为 $M = [M_x \quad M_y \quad M_z]^T$,根据坐标变换关系及式(6-37)、式(6-42),有

$$\begin{cases}
M = R^T\,^0M \\
[\,^0\omega\,]_\times = [R\omega]_\times = R[\omega]_\times R^T \\
^0I = RIR^T \\
^0\dot{\omega} = \dfrac{\mathrm{d}}{\mathrm{d}t}(R\omega) = \dot{R}\omega + R\dot{\omega} \\
\qquad = \,^0\omega \times R\omega + R\dot{\omega} \\
\qquad = \,^0\omega \times \,^0\omega + R\dot{\omega} = R\dot{\omega}
\end{cases} \tag{6-46}$$

将式(6-46)代入式(6-45),得到欧拉旋转方程在固连坐标系 $\{1\}$ 下的表达,其具有与式(6-45)相同的形式,即

$$M = [\omega]_\times I\omega + I\dot{\omega} \tag{6-47}$$

将式(6-47)表达为分量形式,有

$$\begin{cases} M_x = I_{xx}\dot{\omega}_x - I_{xy}(\dot{\omega}_y - \omega_z\omega_x) - I_{xz}(\dot{\omega}_z + \omega_x\omega_y) - I_{yz}(\omega_y^2 - \omega_z^2) - (I_{yy} - I_{zz})\omega_y\omega_z \\ M_y = I_{yy}\dot{\omega}_y - I_{yx}(\dot{\omega}_x + \omega_y\omega_z) - I_{yz}(\dot{\omega}_z - \omega_x\omega_y) - I_{zx}(\omega_z^2 - \omega_x^2) - (I_{zz} - I_{xx})\omega_z\omega_x \\ M_z = I_{zz}\dot{\omega}_z - I_{zy}(\dot{\omega}_y + \omega_z\omega_x) - I_{zx}(\dot{\omega}_x - \omega_y\omega_z) - I_{xy}(\omega_x^2 - \omega_y^2) - (I_{xx} - I_{yy})\omega_x\omega_y \end{cases} \quad (6\text{-}48)$$

在前面的讨论中，均假设基准坐标系为一个惯性系，当基准坐标系为非惯性系时，应在式（6-47）等式左侧引入惯性力矩，即

$$M + M_i = [\omega]_\times I\omega + I\dot{\omega} \quad (6\text{-}49)$$

特别地，若基准坐标系的原点位于连杆质心，且固连坐标系为质心坐标系，此时惯性力矩为

$$M_i = \sum_i r_i \times m_i a = \left(\sum_i m_i r_i\right) \times a = 0 \quad (6\text{-}50)$$

式中，r_i 为刚体中质点 i 在以质心为原点的基准坐标系下的坐标，a 为质心相对于某一惯性系的加速度。由式（6-50）知，欧拉旋转方程仍具有式（6-47）的形式。此时惯性张量是一个对角矩阵 $I = \text{diag}\{I_{xx}, I_{yy}, I_{zz}\}$，外力矩的分量为

$$\begin{cases} M_x = I_{xx}\dot{\omega}_x - (I_{yy} - I_{zz})\omega_y\omega_z \\ M_y = I_{yy}\dot{\omega}_y - (I_{zz} - I_{xx})\omega_z\omega_x \\ M_z = I_{zz}\dot{\omega}_z - (I_{xx} - I_{yy})\omega_x\omega_y \end{cases} \quad (6\text{-}51)$$

6.3 机器人的牛顿-欧拉动力学建模

对于多连杆机器人，根据力学量参考坐标系的不同，有两种牛顿-欧拉动力学建模方式：第一种方式是在基准坐标系下建立牛顿-欧拉方程，即在同一个基准坐标系下描述各连杆的力学量。例如，对于一个多连杆机器人，可在机器人基坐标系下描述各连杆的质心速度、角速度等。第二种方式是在连杆坐标系下建立牛顿-欧拉方程，即先建立机器人的连杆坐标系，在每个连杆坐标系下分别描述对应连杆的力学量，这种方法也称为欧拉-牛顿递归方法。例如，对于机器人的第 i 个连杆，可在连杆坐标系 $\{i\}$ 下描述其质心速度、角速度等。

若采用第二种方式，可先从连杆 1 到连杆 n 计算各连杆的速度和加速度，并对每个连杆应用牛顿-欧拉方程，其初始条件是机器人底座的确定运动；再从连杆 N 到连杆 1 计算各关节的驱动力和约束反力，其初始条件是连杆 N 所受的力及力矩。此种方法因计算量较大，在此不作详细介绍，下面介绍第一种方法。

6.3.1 2 自由度机器人的牛顿-欧拉动力学建模

对于多连杆串联机器人，可在基准坐标系中描述各连杆力学量，此处不考虑连杆之间的摩擦。如图 6-4 所示，取机器人的第 i 个连杆进行运动状态和受

力情况的分析，取连杆坐标系 $\{0\}$ 为基准坐标系，设连杆 i 的质心为 G_i，质心在基准坐标系下的速度为 $\boldsymbol{v}_i$，连杆 i 在基准坐标系下的角速度为 $\boldsymbol{\omega}_i$，连杆 i 的质心 G_i 到连杆坐标系 $\{i\}$ 原点 O_i 的向量为 $\boldsymbol{p}_{i,i}$，连杆 i 的质心 G_i 到连杆坐标系 $\{i+1\}$ 原点 O_{i+1} 的向量为 $\boldsymbol{p}_{i,i+1}$；连杆 i 受到来自连杆 $i-1$ 的力 $\boldsymbol{F}_{i-1,i}$ 和力矩 $\boldsymbol{M}_{i-1,i}$、来自连杆 $i+1$ 的力 $-\boldsymbol{F}_{i,i+1}$ 和力矩 $-\boldsymbol{M}_{i,i+1}$ 以及连杆自身的重力 $m_i\boldsymbol{g}$，$i=1,2,\cdots,N-1$。

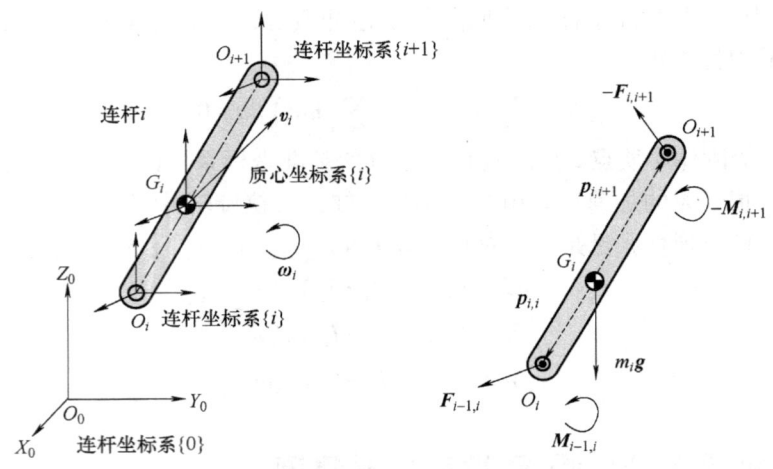

图 6-4 连杆的运动状态和受力状态

根据连杆 i 的受力关系，可列出连杆 i 的牛顿方程，根据式（6-47），可列出基准坐标系下连杆 i 的欧拉旋转方程，因此连杆 i 在基准坐标系下的牛顿-欧拉方程组为

$$\begin{cases} \boldsymbol{F}_i = m_i\dot{\boldsymbol{v}}_i \\ \boldsymbol{M}_i = \boldsymbol{\omega}_i \times ({}^0\boldsymbol{I}_i\boldsymbol{\omega}_i) + {}^0\boldsymbol{I}_i\dot{\boldsymbol{\omega}}_i \end{cases} \quad (6\text{-}52)$$

式中，${}^0\boldsymbol{I}_i$ 为连杆 i 在基准坐标系（即连杆坐标系 $\{0\}$）下的惯性张量，即

$$ {}^0\boldsymbol{I}_i = \begin{bmatrix} {}^0I_{xxi} & -{}^0I_{xyi} & -{}^0I_{xzi} \\ -{}^0I_{yxi} & {}^0I_{yyi} & -{}^0I_{yzi} \\ -{}^0I_{zxi} & -{}^0I_{zyi} & {}^0I_{zzi} \end{bmatrix} \quad (6\text{-}53)$$

$\boldsymbol{F}_i$ 和 $\boldsymbol{M}_i$ 分别为连杆 i 受到的外力和外力矩在基准坐标系下的表达，由连杆 L_i 质心的力和力矩平衡可得

$$\begin{cases} \boldsymbol{F}_i = \boldsymbol{F}_{i-1,i} - \boldsymbol{F}_{i,i+1} + m_i\boldsymbol{g} \\ \boldsymbol{M}_i = \boldsymbol{M}_{i-1,i} - \boldsymbol{M}_{i,i+1} + \boldsymbol{F}_{i-1,i} \times \boldsymbol{p}_{i,i} - \boldsymbol{F}_{i,i+1} \times \boldsymbol{p}_{i,i+1} \end{cases} \quad (6\text{-}54)$$

因此，连杆 i 在基准坐标系下的牛顿-欧拉动力学方程组为

$$\begin{cases} \boldsymbol{F}_{i-1,i} - \boldsymbol{F}_{i,i+1} + m_i \boldsymbol{g} = m_i \dot{\boldsymbol{v}}_i \\ \boldsymbol{M}_{i-1,i} - \boldsymbol{M}_{i,i+1} + \boldsymbol{F}_{i-1,i} \times \boldsymbol{p}_{i,i} - \boldsymbol{F}_{i,i+1} \times \boldsymbol{p}_{i,i+1} = \boldsymbol{\omega}_i \times (^0 \boldsymbol{I}_i \boldsymbol{\omega}_i) + {}^0 \boldsymbol{I}_i \dot{\boldsymbol{\omega}}_i \end{cases} \quad (6\text{-}55)$$

对于 n 连杆机器人，其牛顿-欧拉动力学方程组包含 $2n$ 个向量方程，若需要深入了解方程的结构，并进一步实现数值计算，还需要得到动力学方程的封闭形式。

6.3.2 封闭形式的牛顿-欧拉动力学方程

下面以 2 自由度平面机器人为例，建立封闭形式的牛顿-欧拉动力学方程。通过第 4 章介绍的改进 D-H 法建立连杆坐标系，如图 6-5 所示。其 D-H 参数见表 6-1。以连杆坐标系 {0} 为基准坐标系，符号规定与图 6-4 相同，例如连杆 1 质心 G_1 到连杆坐标系 {1} 原点 O_1 的向量为 $\boldsymbol{p}_{1,1}$，以此类推。

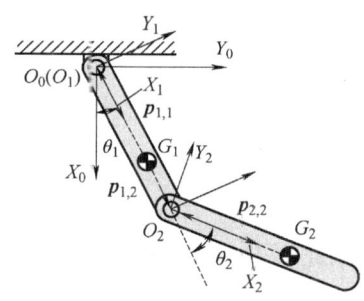

图 6-5　2 自由度平面机器人的牛顿-欧拉动力学建模

表 6-1　2 自由度平面机器人的改进 D-H 参数表

关节 i	关节角 θ_i	连杆偏距 d_i	连杆长度 a_{i-1}	连杆扭转角 α_{i-1}
1	θ_1	0	0	0
2	θ_2	0	l_1	0

设机器人两个关节的驱动力矩分别为 τ_1 和 τ_2，希望建立关节驱动力矩与关节变量的一阶、二阶导数的关系。首先对两个连杆分别建立牛顿-欧拉方程组。

根据式（6-55），连杆 1 在基准坐标系下的牛顿-欧拉方程组为

$$\begin{cases} \boldsymbol{F}_{0,1} - \boldsymbol{F}_{1,2} + m_1 \boldsymbol{g} = m_1 \dot{\boldsymbol{v}}_1 \\ \boldsymbol{M}_{0,1} - \boldsymbol{M}_{1,2} + \boldsymbol{F}_{0,1} \times \boldsymbol{p}_{1,1} - \boldsymbol{F}_{1,2} \times \boldsymbol{p}_{1,2} = \boldsymbol{\omega}_1 \times (^0 \boldsymbol{I}_1 \boldsymbol{\omega}_1) + {}^0 \boldsymbol{I}_1 \dot{\boldsymbol{\omega}}_1 \end{cases} \quad (6\text{-}56)$$

当连杆 2 终端为自由端时，连杆 2 在基准坐标系下的牛顿-欧拉方程组为

$$\begin{cases} \boldsymbol{F}_{1,2}+m_2\boldsymbol{g}=m_2\dot{\boldsymbol{v}}_2 \\ \boldsymbol{M}_{1,2}+\boldsymbol{F}_{1,2}\times\boldsymbol{p}_{2,2}=\boldsymbol{\omega}_2\times({}^0\boldsymbol{I}_2\boldsymbol{\omega}_2)+{}^0\boldsymbol{I}_2\dot{\boldsymbol{\omega}}_2 \end{cases} \quad (6\text{-}57)$$

联立式（6-56）和式（6-57），有

$$\begin{cases} \boldsymbol{F}_{0,1}=m_1\dot{\boldsymbol{v}}_1+m_2\dot{\boldsymbol{v}}_2-(m_1+m_2)\boldsymbol{g} \\ \boldsymbol{F}_{1,2}=m_2(\dot{\boldsymbol{v}}_2-\boldsymbol{g}) \end{cases} \quad (6\text{-}58)$$

将式（6-58）代入式（6-56）的第二式，消去 $\boldsymbol{F}_{0,1}$ 和 $\boldsymbol{F}_{1,2}$，有

$$\begin{aligned} &\boldsymbol{M}_{0,1}-\boldsymbol{M}_{1,2}+[m_1\dot{\boldsymbol{v}}_1+m_2\dot{\boldsymbol{v}}_2-(m_1+m_2)\boldsymbol{g}]\times\boldsymbol{p}_{1,1}-m_2(\dot{\boldsymbol{v}}_2-\boldsymbol{g})\times\boldsymbol{p}_{1,2}\\ &=\boldsymbol{\omega}_1\times({}^0\boldsymbol{I}_1\boldsymbol{\omega}_1)+{}^0\boldsymbol{I}_1\dot{\boldsymbol{\omega}}_1 \end{aligned} \quad (6\text{-}59)$$

将式（6-58）代入式（6-57）的第二式，消去 $\boldsymbol{F}_{0,1}$ 和 $\boldsymbol{F}_{1,2}$，有

$$\boldsymbol{M}_{1,2}+m_2(\dot{\boldsymbol{v}}_2-\boldsymbol{g})\times\boldsymbol{p}_{2,2}=\boldsymbol{\omega}_2\times({}^0\boldsymbol{I}_2\boldsymbol{\omega}_2)+{}^0\boldsymbol{I}_2\dot{\boldsymbol{\omega}}_2 \quad (6\text{-}60)$$

下面将式（6-59）和式（6-60）转化为标量形式。为简化记号，记 $|\boldsymbol{p}_{1,1}|=l_{11}$，$|\boldsymbol{p}_{2,2}|=l_{22}$，则 $|\boldsymbol{p}_{1,2}|=l_1-l_{11}$，由几何关系有

$$\begin{cases} \boldsymbol{p}_{1,1}=[\,-l_{11}c_1 \quad -l_{11}s_1 \quad 0\,]^{\mathrm{T}} \\ \boldsymbol{p}_{1,2}=[\,(l_1-l_{11})c_1 \quad (l_1-l_{11})s_1 \quad 0\,]^{\mathrm{T}} \\ \boldsymbol{p}_{2,2}=[\,-l_{22}c_{12} \quad -l_{22}s_{12} \quad 0\,]^{\mathrm{T}} \end{cases} \quad (6\text{-}61)$$

式中，c_1、s_1 分别代表 $\cos\theta_1$、$\sin\theta_1$，c_{12}、s_{12} 分别代表 $\cos(\theta_1+\theta_2)$、$\sin(\theta_1+\theta_2)$；式（6-62）和式（6-63）同此要求。

由几何关系，两连杆的质心在基准坐标系下的速度分别为

$$\boldsymbol{v}_1=\begin{bmatrix}-l_{11}\dot{\theta}_1s_1\\ l_{11}\dot{\theta}_1c_1\\ 0\end{bmatrix},\quad \boldsymbol{v}_2=\begin{bmatrix}-l_1\dot{\theta}_1s_1-l_{22}(\dot{\theta}_1+\dot{\theta}_2)s_{12}\\ l_1\dot{\theta}_1c_1+l_{22}(\dot{\theta}_1+\dot{\theta}_2)c_{12}\\ 0\end{bmatrix} \quad (6\text{-}62)$$

求导后，有

$$\begin{cases} \dot{\boldsymbol{v}}_1=\begin{bmatrix}-l_{11}(\dot{\theta}_1^2c_1+\ddot{\theta}_1s_1)\\ l_{11}(\ddot{\theta}_1c_1-\dot{\theta}_1^2s_1)\\ 0\end{bmatrix}\\ \dot{\boldsymbol{v}}_2=\begin{bmatrix}-l_1\dot{\theta}_1^2c_1-l_1\ddot{\theta}_1s_1-l_{22}(\dot{\theta}_1+\dot{\theta}_2)^2c_{12}-l_{22}(\ddot{\theta}_1+\ddot{\theta}_2)s_{12}\\ l_1c_1\ddot{\theta}_1-l_1s_1\dot{\theta}_1^2+l_{22}c_{12}(\ddot{\theta}_1+\ddot{\theta}_2)-l_{22}s_{12}(\dot{\theta}_1+\dot{\theta}_2)^2\\ 0\end{bmatrix} \end{cases} \quad (6\text{-}63)$$

注意到，$\boldsymbol{M}_{0,1}=\boldsymbol{\tau}_1$，$\boldsymbol{M}_{1,2}=\boldsymbol{\tau}_2$，由于机器人做平面运动，因此力矩、角速度的方向均沿基准坐标系的 Z 轴方向，即垂直纸面向外，将式（6-59）和式（6-60）

转化为标量形式,则仅有 Z 分量是有意义的,此处的计算较为烦琐,可通过下面的 MATLAB 程序辅助计算。具体代码如下:

```matlab
%% dynamic_assist_NewtonEuler.m
% 牛顿-欧拉动力学建模辅助计算程序
clear,clc,close all
%% 定义符号变量
syms t q1(t) q2(t);% 时间、关节变量θ1、θ2
syms m1 m2 tau1 tau2 g l1 l2 l11 l22 as real;
Tau1=[0;0;tau1];Tau2=[0;0;tau2];G=[g;0;0];
syms Ixx1 Ixy1 Ixz1 Iyy1 Iyz1 Izz1 as real;% 连杆1的惯性张量
I1=[Ixx1,-Ixy1,-Ixz1;
    -Ixy1,Iyy1,-Iyz1;
    -Ixz1,-Iyz1,Izz1];
syms Ixx2 Ixy2 Ixz2 Iyy2 Iyz2 Izz2 as real;% 连杆2的惯性张量
I2=[Ixx2,-Ixy2,-Ixz2;
    -Ixy2,Iyy2,-Iyz2;
    -Ixz2,-Iyz2,Izz2];
q1d=diff(q1,t);q1dd=diff(q1d,t);
q2d=diff(q2,t);q2dd=diff(q2d,t);
% 三角函数符号简化
s1=sin(q1);c1=cos(q1);s12=sin(q1+q2);c12=cos(q1+q2);
% 质心速度
v1=[-l11*q1d*s1;l11*q1d*c1;0];
v2=[-l1*q1d*s1-l22*(q1d+q2d)*s12;
    l1*q1d*c1+l22*(q1d+q2d)*c12;0];
%向量p1,1,p1,2,p2,1
p11=[-l11*c1;-l11*s1;0];
p12=[(l1-l11)*c1;(l1-l11)*s1;0];
p22=[-l22*c12;-l22*s12;0];
%角速度w1,w2
w1=[0;0;q1d];w2=[0;0;q2d];
w1d=[0;0;q1dd];w2d=[0;0;q2dd];
%% 计算质心速度的导数
v1d=diff(v1,t)
v2d=diff(v2,t)
%% 计算向量方程
```

```
%(6-59)
    Eq1=Tau1-Tau2+ssymt(m1*v1d+m2*v2d-(m1+m2)*G)*p11-...
        m2*ssymt(v2d-G)*p12-ssymt(w1)*I1*w1-I1*w1d
%(6-60)
    Eq2=Tau2+m2*ssymt(v2d-G)*p22-ssymt(w2)*I2*w2-I2*w2d
    Eq1=Eq1+Eq2;
% 提取 z 分量
    Eq1=formula(Eq1);Eq1=Eq1(3);
    Eq2=formula(Eq2);Eq2=Eq2(3);
% 观察结果,给出 tau1 和 tau2 的表达式
    tau1=simplify(-(Eq1-tau1))
    tau2=simplify(-(Eq2-tau2))
%% 功能函数:将向量转换为反对称矩阵
function S=ssymt(v)
v=formula(v);%将 symfun 对象转换为 sym 对象
S=[0,-v(3),v(2);
    v(3),0,-v(1);
    -v(2),v(1),0];
end
```

根据程序计算结果,得到

$$\begin{cases} D_{11}\ddot{\theta}_1+D_{12}\ddot{\theta}_2+D_{122}\dot{\theta}_2^2+D_{112}\dot{\theta}_1\dot{\theta}_2+D_1=\tau_1 \\ D_{21}\ddot{\theta}_1+D_{22}\ddot{\theta}_2+D_{211}\dot{\theta}_1^2+D_2=\tau_2 \end{cases} \tag{6-64}$$

式中

$$\begin{cases} D_{11}={}^0I_{zz1}-2m_2l_1l_{22}c_2-m_1l_{11}^2+m_2(l_{22}^2+l_1^2) \\ D_{12}=-m_2l_{22}^2-m_2l_1l_{22}c_2 \\ D_{122}=m_2l_1l_{22}s_2 \\ D_{112}=2m_2l_1l_{22}s_2 \\ D_1=-[m_1l_{11}s_1+m_2(l_1s_1+l_2s_{12})+m_2]g \\ D_{21}=-m_2l_{22}^2-m_2l_1l_{22}c_2 \\ D_{22}={}^0I_{zz2}-m_2l_{22}^2 \\ D_{211}=-m_2l_1l_{22}s_2 \\ D_2=-m_2l_{22}s_{12}g \end{cases}$$

式(6-64)即为牛顿-欧拉方程的封闭形式。将式(6-64)整理为矩阵形

式，有

$$\begin{bmatrix} D_{11} & D_{12} \\ D_{21} & D_{22} \end{bmatrix} \begin{bmatrix} \ddot{\theta}_1 \\ \ddot{\theta}_2 \end{bmatrix} + \begin{bmatrix} 0 & D_{122} \\ D_{211} & 0 \end{bmatrix} \begin{bmatrix} \dot{\theta}_1^2 \\ \dot{\theta}_2^2 \end{bmatrix} + \begin{bmatrix} D_{112} & 0 \\ 0 & 0 \end{bmatrix} \begin{bmatrix} \dot{\theta}_1 \dot{\theta}_2 \\ \dot{\theta}_2 \dot{\theta}_1 \end{bmatrix} + \begin{bmatrix} D_1 \\ D_2 \end{bmatrix} = \begin{bmatrix} \tau_1 \\ \tau_2 \end{bmatrix} \quad (6\text{-}65)$$

或

$$M(\boldsymbol{\theta})\ddot{\boldsymbol{\theta}} + c(\boldsymbol{\theta},\dot{\boldsymbol{\theta}}) + g(\boldsymbol{\theta}) = \boldsymbol{\tau} \quad (6\text{-}66)$$

实际上，对于 n 自由度开式链机器人，其动力学方程也具有式（6-66）的形式，其中 n 阶矩阵 M 称为质量矩阵，它是关节变量的函数，且是一个对称的正定矩阵；n 维向量 c 是与离心力及科里奥利力有关的向量，它是关节变量及其导数的函数，且存在非线性和变量耦合；n 维向量 g 是与重力有关的向量，它是关节变量的函数。

在实际建模过程中，还需要获取机器人各连杆的质量、质心位置、惯性张量等动力学参数，这一过程称为动力学参数辨识，对于其具体方法，感兴趣的读者可自行了解。

综上可以看出，机器人作为多刚体动力学系统，它的牛顿-欧拉方程组中各个变量是耦合的，对于多自由度机器人，在同一基准坐标系下的牛顿-欧拉动力学建模会更加烦琐，因此一般使用牛顿-欧拉递归方法，通过编程实现动力学建模。

6.4 机器人的拉格朗日动力学建模

对于 N 自由度机器人，取各关节变量 q_j 为广义坐标，q_j 对应的广义外力为 Q_j，设系统动能为 T、势能为 P，由式（6-28）可知，机器人系统拉格朗日方程的一般形式为

$$\frac{\mathrm{d}}{\mathrm{d}t}\left(\frac{\partial L}{\partial \dot{q}_j}\right) - \frac{\partial L}{\partial q_j} = Q_j \quad (j=1,2,\cdots,N) \quad (6\text{-}67)$$

式中，$L=T-P$ 为系统的拉格朗日函数。

6.4.1 2自由度机器人的拉格朗日动力学建模

下面仍以2自由度平面机器人为例，建立其拉格朗日动力学方程。如图6-6所示，l_1、l_2 为连杆有效长度，m_1、m_2 为集中于连杆端部的归算质量，连杆的D-H参数见表6-1，选取关节变量 θ_1、θ_2 为广义坐标。

1. 计算动能与势能

系统的总动能或总势能等于各连杆动能或势能之和。首先分别计算各连杆

的动能和势能。连杆 1 的动能与势能分别为

$$\begin{cases} T_1 = \dfrac{1}{2} m_1 (l_1 \dot{\theta}_1)^2 \\ P_1 = -m_1 g l_1 \cos\theta_1 \end{cases} \quad (6\text{-}68)$$

对于连杆 2，首先写出其末端点在连杆坐标系 $\{0\}$ 下的坐标，然后求导，即可得到末端点的速度，即

$$\begin{cases} x_2 = l_1 \cos\theta_1 + l_2 \cos(\theta_1 + \theta_2) \\ y_2 = l_1 \sin\theta_1 + l_2 \sin(\theta_1 + \theta_2) \end{cases} \quad (6\text{-}69)$$

然后求导

$$\begin{cases} \dot{x}_2 = -l_1 \dot{\theta}_1 \sin\theta_1 - l_2 (\dot{\theta}_1 + \dot{\theta}_2) \sin(\theta_1 + \theta_2) \\ \dot{y}_2 = l_1 \dot{\theta}_1 \cos\theta_1 + l_2 (\dot{\theta}_1 + \dot{\theta}_2) \cos(\theta_1 + \theta_2) \end{cases} \quad (6\text{-}70)$$

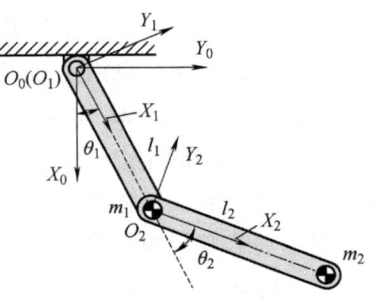

图 6-6 2 自由度平面机器人的拉格朗日动力学建模

于是有

$$\begin{aligned} v_2^2 &= \dot{x}_2^2 + \dot{y}_2^2 \\ &= l_1^2 \dot{\theta}_1^2 + l_2^2 (\dot{\theta}_1^2 + 2\dot{\theta}_1 \dot{\theta}_2 + \dot{\theta}_2^2) + 2 l_1 l_2 c_2 (\dot{\theta}_1^2 + \dot{\theta}_1 \dot{\theta}_2) \end{aligned} \quad (6\text{-}71)$$

则连杆 2 的动能和势能为

$$\begin{cases} T_2 = \dfrac{1}{2} m_2 [\, l_1^2 \dot{\theta}_1^2 + l_2^2 (\dot{\theta}_1^2 + 2\dot{\theta}_1 \dot{\theta}_2 + \dot{\theta}_2^2) + 2 l_1 l_2 c_2 (\dot{\theta}_1^2 + \dot{\theta}_1 \dot{\theta}_2) \,] \\ P_2 = -m_2 g [\, l_1 \cos\theta_1 + l_2 \cos(\theta_1 + \theta_2) \,] \end{cases} \quad (6\text{-}72)$$

2. 计算拉格朗日函数

系统的拉格朗日函数 $L = \sum_i (T_i - P_i)$，联立式（6-68）和式（6-72），有

$$\begin{aligned} L &= T_1 - P_1 + T_2 - P_2 \\ &= \dfrac{1}{2}(m_1 + m_2) l_1^2 \dot{\theta}_1^2 + \dfrac{1}{2} m_2 l_2^2 (\dot{\theta}_1 + \dot{\theta}_2)^2 + m_2 l_1 l_2 \cos\theta_2 (\dot{\theta}_1^2 + \dot{\theta}_1 \dot{\theta}_2) + \\ &\quad (m_1 + m_2) g l_1 \cos\theta_1 + m_2 g l_2 \cos(\theta_1 + \theta_2) \end{aligned} \quad (6\text{-}73)$$

3. 列写动力学方程

为得到动力学方程，需要分别计算式（6-67）中的各项，计算过程较为烦琐，可通过以下 MATLAB 程序辅助计算：

```
%% dynamic_assist_Lagrange.m
% 拉格朗日动力学建模辅助计算程序
  clear,clc,close all
%% 定义符号变量
```

```
syms t q1(t)q2(t);% 时间、关节变量 θ1,θ2
syms m1 m2 tau1 tau2 g l1 l2 as real;
syms tau1 tau2 as real;% 关节力矩 τ1,τ2
Tau1=[0;0;tau1];Tau2=[0;0;tau2];G=[g;0;0];
q1d=diff(q1,t);q1dd=diff(q1d,t);
q2d=diff(q2,t);q2dd=diff(q2d,t);
% 三角函数符号简化
s1=sin(q1);c1=cos(q1);s2=sin(q2);c2=cos(q2);
s12=sin(q1+q2);c12=cos(q1+q2);
%% 连杆 1 的动能与势能
T1=(m1*(l1*q1d)^2)/2;
P1=-m1*g*l1*c1;
%% 连杆 2 的动能与势能
% 末端点坐标
x2=l1*c1+l2*c12;
y2=l1*s1+l2*s12;
% 末端点速度
vx2=diff(x2,t);vy2=diff(y2,t);
% 动能与势能
T2=m2*(vx2^2+vy2^2)/2;
P2=-m2*g*x2;
%% 列写拉格朗日方程
L=T1-P1+T2-P2;% 系统的拉格朗日函数
% 根据 L 的计算结果,手算出下列变量
L1d1=(m1+m2)*l1^2*q1d+m2*l2^2*(q1d+q2d)+m2*l1*l2*c2*(2*q1d+q2d);% L1 对 q1d 的偏导数
L11=-(m1+m2)*g*l1*sin(q1)-m2*g*l2*s12;% L1 对 q1 的偏导数
dL1d1=simplify(diff(L1d1,t))% 计算 L1 对 q1d 的偏导数的导数
L2d2=m2*l2^2*(q1d+q2d)+m2*l1*l2*c2*q1d;% L2 对 q2d 的偏导数
L22=-m2*l1*l2*s2*(q1d^2+q1d*q2d)-m2*g*l2*s12;% L2 对 q2 的偏导数
dL2d2=simplify(diff(L2d2,t))% 计算 L2 对 q2d 的偏导数的导数
Eq1=dL1d1-L11==tau1% 第一个连杆的拉格朗日方程
Eq2=dL2d2-L22==tau2% 第二个连杆的拉格朗日方程
```

计算得到

$$\begin{cases} \dfrac{\partial L}{\partial \dot{\theta}_1} = (m_1+m_2)l_1^2\dot{\theta}_1 + m_2l_2^2(\dot{\theta}_1+\dot{\theta}_2) + m_2l_1l_2\cos\theta_2(2\dot{\theta}_1+\dot{\theta}_2) \\ \dfrac{\partial L}{\partial \theta_1} = -(m_1+m_2)gl_1\sin\theta_1 - m_2gl_2\sin(\theta_1+\theta_2) \end{cases} \quad (6\text{-}74)$$

$$\dfrac{\mathrm{d}}{\mathrm{d}t}\left(\dfrac{\partial L}{\partial \dot{\theta}_1}\right) = l_2^2m_2(\ddot{\theta}_1+\ddot{\theta}_2) + l_1^2(m_1+m_2)\ddot{\theta}_1 + m_2l_1l_2\cos\theta_2(2\ddot{\theta}_1+\ddot{\theta}_2) - $$

$$m_2l_1l_2\sin\theta_2(2\dot{\theta}_1\dot{\theta}_2+\dot{\theta}_2^2) \quad (6\text{-}75)$$

$$\begin{cases} \dfrac{\partial L}{\partial \dot{\theta}_2} = m_2l_2^2(\dot{\theta}_1+\dot{\theta}_2) + m_2l_1l_2\cos\theta_2\dot{\theta}_1 \\ \dfrac{\partial L}{\partial \theta_2} = -m_2l_1l_2\sin\theta_2(\dot{\theta}_1^2+\dot{\theta}_1\dot{\theta}_2) - m_2gl_2\sin(\theta_1+\theta_2) \end{cases} \quad (6\text{-}76)$$

$$\dfrac{\mathrm{d}}{\mathrm{d}t}\left(\dfrac{\partial L}{\partial \dot{\alpha}_2}\right) = m_2l_2^2(\ddot{\theta}_1+\ddot{\theta}_2) + m_2l_1l_2\cos\theta_2\ddot{\theta}_1 - m_2l_1l_2\sin\theta_2\dot{\theta}_1\dot{\theta}_2 \quad (6\text{-}77)$$

系统广义坐标 θ_1、θ_2 对应的广义外力分别为作用在两关节上的驱动力矩 τ_1、τ_2，因此系统的拉格朗日方程组为

$$\begin{cases} \dfrac{\mathrm{d}}{\mathrm{d}t}\left(\dfrac{\partial L}{\partial \dot{\theta}_1}\right) - \dfrac{\partial L}{\partial \theta_1} = \tau_1 \\ \dfrac{\mathrm{d}}{\mathrm{d}t}\left(\dfrac{\partial L}{\partial \dot{\theta}_2}\right) - \dfrac{\partial L}{\partial \theta_2} = \tau_2 \end{cases} \quad (6\text{-}78)$$

将式（6-74）~式（6-77）代入上式，有

$$\begin{cases} D_{11}\ddot{\theta}_1 + D_{12}\ddot{\theta}_2 + D_{122}\dot{\theta}_2^2 + D_{112}\dot{\theta}_1\dot{\theta}_2 + D_1 = \tau_1 \\ D_{21}\ddot{\theta}_1 + D_{22}\ddot{\theta}_2 + D_{211}\dot{\theta}_1^2 + D_2 = \tau_2 \end{cases} \quad (6\text{-}79)$$

式中

$$\begin{cases} D_{11} = (m_1+m_2)l_1^2 + m_2l_2^2 + 2m_2l_1l_2\cos\theta_2 \\ D_{12} = m_2l_2^2 + m_2l_1l_2\cos\theta_2 \\ D_{122} = -m_2l_1l_2\sin\theta_2 \\ D_{112} = -2m_2l_1l_2\sin\theta_2 \\ D_1 = (m_1+m_2)gl_1\sin\theta_1 + m_2gl_2\sin(\theta_1+\theta_2) \\ D_{21} = m_2l_2^2 + m_2l_1l_2\cos\theta_2 \\ D_{22} = m_2l_2^2 \\ D_{211} = m_2l_1l_2\sin\theta_2 \\ D_2 = m_2gl_2\sin(\theta_1+\theta_2) \end{cases}$$

注意到，式（6-79）与式（6-64）具有相同的形式，由此可见，对同一机器人系统，通过牛顿-欧拉法及拉格朗日法建立的动力学方程是等价的。通过拉格朗日法建模时，无需考虑各连杆的内力，但需要对拉格朗日函数求导；通过牛顿-欧拉法建模时，需要考虑各连杆的内力，并计算若干个关键点的坐标，但几何意义明确。两种动力学建模方法都有较大的计算量，多自由度机器人的动力学模型更为复杂，可通过 Adams 等软件进行动力学仿真。

6.4.2 多自由度机器人的拉格朗日动力学建模

下面通过拉格朗日法推导多自由度开式链机器人动力学方程的一般形式。对于多自由度机器人，可对每个连杆 i 分别列写拉格朗日方程，首先计算连杆 i 上任意一点的速度，再计算连杆 i 的动能和势能，然后得到拉格朗日函数，对其微分，整理后得到动力学方程，将各方程合并，即为系统的拉格朗日动力学方程组。

假设机器人的自由度为 N，其第 i 个连杆的相关动力学参数如图 6-7 所示。

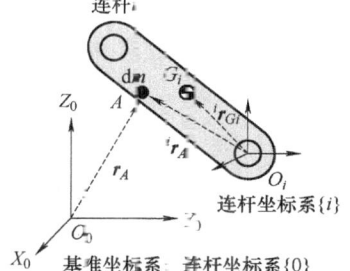

图 6-7 多自由度机器人的连杆动力学参数

1. 计算连杆上一点的速度

对于连杆 i 上的任一质点 A，假设它在连杆坐标系 $\{i\}$ 下的坐标为 $^i\boldsymbol{r}_A$，则它在基准坐标系（即连杆坐标系 $\{0\}$）下的坐标为

$$\boldsymbol{r}_A = {}^0_i\boldsymbol{T}\,{}^i\boldsymbol{r}_A \tag{6-80}$$

式中，${}^0_i\boldsymbol{T}$ 为连杆坐标系 $\{i\}$ 到连杆坐标系 $\{0\}$ 的齐次变换矩阵。取 N 个关节变量 $\theta_1, \theta_2, \cdots, \theta_N$ 为广义坐标，则根据机器人正运动学，齐次变换矩阵是各关节变量的函数。

注意到，根据刚体的定义，连杆 i 上的质点在连杆坐标系 $\{i\}$ 下的坐标不随时间改变，因此 $^i\boldsymbol{r}_A$ 对时间的导数为 0。对式（6-80）求导得到质点 A 在基准坐标系下的速度，见式（6-81）。

$$\boldsymbol{v}_A = \frac{\mathrm{d}\boldsymbol{r}_A}{\mathrm{d}t} = \frac{\mathrm{d}}{\mathrm{d}t}({}^0_i\boldsymbol{T}\,{}^i\boldsymbol{r}_A) = \left(\sum_{j=1}^{i} \frac{\partial\, {}^0_i\boldsymbol{T}}{\partial \theta_j}\dot{\theta}_j\right){}^i\boldsymbol{r}_A \tag{6-81}$$

则质点 A 速度大小的平方为

$$\begin{aligned}
|\boldsymbol{v}_A|^2 &= \boldsymbol{v}_A \cdot \boldsymbol{v}_A = tr(\boldsymbol{v}_A \boldsymbol{v}_A^{\mathrm{T}}) \\
&= tr\left[\left(\sum_{j=1}^{i} \frac{\partial\, {}^0_i\boldsymbol{T}}{\partial \theta_j}\dot{\theta}_j\,{}^i\boldsymbol{r}_A\right)\left(\sum_{j=1}^{i} \frac{\partial\, {}^0_i\boldsymbol{T}}{\partial \theta_j}\dot{\theta}_j\,{}^i\boldsymbol{r}_A\right)^{\mathrm{T}}\right] \\
&= tr\left[\sum_{j=1}^{i}\sum_{k=1}^{i} \frac{\partial\, {}^0_i\boldsymbol{T}}{\partial \theta_j}({}^i\boldsymbol{r}_A\,{}^i\boldsymbol{r}_A^{\mathrm{T}})\frac{\partial\, {}^0_i\boldsymbol{T}^{\mathrm{T}}}{\partial \theta_k}\dot{\theta}_j\dot{\theta}_k\right]
\end{aligned} \tag{6-82}$$

式中，tr 表示取矩阵的迹（trace），即主对角线元素之和。

2. 计算连杆的动能

假设质点 A 的质量为 $\mathrm{d}m$，则该质点的动能为

$$K_A = \frac{1}{2}\mathrm{d}m |\boldsymbol{v}_A|^2 = \frac{1}{2}tr\left[\sum_{j=1}^{i}\sum_{k=1}^{i}\frac{\partial {}_i^0\boldsymbol{T}}{\partial \theta_j}(\boldsymbol{r}_A\boldsymbol{r}_A^{\mathrm{T}}\mathrm{d}m)\frac{\partial {}_i^0\boldsymbol{T}^{\mathrm{T}}}{\partial \theta_k}\dot{\theta}_j\dot{\theta}_k\right] \tag{6-83}$$

于是连杆 i 的动能等于连杆 i 上所有质点动能的积分，即

$$K_i = \int K_A = \frac{1}{2}tr\left[\sum_{j=1}^{i}\sum_{k=1}^{i}\frac{\partial {}_i^0\boldsymbol{T}}{\partial \theta_j}\left(\int \boldsymbol{r}_A\boldsymbol{r}_A^{\mathrm{T}}\mathrm{d}m\right)\frac{\partial {}_i^0\boldsymbol{T}^{\mathrm{T}}}{\partial \theta_k}\dot{\theta}_j\dot{\theta}_k\right] \tag{6-84}$$

上式中圆括号内的积分称为连杆 i 的惯量矩阵，记为 $\boldsymbol{H}_i$，假设质点 A 在基准坐标系下的坐标 $\boldsymbol{r}_A = [x_A \quad y_A \quad z_A]^{\mathrm{T}}$，则惯量矩阵的表达式为

$$\boldsymbol{H}_i = \int \boldsymbol{r}_A\boldsymbol{r}_A^{\mathrm{T}}\mathrm{d}m = \begin{bmatrix} \int x_A^2\mathrm{d}m & \int x_Ay_A\mathrm{d}m & \int x_Az_A\mathrm{d}m & \int x_A\mathrm{d}m \\ \int x_Ay_A\mathrm{d}m & \int y_A^2\mathrm{d}m & \int y_Az_A\mathrm{d}m & \int y_A\mathrm{d}m \\ \int x_Az_A\mathrm{d}m & \int y_iz_i\mathrm{d}m & \int z_A^2\mathrm{d}m & \int z_A\mathrm{d}m \\ \int x_A\mathrm{d}m & \int y_A\mathrm{d}m & \int z_A\mathrm{d}m & \int \mathrm{d}m \end{bmatrix} \tag{6-85}$$

由式（6-34）中惯性矩（转动惯量）、惯量积的定义，有

$$\boldsymbol{H}_i = \begin{bmatrix} \dfrac{-I_{xxi}+I_{yyi}+I_{zzi}}{2} & I_{xyi} & I_{xzi} & S_{xi} \\ I_{yxi} & \dfrac{I_{xxi}-I_{yyi}+I_{zzi}}{2} & I_{yzi} & S_{yi} \\ I_{zxi} & I_{zyi} & \dfrac{I_{xxi}+I_{yyi}-I_{zzi}}{2} & S_{zi} \\ S_{xi} & S_{yi} & S_{zi} & m_i \end{bmatrix} \tag{6-86}$$

式中，$S_{xi} = \int x_A\mathrm{d}m$、$S_{yi} = \int y_A\mathrm{d}m$、$S_{zi} = \int z_A\mathrm{d}m$，称为连杆 i 的静距。

由式（6-86）可知，惯量矩阵是一个对称矩阵，它不包含任何运动学参数。请读者注意区分式（6-33）定义的惯性张量和式（6-86）定义的惯量矩阵，它们均为对称矩阵，且它们的元素均为连杆的矩，不包含运动学参数，但两者的具体元素不同。

对于 N 连杆开式链机器人，各连杆的总动能为

$$\sum_{i=1}^{N}K_i = \frac{1}{2}\sum_{i=1}^{N}tr\left[\sum_{j=1}^{i}\sum_{k=1}^{i}\frac{\partial {}_i^0\boldsymbol{T}}{\partial \theta_j}\boldsymbol{H}_i\frac{\partial {}_i^0\boldsymbol{T}^{\mathrm{T}}}{\partial \theta_k}\dot{\theta}_j\dot{\theta}_k\right]$$

$$= \frac{1}{2}\sum_{i=1}^{N}\sum_{j=1}^{i}\sum_{k=1}^{i}tr\left[\frac{\partial {}_i^0\boldsymbol{T}}{\partial \theta_j}\boldsymbol{H}_i\frac{\partial {}_i^0\boldsymbol{T}^{\mathrm{T}}}{\partial \theta_k}\right]\dot{\theta}_j\dot{\theta}_k \tag{6-87}$$

此外,各连杆的驱动和传动元件(如驱动电动机和液压马达的转子、减速器的齿轮等)与连杆有相对运动,因此也产生一部分动能。对于连杆 i,可通过传动机构的惯性及关节速度表示这部分动能 K_{ai},其表达式为

$$K_{ai} = \frac{1}{2} I_{ai} \dot{\theta}_i^2 \tag{6-88}$$

式中,I_{ai} 为驱动元件转子等在广义坐标上的等效转动惯量(对于移动副为等效质量)。

因此,机器人的总动能为

$$K = \sum_{i=1}^{N} (K_i + K_{ai})$$

$$= \frac{1}{2} \sum_{i=1}^{N} \sum_{j=1}^{i} \sum_{k=1}^{i} tr \left[\frac{\partial {}_i^0 \boldsymbol{T}}{\partial \theta_j} \boldsymbol{H}_i \frac{\partial {}_i^0 \boldsymbol{T}^{\mathrm{T}}}{\partial \theta_k} \right] \dot{\theta}_j \dot{\theta}_k + \frac{1}{2} \sum_{i=1}^{N} I_{ai} \dot{\theta}_i^2 \tag{6-89}$$

3. 计算连杆的势能

记连杆 i 的质量为 m_i,其质心在连杆坐标系 $\{i\}$ 下的坐标为 ${}^i\boldsymbol{r}_{Gi}$,则连杆 i 在基准坐标系下的势能为

$$P_i = -m_i \boldsymbol{g}^{\mathrm{T}} {}_i^0\boldsymbol{T} {}^i\boldsymbol{r}_{Gi} \tag{6-90}$$

式中,$\boldsymbol{g}$ 为重力加速度向量,若取 Z 轴为竖直向上方向,则 $\boldsymbol{g} = [0 \ 0 \ -9.81 \ 0]^{\mathrm{T}}$,单位为 m/s²。

因此,机构的总势能为

$$P = -\sum_{i=1}^{N} m_i \boldsymbol{g}^{\mathrm{T}} {}_i^0\boldsymbol{T} {}^i\boldsymbol{r}_{Gi} \tag{6-91}$$

4. 计算拉格朗日函数

由式(6-89)和式(6-91)可知,机器人系统的拉格朗日函数为

$$L = \frac{1}{2} \sum_{i=1}^{N} \sum_{j=1}^{i} \sum_{k=1}^{i} tr \left[\frac{\partial {}_i^0 \boldsymbol{T}}{\partial \theta_j} \boldsymbol{H}_i \frac{\partial {}_i^0 \boldsymbol{T}^{\mathrm{T}}}{\partial \theta_k} \right] \dot{\theta}_j \dot{\theta}_k + \frac{1}{2} \sum_{i=1}^{N} I_{ai} \dot{\theta}_i^2 - \sum_{i=1}^{N} m_i \boldsymbol{g}^{\mathrm{T}} {}_i^0\boldsymbol{T} {}^i\boldsymbol{r}_{Gi} \tag{6-92}$$

5. 列写拉格朗日方程组

首先计算拉格朗日函数关于第 p 个广义速度 $\dot{\theta}_p$ 的一阶偏导数,有

$$\frac{\partial L}{\partial \dot{\theta}_p} = \frac{1}{2} \sum_{i=1}^{N} \sum_{k=1}^{i} tr \left[\frac{\partial {}_i^0 \boldsymbol{T}}{\partial \theta_p} \boldsymbol{H}_i \frac{\partial {}_i^0 \boldsymbol{T}^{\mathrm{T}}}{\partial \theta_k} \right] \dot{\theta}_k + \frac{1}{2} \sum_{i=1}^{N} \sum_{j=1}^{i} tr \left[\frac{\partial {}_i^0 \boldsymbol{T}}{\partial \theta_j} \boldsymbol{H}_i \frac{\partial {}_i^0 \boldsymbol{T}^{\mathrm{T}}}{\partial \theta_p} \right] \dot{\theta}_j + I_{ap} \dot{\theta}_p$$

$$\tag{6-93}$$

注意到，转置不改变矩阵的迹，因此有

$$tr\left[\frac{\partial_i^0 T}{\partial \theta_p} H_i \frac{\partial_i^0 T^{\mathrm{T}}}{\partial \theta_k}\right] = tr\left[\left(\frac{\partial_i^0 T}{\partial \theta_j} H_i \frac{\partial_i^0 T^{\mathrm{T}}}{\partial \theta_p}\right)^{\mathrm{T}}\right] = tr\left[\frac{\partial_i^0 T}{\partial \theta_j} H_i \frac{\partial_i^0 T^{\mathrm{T}}}{\partial \theta_p}\right]$$

因此式（6-93）可化简为

$$\frac{\partial L}{\partial \dot{\theta}_p} = \sum_{i=1}^{N} \sum_{j=1}^{i} tr\left[\frac{\partial_i^0 T}{\partial \theta_j} H_i \frac{\partial_i^0 T^{\mathrm{T}}}{\partial \theta_p}\right] \dot{\theta}_j + I_{ap} \dot{\theta}_p \qquad (6\text{-}94)$$

式中，$_i^0 T$ 只与前 i 个广义坐标 θ_1、$\theta_2 \cdots \theta_i$ 有关，因此当 $p>i$ 时，$\frac{\partial_i^0 T}{\partial \theta_p} = 0$，则式（6-94）可进一步化简为

$$\frac{\partial L}{\partial \dot{\theta}_p} = \sum_{i=p}^{N} \sum_{j=1}^{i} tr\left[\frac{\partial_i^0 T}{\partial \theta_j} H_i \frac{\partial_i^0 T^{\mathrm{T}}}{\partial \theta_p}\right] \dot{\theta}_j + I_{ap} \dot{\theta}_p \qquad (6\text{-}95)$$

将式（6-95）对时间求导，得到

$$\frac{\mathrm{d}}{\mathrm{d}t}\left(\frac{\partial L}{\partial \dot{\theta}_p}\right) = \sum_{i=p}^{N} \sum_{j=1}^{i} \sum_{k=1}^{i} tr\left[\frac{\partial^2 (_i^0 T)}{\partial \theta_j \partial \theta_k} H_i \frac{\partial_i^0 T^{\mathrm{T}}}{\partial \theta_p}\right] \dot{\theta}_j \dot{\theta}_k + $$

$$\sum_{i=p}^{N} \sum_{j=1}^{i} \sum_{k=1}^{i} tr\left[\frac{\partial_i^0 T}{\partial \theta_j} H_i \frac{\partial^2 (_i^0 T^{\mathrm{T}})}{\partial \theta_p \partial \theta_k}\right] \dot{\theta}_j \dot{\theta}_k +$$

$$\sum_{i=p}^{N} \sum_{j=1}^{i} tr\left[\frac{\partial_i^0 T}{\partial \theta_j} H_i \frac{\partial_i^0 T^{\mathrm{T}}}{\partial \theta_p}\right] \ddot{\theta}_j + I_{ap} \ddot{\theta}_p \qquad (6\text{-}96)$$

然后计算拉格朗日函数关于第 p 个广义坐标 θ_p 的一阶偏导数，有

$$\frac{\partial L}{\partial \theta_p} = \frac{1}{2} \sum_{i=p}^{N} \sum_{j=1}^{i} \sum_{k=1}^{i} tr\left[\frac{\partial^2 (_i^0 T)}{\partial \theta_j \partial \theta_k} H_i \frac{\partial_i^0 T^{\mathrm{T}}}{\partial \theta_p}\right] \dot{\theta}_j \dot{\theta}_k +$$

$$\frac{1}{2} \sum_{i=p}^{N} \sum_{j=1}^{i} \sum_{k=1}^{i} tr\left[\frac{\partial_i^0 T}{\partial \theta_j} H_i \frac{\partial^2 (_i^0 T^{\mathrm{T}})}{\partial \theta_k \partial \theta_p}\right] \dot{\theta}_j \dot{\theta}_k +$$

$$\sum_{i=p}^{N} m_i \mathbf{g}^{\mathrm{T}} \frac{\partial_i^0 T}{\partial \theta_p} \mathbf{r}_{Gi} \qquad (6\text{-}97)$$

式中，求和指标 i 从 p 到 N，这是因为 $_i^0 T$ 只与前 i 个广义坐标 θ_1、$\theta_2 \cdots \theta_i$ 有关，即对于 $p>i$ 有

$$\frac{\partial^2 (_i^0 T)}{\partial \theta_j \partial \theta_p} = \frac{\partial^2 (_i^0 T^{\mathrm{T}})}{\partial \theta_k \partial \theta_p} = 0$$

由于转置不改变矩阵的迹，因此可将式（6-97）的前两项合并，有

$$\frac{\partial L}{\partial \theta_p} = \sum_{i=p}^{N} \sum_{j=1}^{i} \sum_{k=1}^{i} tr\left[\frac{\partial^2 (_i^0 T)}{\partial \theta_j \partial \theta_k} H_i \frac{\partial_i^0 T^{\mathrm{T}}}{\partial \theta_p}\right] \dot{\theta}_j \dot{\theta}_k + \sum_{i=p}^{N} m_i \mathbf{g}^{\mathrm{T}} \frac{\partial_i^0 T}{\partial \theta_p} \mathbf{r}_{Gi} \qquad (6\text{-}98)$$

联立式（6-96）和式（6-98），得到

$$\frac{\mathrm{d}}{\mathrm{d}t}\left(\frac{\partial L}{\partial \dot{\theta}_p}\right) - \frac{\partial L}{\partial \theta_p} = \sum_{i=p}^{N}\sum_{j=1}^{i}\sum_{k=1}^{i} tr\left[\frac{\partial^2({}_i^0\boldsymbol{T})}{\partial \theta_j \partial \theta_k}\boldsymbol{H}_i \frac{\partial {}_i^0\boldsymbol{T}^{\mathrm{T}}}{\partial \theta_p}\right]\dot{\theta}_j \dot{\theta}_k +$$

$$\sum_{i=p}^{N}\sum_{j=1}^{i} tr\left[\frac{\partial {}_i^0\boldsymbol{T}}{\partial \theta_j}\boldsymbol{H}_i \frac{\partial {}_i^0\boldsymbol{T}^{\mathrm{T}}}{\partial \theta_p}\right]\ddot{\theta}_j + I_{ap}\ddot{\theta}_p - \sum_{i=p}^{N} m_i \boldsymbol{g}^{\mathrm{T}} \frac{\partial {}_i^0\boldsymbol{T}}{\partial \theta_p}{}^i\boldsymbol{r}_{Gi} \quad (6\text{-}99)$$

考虑到记号习惯，将指标 (p,i,j,k) 替换为 (i,j,k,m)，并记第 i 个广义坐标 θ_i 对应的广义力为 Q_i，则拉格朗日方程组为

$$Q_i = \sum_{j=i}^{N}\sum_{k=1}^{j}\sum_{m=1}^{j} tr\left[\frac{\partial^2({}_j^0\boldsymbol{T})}{\partial \theta_k \partial \theta_m}\boldsymbol{H}_j \frac{\partial {}_j^0\boldsymbol{T}^{\mathrm{T}}}{\partial \theta_i}\right]\dot{\theta}_k \dot{\theta}_m + \sum_{j=i}^{N}\sum_{k=1}^{j} tr\left[\frac{\partial {}_j^0\boldsymbol{T}}{\partial \theta_k}\boldsymbol{H}_j \frac{\partial {}_j^0\boldsymbol{T}^{\mathrm{T}}}{\partial \theta_i}\right]\ddot{\theta}_k + I_{ai}\ddot{\theta}_i - $$

$$\sum_{j=i}^{N} m_j \boldsymbol{g}^{\mathrm{T}} \frac{\partial {}_j^0\boldsymbol{T}}{\partial \theta_i}{}^j\boldsymbol{r}_{Gj} \quad (i=1,2,\cdots,N)$$

(6-100)

下面将式（6-100）整理为关于广义坐标及其一阶、二阶导数的微分方程组，记

$$\begin{cases} \alpha_{ijkm} = tr\left[\dfrac{\partial^2({}_j^0\boldsymbol{T})}{\partial \theta_k \partial \theta_m}\boldsymbol{H}_j \dfrac{\partial {}_j^0\boldsymbol{T}^{\mathrm{T}}}{\partial \theta_i}\right] \\ \beta_{ijk} = tr\left[\dfrac{\partial {}_j^0\boldsymbol{T}}{\partial \theta_k}\boldsymbol{H}_j \dfrac{\partial {}_j^0\boldsymbol{T}^{\mathrm{T}}}{\partial \theta_i}\right] \end{cases} \quad (6\text{-}101)$$

则 $j<\max(i,k,m)$ 时，$\alpha_{ijkm}=0$；$j<\max(i,k)$ 时，$\beta_{ijk}=0$。于是，式（6-100）的第一项为

$$\sum_{j=i}^{N}\sum_{k=1}^{j}\sum_{m=1}^{j} \alpha_{ijkm}\dot{\theta}_k \dot{\theta}_m = \sum_{j=i}^{N}\sum_{k=1}^{N}\sum_{m=1}^{N} \alpha_{ijkm}\dot{\theta}_k \dot{\theta}_m = \sum_{j=1}^{N}\sum_{k=1}^{N}\left(\sum_{p=i}^{N}\alpha_{ipjk}\right)\dot{\theta}_j \dot{\theta}_k \quad (6\text{-}102)$$

式中，第一个等号将指标 (k,m) 的求和范围扩大，第二个等号将指标 (i,j,k,m) 替换为 (i,p,j,k)，并改变了求和顺序。

式（6-100）的第二项为

$$\sum_{j=i}^{N}\sum_{k=1}^{j} \beta_{ijk}\ddot{\theta}_k = \sum_{j=i}^{N}\sum_{k=1}^{N} \beta_{ijk}\ddot{\theta}_k = \sum_{j=1}^{N}\left(\sum_{p=i}^{N}\beta_{ipj}\right)\ddot{\theta}_j \quad (6\text{-}103)$$

式中，第一个等号将指标 k 的求和范围扩大，第二个等号将指标 (i,j,k) 替换为 (i,p,j)，并改变了求和顺序。

因此可将式（6-100）整理为

$$Q_i = D_{ii}\ddot{\theta}_i + \sum_{j=i}^{N} D_{ij}\ddot{\theta}_j + \sum_{j=i}^{N}\sum_{k=1}^{N} D_{ijk}\dot{\theta}_j\dot{\theta}_k + D_i \quad (i=1,2,\cdots,N) \quad (6\text{-}104)$$

式中

$$\begin{cases} D_{ii} = I_{ai} \\ D_{ij} = \sum_{p=i}^{N} \beta_{ipj} \\ D_{ijk} = \sum_{p=i}^{N} \alpha_{ipjk} \\ D_i = -\sum_{j=i}^{N} m_j \boldsymbol{g}^{\mathrm{T}} \dfrac{\partial_j^0 \boldsymbol{T}}{\partial \theta_i} {}^j\boldsymbol{r}_{Gj} \end{cases}$$

进一步可将式（6-104）表达为与式（6-66）相同的矩阵形式，即

$$\boldsymbol{M}(\boldsymbol{\theta})\ddot{\boldsymbol{\theta}} + \boldsymbol{c}(\boldsymbol{\theta},\dot{\boldsymbol{\theta}}) + \boldsymbol{g}(\boldsymbol{\theta}) = \boldsymbol{Q} \quad (6\text{-}105)$$

式中，$\boldsymbol{\theta}$ 为广义坐标向量，$\boldsymbol{Q}$ 为广义力向量，$\boldsymbol{M}$ 为质量矩阵，$\boldsymbol{c}$ 是与离心力和科里奥利力（简称科氏力）有关的向量，$\boldsymbol{g}$ 是与重力有关的向量。在机器人基于动力学的控制方法中，质量矩阵 $\boldsymbol{M}$ 和重力向量 $\boldsymbol{g}$ 尤为关键，它们影响伺服系统的稳定性和位置精度。而离心力和科氏力向量 $\boldsymbol{c}$ 仅在机器人高速运动时是重要的。

6. 计算广义力

广义力与机器人关节的驱动方式有关，假设机器人各连杆都具有固定在连杆上的、独立的驱动机构，此时若机器人不受任何外力，则广义力 Q_i 就是关节力矩 τ_i，即

$$Q_i = \tau_i \quad (i=1,2,\cdots,N) \quad (6\text{-}106)$$

若机器人末端受到外力 $\boldsymbol{F}$ 和外力矩 $\boldsymbol{M}$，则广义力的形式更加复杂。如图 6-8 所示，定义关节变量为 $\boldsymbol{\theta} = [\theta_1 \ \theta_2 \ \cdots \ \theta_N]^{\mathrm{T}}$，关节力矩为 $\boldsymbol{\tau} = [\tau_1 \ \tau_2 \ \cdots \ \tau_N]^{\mathrm{T}}$，设机器人末端坐标系 $\{N\}$ 在基准坐标系 $\{0\}$ 下的位姿为向量 $\boldsymbol{P} = [x \ y \ z \ R \ P \ Y]^{\mathrm{T}} = [\boldsymbol{r} \ \boldsymbol{\varphi}]^{\mathrm{T}}$；机器人末端受到的外力和外力矩为向量 $\boldsymbol{Q}_{FM} = [\boldsymbol{F} \ \boldsymbol{M}]^{\mathrm{T}}$。

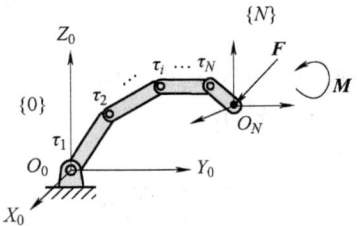

图 6-8　多自由度机器人末端受力情况

在平衡状态下，作用在机器人末端的外力 $\boldsymbol{Q}_{FM}$ 所做的虚功和为

$$\begin{aligned}\delta W &= \boldsymbol{\tau}^{\mathrm{T}}\delta\boldsymbol{\theta} + \boldsymbol{F}^{\mathrm{T}}\delta\boldsymbol{r} + \boldsymbol{M}^{\mathrm{T}}\delta\boldsymbol{\varphi} \\ &= \boldsymbol{\tau}^{\mathrm{T}}\delta\boldsymbol{\theta} + \boldsymbol{Q}_{FM}^{\mathrm{T}}\delta\boldsymbol{P}\end{aligned} \quad (6\text{-}107)$$

根据雅可比矩阵的定义,有 $\delta P = J\delta\theta$,因此有

$$\delta W = \tau^{\mathrm{T}}\delta\theta + Q_{FM}^{\mathrm{T}}J\delta\theta$$
$$= (\tau^{\mathrm{T}} + Q_{FM}^{\mathrm{T}}J)\delta\theta$$
$$= (\tau + J^{\mathrm{T}}Q_{FM})^{\mathrm{T}}\delta\theta \tag{6-108}$$

另一方面,广义力 Q 在广义坐标 θ 上做的虚功为

$$\delta W = Q^{\mathrm{T}}\delta\theta \tag{6-109}$$

比较式 (6-107) 和式 (6-109),可得

$$Q = \tau + J^{\mathrm{T}}Q_{FM} \tag{6-110}$$

式 (6-110) 说明,当末端受到外力和外力矩时,拉格朗日力学方程中的广义力要增加修正项。当相邻连杆的运动存在耦合时,对应于 θ_i 的广义力 Q_i 也需按虚功原理增加修正项。

综上所述,机器人末端不受外力和外力矩时,机器人系统的拉格朗日动力学方程为

$$M(\theta)\ddot{\theta} + c(\theta,\dot{\theta}) + g(\theta) = \tau \tag{6-111}$$

当机器人末端受到外力 Q_{FM} 时,机器人的拉格朗日动力学方程为

$$M(\theta)\ddot{\theta} + c(\theta,\dot{\theta}) + g(\theta) = \tau + J^{\mathrm{T}}Q_{FM} \tag{6-112}$$

6.5 基于 Robotics Toolbox 的机器人动力学仿真

6.5.1 正向动力学仿真

机器人的正向动力学是在关节力/力矩已知的情况下,计算关节的运动学参数。MATLAB Robotics Toolbox 提供了若干机器人正向动力学求解函数,下面简单介绍它们的用法。

通过机器人工具箱建立 SerialLink 类对象 Robot。假设机器人具有 N 个旋转关节,则其关节变量、关节速度等均为长度为 n 的数组。

1) 角加速度求解函数 Robot.accel()。输入关节变量、关节速度、关节驱动力矩,输出关节角加速度。其调用格式为:

```
qdd=Robot.accel(q,qd,torq)
```

其中,q 为初始位置的关节角 ($n \times N$),qd 为关节速度 ($n \times N$),qdd 为关节加速度 ($n \times N$),torq 为关节驱动力/力矩 ($n \times N$)。

2) 正向动力学迭代求解函数 Robot.fdyn()。输入时间间隔及用户提供的力矩控制函数,输出关节角度、关节角速度。其调用格式为:

```
[time,q,qd]=Robot.fdyn(T,torqfun,q0,qd)
```

其中，time 为离散时间变量（n×1），q、qd 分别为关节变量（m×N）、关节速度（m×N）；T 为时间间隔（1×1），其中 m 为 fdyn()函数根据时间间隔 T 自动给出的离散点数，函数将在 [0，T] 区间内进行正向动力学求解；torqfun 为用户提供的力矩控制函数，无需力矩控制函数时，填写[ ]；q0、qd0 分别为关节变量（1×N）、关节速度（1×N）的初值，q0、qd0 缺省时自动补为 0。

例 6-2：对于 PUMA560 机器人，试通过 MATLAB Robotics Toolbox 实现以下需求：

1) 指定 PUMA560 机器人的关节角为 qz（qz 为 PUMA560 机器人的预设零位），关节角速度为零向量、关节力矩为零向量，通过函数 Robot.accel( )计算关节角加速度。

2) 指定 PUMA560 机器人的关节角为 qz，无力矩控制函数，利用函数 Robot.fdyn( )，在 0~10s 内求解机器人的运动学参数，绘制前三个关节的关节变量、关节速度、关节加速度曲线。

解：编写以下程序并运行：

```
%%eg6_2.m
clear,clc,close all,dbstop if error;
mdl_puma560;
% 假定PUMA560机器人位于qz位置,该臂形下关节力矩为0,计算各关节的角加速度
qdd=p560.accel(qz,zeros(1,6),zeros(1,6))'
% 进行正向动力学计算,并计时,fdyn(时间间隔,用户提供的控制函数,关节角初值)
tic;[t q qd]=p560.nofriction().fdyn(10,[],qz);toc;
% 输出运动学参数
figure('color',[1 1 1]);
subplot(3,1,1);plot(t,q(:,1),t,qd(:,1),'--');
xlabel('Time(s)');ylabel('Joint 1(rad)');
legend('q_1','qd_1');title('Joint_1');
subplot(3,1,2);plot(t,q(:,2),t,qd(:,2),'--');
xlabel('Time(s)');ylabel('Joint 2(rad)');
legend('q_2','qd_2');title('Joint_2');
subplot(3,1,3);plot(t,q(:,3),t,qd(:,3),'--');
xlabel('Time(s)');ylabel('Joint 3(rad)');
legend('q_3','qd_3');title('Joint_3');
% 展示仅重力影响下机械臂的运动
figure('color',[1 1 1]);
p=transl(p560.fkine(q));% 计算q对应的末端点轨迹
```

```
plot3(p(:,1),p(:,2),p(:,3),'LineWidth',1.5);
p560.plot(q);
```

运行结果如下：

qdd =

   -0.2462 -8.6829 3.1462 0.0021 0.0503 0.0001

历时 0.3414s。

生成的正向动力学仿真结果如图 6-9 所示。

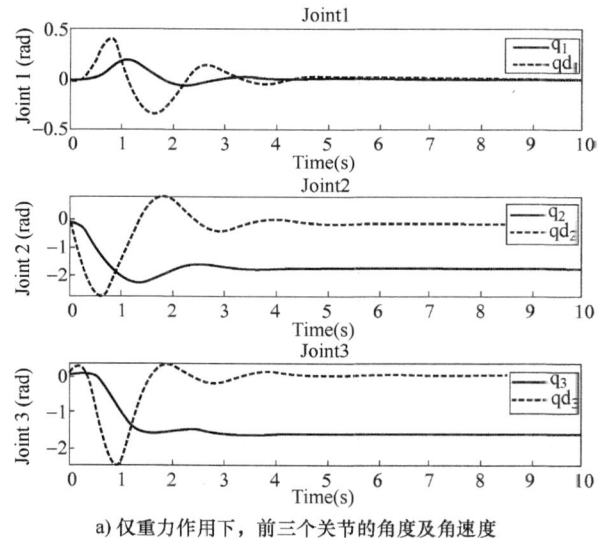

a) 仅重力作用下，前三个关节的角度及角速度

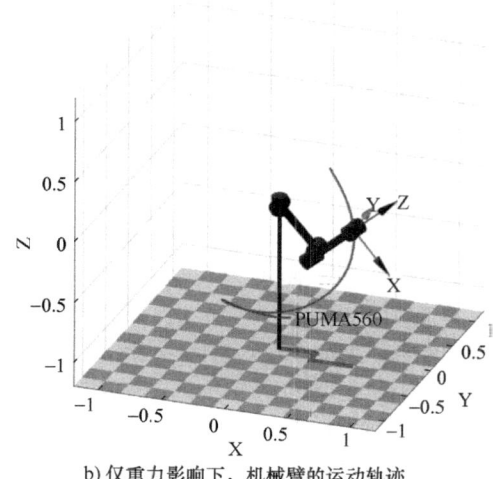

b) 仅重力影响下，机械臂的运动轨迹

图 6-9 正向动力学仿真结果

由输出结果可见，Robot. accel( )函数可计算出机器人在指定关节变量、关节速度、关节力矩时的关节加速度；Robot. fdyn( )函数可计算出机器人在 0~10s 内前三个关节变量和关节速度，且求解速度较快。

6.5.2 逆向动力学仿真

机器人的逆向动力学是在运动学参数已知的情况下，求解关节力/力矩。MATLAB Robotics Toolbox 提供了若干机器人逆向动力学求解函数，下面简单介绍一个函数的基本用法：函数名称为 Robot. rne( )，是逆向动力学求解函数，输入关节角度、角速度、角加速度，输出关节力矩。

假设机器人具有 N 个旋转关节，则其关节变量、关节速度等均为长度为 n 的数组。

Robot. rne( )函数的调用格式为：

```
tau=Robot.rne(q,qd,qdd,grav,fext)
```

其中，q、qd、qdd 分别为关节角度（$n×N$）、角速度（$n×N$）、角加速度（$n×N$），tau 为关节力矩（$n×N$），grav 为重力加速度（$1×1$），fext 为机器人末端受到的外力（$n×N$）。grav 和 fext 可同时缺省，缺省即认为机器人末端不受外力。

例 6-3：以 VIPER7 机械臂为例，已知机械臂的动力学参数（已在程序中给出），使机器人从初始位形到达某目标位形，即关节变量从初始值到某一目标值。首先进行关节空间轨迹规划，得到一组运动学参数，即关节变量、关节速度、关节加速度，计算这组运动学参数对应的关节力矩，并绘制各关节力矩的曲线图。

解：首先通过 Robotics Toolbox 建立 VIPER7 机械臂的改进 D-H 模型，给定初始角度 theta1 及终止角度 theta2，利用 jtraj( )函数进行关节空间轨迹规划，得到一组关节变量、关节速度、关节加速度，将这组运动学参数输入 Robot. rne( )函数，求解得到关节力矩。在 MATLAB 中编写以下程序并运行：

```
%% eg6_3.m
  clear,clc,close all,dbstop if error;
%% 创建 VIPER7 机械臂的模型
% 给定机器人各连杆的改进 D-H 参数及动力学参数
  d=[0 0.06 -0.004 -0.056 0.05 -0.05];%连杆偏距
  a=[0 0 0.332 0 0 0];%连杆长度
  alp=[0 -pi/2 0 pi/2 -pi/2 pi/2];% 连杆扭转角
% 惯性张量 I
```

```
I(:,:,1)=[0.1183 -0.0001 0.0001;-0.0001 0.1182 0.0001;0.0001
0.0000 0.0140];
    I(:,:,2)=[0.0723,0.0000,-0.0051;0.0000,0.0784,0.0000;-0.0051,
0.0000,0.0169];
    I(:,:,3)=[0.4263,0.0000,-0.0072;0.0000,0.4334,0.0000;-0.0072,
0.0000,0.0191];
    I(:,:,4)=[0.0821,0.0000,-0.0314;0.0000,0.1257,0.0000;-0.0314,
0.0000,0.0451];
    I(:,:,5)=[0.0235,0.0000,-0.0002;0.0000,0.0253,0.0000;-0.0002,
0.0000,0.0045];
    I(:,:,6)=[0.0684,0.0000,0.0001;0.0000,0.0696,-0.0000;0.0001,
-0.0000,0.0047];
    % 质心坐标
    r=[0.0002 0.0002 0.1264;-0.0062,0.0001,0.1080;-0.0131,0.0001,0.2402;
        -0.0850,0.0003,0.1540;0.0001,0.0002,0.0982;-0.0111,-0.0003,
0.1365]';
    % 质量 m
    m=[5.6431 5.0478 5.7542 3.0870 2.0459 2.6317];
    % 电动机惯量 Jm
    Jm=2.2e-4*ones(1,6);
    % 齿轮传动比 G
    G=[81 121 81 81 81 51];
    % 电动机黏性摩擦力 B
    B=[1.48e-3 0.817e-3 1.38e-3 71.2e-6 82.6e-6 36.7e-6];
    % 库仑摩擦力
    Tc=[0.395 -0.435;0.126 -0.071;0.132,-0.105;
        11.2e-3,-16.9e-3;9.26e-3,-14.5e-3;3.96e-3,-10.5e-3]';
    % 关节角度变化范围
    qlim=deg2rad([-180 180;-105 105;-225 45;-110 110;-115 115;-180
180]);
    for i=1:6
        L(i)=Revolute('d',d(i),'a',a(i),'alpha',alp(i),'modified',...
            'I',I(:,:,i),'r',r(:,i),'m',m(i), 'Jm',Jm(i),...
            'G',G(i),'B',B(i),'Tc',Tc(:,i),'qlim',qlim(:,i));
    end
    VIPER7=SerialLink(L,'name','VIPER7','comment','LL');   %创建
SerialLink类对象
```

```
%% VIPER7机器人逆运动学仿真
t=0:0.1:2;%时间范围
theta1=[0 -pi/2 -pi/2 0 0 0];%机器人沿竖直方向伸直
theta2=[-pi/2 0 0 -pi/2 -pi/2 -pi/2];%机器人沿水平方向伸直
%对机器人在theta1和theta2之间做关节空间轨迹规划
[q,qd,qdd]=jtraj(theta1,theta2,t);
Q=VIPER7.rne(q,qd,qdd);%获得每个时间点所需要的关节力矩
%% 绘制关节力矩曲线
figure('color',[1 1 1]);
for i=1:6
subplot(3,2,i);
plot(t,Q(:,i));
grid on;title(['关节',num2str(i),'力矩 \tau_',num2str(i)]);%绘制各关节角度曲线
xlabel('t/s');ylabel(['\tau_',num2str(i),'/(N·m)']);
end
```

生成的逆向动力学仿真结果如图 6-10 所示。

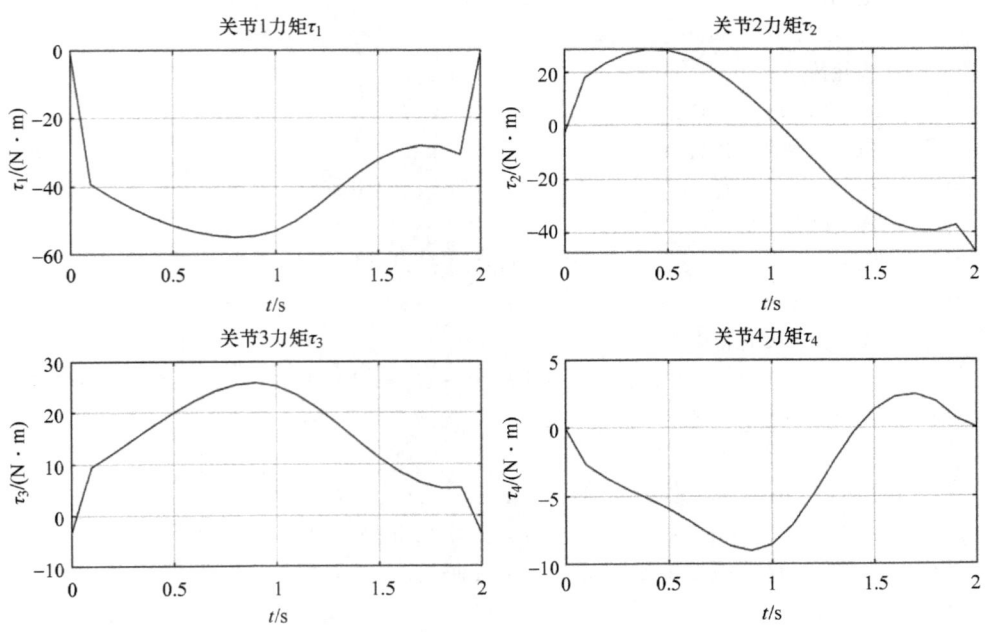

图 6-10 逆向动力学仿真结果

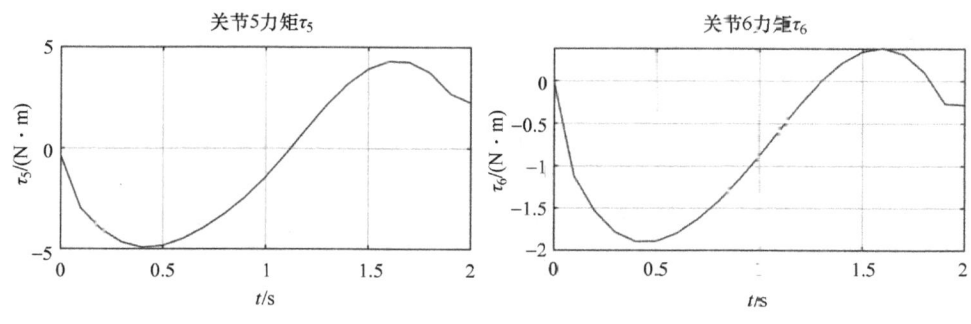

图 6-10 逆向动力学仿真结果（续）

6.6 小结

本章首先阐述了机器人动力学的基本概念，简单介绍了动力学分析的力学基础。此后，重点介绍了牛顿-欧拉法和拉格朗日法两种常用的动力学建模方法，并以 2 自由度平面机器人为例，展示了动力学建模的具体过程。此外，本章还通过 MATLAB 具体实例的仿真，展示了如何应用这些理论来解决实际问题，使读者能够更深入地理解机器人动力学的应用。

参考文献

[1] 孟庆鑫，王晓东. 机器人技术基础 [M]. 哈尔滨：哈尔滨工业大学出版社，2006.

[2] PETER CORKE. 机器人学、机器视觉与控制：MATLAB 算法基础 [M]. 刘荣，等译. 北京：电子工业出版社，2016.

[3] HB 不只是铅笔. 机器人动力学-拉格朗日方程实例 [EB/OL]. (2023-09-25) [2023-12-27]. https://blog.csdn.net/qq_40498008/article/details/130525839.

[4] XIEKKK-. 基于欧拉-拉格朗日方程的机器人动力学模型 [EB/OL]. (2021-01-13) [2023-12-27]. https://blog.csdn.net/qq_41342525/article/details/112577229.

[5] 王磊，陈辰生，张文文. 两自由度机械臂动力学模型的建模与控制 [J]. 信息通信，2020（3）：40-42.

[6] 刘刚. 二杆机械臂的动力学建模与仿真 [J]. 沈阳工程学院学报（自然科学版），2008，04（2）：178-180.

[7] Bellwen. 机器人学基础（3）-动力学分析和力-拉格朗日力学、机器人动力学方程建立、多自由度机器人的动力学方程建立 [EB/OL]. (2023-02-24) [2023-12-27]. https://blog.csdn.net/Bellwen/article/details/129200899.

习题

1. 求一均质的刚性圆柱体相对于其质心坐标系的惯性张量，质心坐标系的 Z 轴与圆柱的轴线重合。

2. 如图 6-11 所示，在基准坐标系 $\{0\}$ 下有一个单连杆操作臂，其质量为 $m=1$，质心在坐标系 $\{1\}$ 下的坐标为

$$^{1}\boldsymbol{P}_c = \begin{bmatrix} 2 \\ 0 \\ 0 \end{bmatrix}$$

惯性张量为

$$^{c}\boldsymbol{I}_1 = \begin{bmatrix} 1 & 0 & 0 \\ 0 & 2 & 0 \\ 0 & 0 & 2 \end{bmatrix}$$

已知从 $t=0$ 时刻开始，关节变量按照如下规律运动

$$\theta_1(t) = bt + ct^2$$

试计算连杆在坐标系 $\{1\}$ 下的角速度，以及连杆质心在坐标系 $\{1\}$ 下的速度。

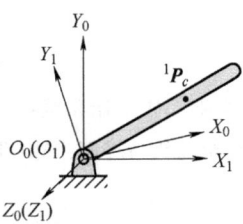

图 6-11 单连杆操作臂

3. 分别阐述牛顿-欧拉法和拉格朗日法动力学建模的一般过程，并指出两者的区别。

第7章

机器人轨迹规划

在机器人控制中,常希望使某一变量由初始值连续地变化到给定的目标值。例如,在机器人的位置控制中,一般给定末端位置的一个目标值,使末端位置由初始值开始,连续地变化到目标值,为了使变化连续、平稳,需要在初始值和目标值之间添加足够多的中间值,也就是确定起始值到目标值的一个连续函数。这一问题在机器人学中称为轨迹规划问题。机器人的轨迹规划在机器人的运动控制中具有重要地位,其不但直接控制着机器人末端执行器的工作方式,还对机器人的运动效率、能量消耗、平稳运行和使用寿命有着较大影响,因此轨迹规划成为机器人学最重要的研究方向之一。

7.1 引言

在本书中,机器人的轨迹和路径是两个不同的概念。轨迹是指与机器人相关的变量(如关节变量、关节力矩、末端位姿等)在工作过程中随时间变化的函数关系,是关于时间的连续函数;路径是指从起始点到目标点的连续点集,它是一个集合,而不是时间的函数。

规划是一种问题求解方法,即从某个特定问题的初始状态出发,构造一系列操作步骤,以达到目标状态。机器人路径规划是指给定运动的起始点和目标点,确定运动的一系列中间点,进而形成一条路径,路径信息中不涉及运动速度、运动时间等变量,是纯几何层面的运动路径。而机器人轨迹规划是指根据机器人作业任务的要求,确定变量从初始值到目标值的时间函数及一阶、二阶导数。在机器人的实际控制中,一般需要将轨迹规划生成的连续轨迹离散化,然后控制机器人按离散轨迹序列运动。

机器人轨迹规划主要分为关节空间轨迹规划和笛卡儿空间轨迹规划。基于关节空间的轨迹规划方式十分便捷,但是针对某些对空间轨迹要求严格的工况，则只能采用笛卡儿空间轨迹规划。下面从这两个方面讨论机器人运动的轨迹规划和轨迹生成方法。

7.2 轨迹规划概述

7.2.1 机器人轨迹规划问题实例

如图 7-1 所示，希望通过机器人完成销轴与孔的配合任务。通过机器人末端工具抓持销轴，则销轴的位姿可通过工具坐标系 $\{T\}$ 来描述，而孔的位姿可通过固定坐标系 $\{S\}$ 来描述，因此轴孔配合任务就是控制工具坐标系相对于固定坐标系的位姿按一定的规律变化，最终实现轴孔的精密配合，确定这一位姿变化规律的过程就是轨迹规划。

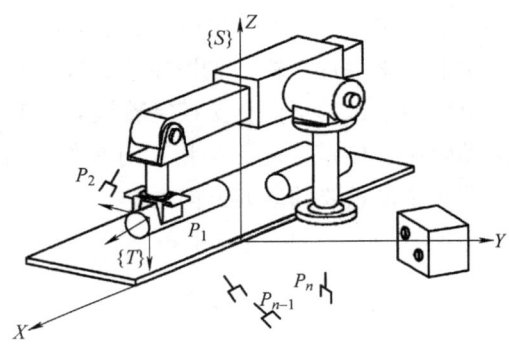

图 7-1 机器人装配任务描述

用工具坐标系相对于固定坐标系的运动来描述作业路径是一种通用的作业描述方法，它把作业路径描述与具体的机器人、手爪或工具分离开来，给出了通用的作业描述形式，使得这一描述形式适用于不同的机器人及不同的工具。如图 7-2 所示，机器人从初始状态（见图 7-2a）运动到目标状态（见图 7-2b）的作业可看作工具坐标系从初始位姿 $\{T_0\}$ 到终止位姿 $\{T_f\}$ 的变化过程。

在轨迹规划中，为叙述方便，将待规划量的初始值、目标值称为起始点、目标点，将待规划量的中间值称为路径点。此外，还必须给出任意两个路径点之间的运动时间。

机器人的运动应当平稳，不平稳的运动将加剧机械部件的磨损，并导致机器人振动和受到冲击。为此，要求所选择的运动轨迹函数必须具有一定的光滑性，一般要求轨迹的一阶导数（速度）、二阶导数（加速度）连续。

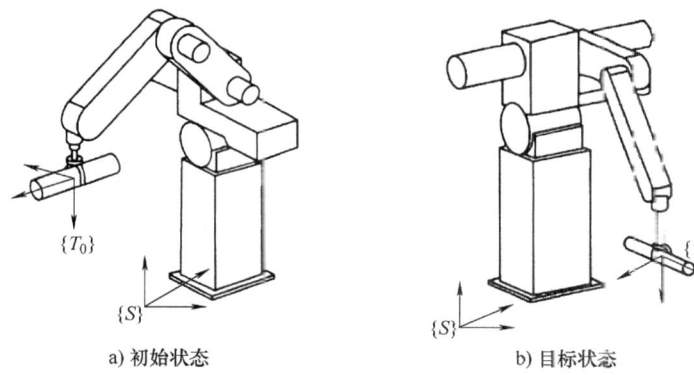

a) 初始状态　　　　　　　b) 目标状态

图 7-2　机器人的初始状态和目标状态

对于图 7-2 所示的轨迹规划问题，有两种规划方法。

一种方法是先根据起始位姿和目标位姿，通过机器人逆运动学计算出起始关节变量和目标关节变量，对关节变量进行规划（一般可通过插值实现），得到各关节变量关于时间的连续函数，将连续函数离散化后得到若干组中间关节变量，由机器人正运动学计算出对应的中间位姿，即得到从起始位姿到目标位姿的连续轨迹，这一方法称为"关节空间轨迹规划"。

另一种方法是直接对位姿进行规划（可通过特定的算法人为规划位姿序列），得到起始位姿到目标位姿的连续轨迹，这一方法称为"笛卡儿空间轨迹规划"。

在位置控制中，一般是通过关节变量的离散序列来控制末端位姿的变化，因此无论是关节空间轨迹规划，还是笛卡儿空间轨迹规划，最终都要给出关节变量的离散序列。注意到，关节空间轨迹规划只需要计算两次运动学逆解，得到起始关节变量和目标关节变量，此后通过插值即可获得关节变量序列；但笛卡儿空间轨迹规划需要对位姿序列中的每一项计算运动学逆解，才能得到关节变量序列。在第 5 章中曾经提到，许多机器人难以求得逆运动学解析解，因此只能使用数值方法求逆解，数值法计算量大、计算效率较低，对于每一个位姿，均要迭代若干次后才能求得关节变量。因此，对于同一个规划问题，笛卡儿空间轨迹规划的计算量更大、实时性更差，但随着硬件设备计算能力的提高，这一问题也在逐渐改善。

实际上，在关节空间轨迹规划中，末端的中间位置和姿态由运动学模型决定，无法人为规定，这会带来一些不便。例如，有些任务要求末端从起始位置到目标位置的过程中保持恒定的姿态，此时关节空间轨迹规划无法完成任务；又如，当机器人的工作环境中存在障碍物时，在运动过程中存在碰撞的风险，因此必须在轨迹中避开障碍物，这就对中间位置提出了要求，此时关节空间轨迹规划无法完成任务。

在实际应用中，关节空间轨迹规划与笛卡儿空间轨迹规划的基本流程如图 7-3 所示。如果工作任务对运动的中间位姿没有要求，则可以使用关节空间轨迹规划，否则需要使用笛卡儿空间轨迹规划。在笛卡儿空间轨迹规划中，也可以根据特定的规划算法，直接规划末端位姿的离散序列，例如快速扩展随机树（rapidly-exploring random tree，RRT）算法、人工势场法（artifical potential field，APF）等避障规划算法。

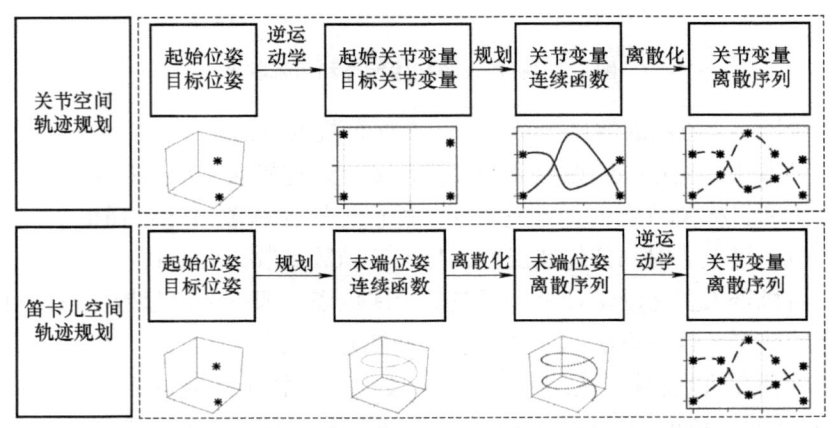

图 7-3 关节空间轨迹规划与笛卡儿空间轨迹规划的基本流程

应注意，由起始点和目标点规划中间轨迹的过程是在特定的约束下进行的，常见的约束包括"避障""跟随位置""跟随姿态""时间最短""能耗最小"等，这些约束就是设计规划算法的依据，而且具有一定的优先级。以图 7-1 所示的装配问题为例，在这一工作环境中不存在障碍物，因此不需要考虑"避障"问题，为了保证装配精度，应首先考虑"跟随位置""跟随姿态"，然后在此基础上考虑"时间最短""能耗最小"等次要需求。在这些约束下设计规划算法，本质上是一个优化问题。

7.2.2 机器人轨迹的生成方式

机器人轨迹的生成方式有以下几种：

1）示教再现运动。由操作者手动示教机器人，定时记录中间关节变量，得到关节变量的离散序列；再现时，按内存中记录的关节变量序列产生动作。

2）关节空间运动。这种运动直接在关节空间中进行，基于动力学进行规划时，由于动力学参数是在关节空间中描述的，因此这种方式适合求解时间最短的规划问题。

3)空间直线运动。这是一种在笛卡儿空间里的直线运动,它适用于简单的作业需求。

4)空间曲线运动。这是一种在笛卡儿空间中的曲线运动,曲线可通过参数方程表达,如圆周运动、螺旋运动等。

为了描述一个完整的作业,往往需要将上述运动进行组合。

7.3 关节空间轨迹规划方法

关节空间轨迹规划的基本流程如图7-3所示,它具有计算量小、实时性好等优势,且不存在奇异点问题,从而可避免采用笛卡儿空间轨迹规划时因靠近奇异点而导致的关节速度失控问题。

本节介绍通过插值生成关节变量轨迹的方法,包括三次多项式插值、过路径点的三次多项式插值、高次多项式插值、用抛物线过渡的线性插值等。

7.3.1 三次多项式插值

假设机器人的起始位姿和目标位姿是已知的,由机器人逆运动学可计算得到起始关节变量和目标关节变量。因此,可以在关节空间中用经过起始关节变量和目标关节变量的光滑函数 $\theta(t)$ 作为末端运动轨迹,如图7-4所示。

轨迹函数的光滑性体现为函数及其一阶导数的连续性,由此得到4个约束条件:两个端点位置约束和两个端点速度约束。

端点位置约束是指轨迹以给定的起始关节变量和目标关节变量为边界值,即

$$\begin{cases} \theta(0) = \theta_0 \\ \theta(t_f) = \theta_f \end{cases} \quad (7\text{-}1)$$

为满足关节运动速度的连续性要求,在起始点和目标点的关节速度可设定为零,即

$$\begin{cases} \dot{\theta}(0) = 0 \\ \dot{\theta}(t_f) = 0 \end{cases} \quad (7\text{-}2)$$

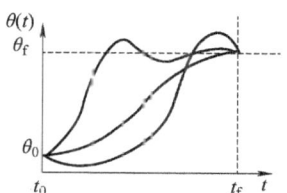

图7-4 关节变量轨迹曲线

θ_0—初始角 θ_f—终止角
t_0—初始时间 t_f—终止时间

由上面给出的4个约束条件可以唯一地确定一个三次多项式,设三次多项式函数

$$\theta(t) = a_0 + a_1 t + a_2 t^2 + a_3 t^3 \quad (7\text{-}3)$$

求导得到一阶、二阶导数,即

$$\begin{cases}\dot{\theta}(t)=a_1+2a_2t+3a_3t^2\\ \ddot{\theta}(t)=2a_2+6a_3t\end{cases} \quad (7\text{-}4)$$

将4个约束条件［式（7-1）和式（7-2）］分别代入式（7-3）和式（7-4），得到关于多项式系数的方程组，即

$$\begin{cases}\theta(0)=a_0=\theta_0\\ \theta(t_\mathrm{f})=a_0+a_1t_\mathrm{f}+a_2t_\mathrm{f}^2+a_3t_\mathrm{f}^3=\theta_\mathrm{f}\\ \dot{\theta}(0)=a_1=0\\ \dot{\theta}(t_\mathrm{f})=a_1+2a_2t_\mathrm{f}+3a_3t_\mathrm{f}^2=0\end{cases} \quad (7\text{-}5)$$

求解可得

$$\begin{cases}a_0=\theta_0\\ a_1=0\\ a_2=\dfrac{3}{t_\mathrm{f}^2}(\theta_\mathrm{f}-\theta_0)\\ a_3=-\dfrac{2}{t_\mathrm{f}^3}(\theta_\mathrm{f}-\theta_0)\end{cases} \quad (7\text{-}6)$$

将式（7-6）各值代入式（7-3），可得三次多项式插值函数为

$$\theta(t)=\theta_0+\dfrac{3}{t_\mathrm{f}^2}(\theta_\mathrm{f}-\theta_0)t^2-\dfrac{2}{t_\mathrm{f}^3}(\theta_\mathrm{f}-\theta_0)t^3 \quad (7\text{-}7)$$

关节角速度和角加速度的表达式为

$$\begin{cases}\dot{\theta}(t)=\dfrac{6}{t_\mathrm{f}^2}(\theta_\mathrm{f}-\theta_0)t-\dfrac{6}{t_\mathrm{f}^3}(\theta_\mathrm{f}-\theta_0)t^2\\ \ddot{\theta}(t)=\dfrac{6}{t_\mathrm{f}^2}(\theta_\mathrm{f}-\theta_0)-\dfrac{12}{t_\mathrm{f}^3}(\theta_\mathrm{f}-\theta_0)t\end{cases} \quad (7\text{-}8)$$

通过三次多项式插值得到的关节变量、关节速度、关节加速度曲线如图7-5所示，其中关节速度曲线为抛物线，关节加速度曲线为直线。

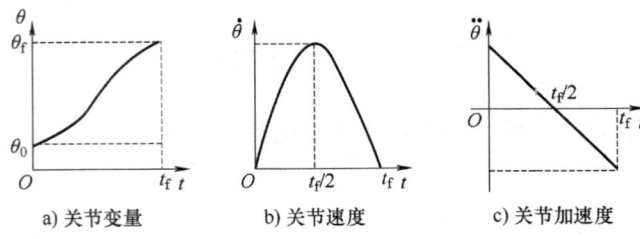

图7-5 三次多项式插值的关节运动轨迹

注意，本节中给出的三次多项式插值是起始点、目标点速度均为 0 的特殊情况。三次多项式插值求解简单、计算速度快，但存在着没有匀速段、速度效率不高、端点加速度最大值无法限制等问题。

例 7-1： 要求某机器人的第一关节在 5s 内从初始角 $\theta_0 = 30°$ 运动到终止角 $\theta_f = 90°$，且起始点和目标点速度均为零。用三次多项式规划该关节的运动，并计算在第 1s、第 2s、第 3s 和第 4s 时关节的角度。

解： 将约束条件代入式（7-6），可得

$$a_0 = 30，a_1 = 0，a_2 = 7.2，a_3 = -0.96$$

由此得到的关节角位置、角速度和角加速度方程为

$$\begin{cases} \theta(t) = 30 + 7.2t^2 - 0.96t^3 \\ \dot{\theta}(t) = 14.4t - 2.88t^2 \\ \ddot{\theta}(t) = 14.4 - 5.76t \end{cases}$$

代入时间求得

$$\theta(1) = 36.24°，\theta(2) = 51.12°，\theta(3) = 68.88°，\theta(4) = 83.76°$$

7.3.2 过路径点的三次多项式插值

若在规划中不仅指定了起始位姿和目标位姿，还给出了一些路径点，即中间位姿，要求规划轨迹通过所有给定位姿，则需要对 7.3.1 节的方法进行推广，得到更通用的三次插值公式。

实际上，对于给定了多个路径点的情况，可以在相邻路径点之间进行三次插值，并使各段插值曲线在连接处的斜率（即速度）相等即可。下面介绍任意起始速度和目标速度下的三次插值方法。

对于一对相邻的路径点，路径点上的速度可根据需要设定，速度约束条件为

$$\begin{cases} \dot{\theta}(0) = \dot{\theta}_0 \\ \dot{\theta}(t_f) = \dot{\theta}_f \end{cases} \tag{7-9}$$

根据 4 个约束条件确定三次多项式的系数，方程组为

$$\begin{cases} \theta_0 = a_0 \\ \theta_f = a_0 + a_1 t_f + a_2 t_f^2 + a_3 t_f^3 \\ \dot{\theta}_0 = a_1 \\ \dot{\theta}_f = a_1 + 2a_2 t_f + 3a_3 t_f^2 \end{cases} \tag{7-10}$$

求解可得

$$\begin{cases} a_0 = \theta_0 \\ a_1 = \dot{\theta}_0 \\ a_2 = \dfrac{3}{t_f^2}(\theta_f - \theta_0) - \dfrac{2}{t_f}\dot{\theta}_0 - \dfrac{1}{t_f}\dot{\theta}_f \\ a_3 = -\dfrac{2}{t_f^3}(\theta_f - \theta_0) + \dfrac{1}{t_f^2}(\dot{\theta}_0 + \dot{\theta}_f) \end{cases} \qquad (7\text{-}11)$$

当路径点上的关节角速度为零，即 $\dot{\theta}_0 = \dot{\theta}_f = 0$ 时，式（7-11）退化为式（7-6），这说明式（7-6）是式（7-11）的特例。式（7-11）所确定的三次多项式描述了起始点和目标点具有任意给定位置和速度约束的运动轨迹。路径点上的关节速度可通过以下几种方法规定。

1）根据末端速度确定关节速度。该方法利用机器人在此路径点上的雅可比矩阵，将末端速度映射为关节速度。当某个路径点是奇异点时，此方法失效。按照该方法生成的轨迹虽然能满足用户设置速度的需要，但是逐点设置速度的工作量较大。

2）在笛卡儿空间或关节空间中采用适当的启发式算法，由控制系统自动选择路径点的速度。图 7-6 所示为采用启发式算法选择路径点速度。图中，θ_0 为起始点，θ_D 为目标点，θ_A、θ_B、θ_C 是路径点，用细实线表示过路径点时的关节运动速度。假设用虚线段把这些路径点依次连接起来，如果相邻线段的斜率在

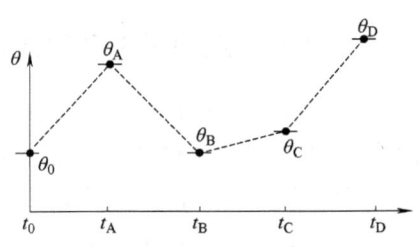

图 7-6 采用启发式算法选择路径点速度

路径点处改变符号，则将速度设定为零；如果相邻线段的斜率不改变符号，则将速度设定为两侧斜率的平均值，按此规则，系统就能够自动生成相应的路径点速度。

3）使各路径点上的加速度连续，由控制系统按此要求自动选择路径点的速度。为了保证路径点处的加速度连续，可将两条三次曲线连接起来，并使得连接处的速度和加速度相等，这一方法称为"三次样条插值"，感兴趣的读者可自行了解。

7.3.3 高次多项式插值

如果对于运动轨迹的要求更为严格，则需要使用更高次的多项式进行插值。例如，对于某段路径的起始点和目标点，除规定了关节的位置、速度外，

还增加了加速度的要求,因此要用一个五次多项式进行插值,即

$$\theta(t) = a_0 + a_1 t + a_2 t^2 + a_3 t^3 + a_4 t^4 + a_5 t^5 \tag{7-12}$$

多项式的系数 a_0、$a_1\cdots a_5$ 必须满足 6 个约束条件,即

$$\begin{cases} \theta_0 = a_0 \\ \theta_f = a_0 + a_1 t_f + a_2 t_f^2 + a_3 t_f^3 + a_4 t_f^4 + a_5 t_f^5 \\ \dot{\theta}_0 = a_1 \\ \dot{\theta}_f = a_1 + 2a_2 t_f + 3a_3 t_f^2 + 4a_4 t_f^3 + 5a_5 t_f^4 \\ \ddot{\theta}_0 = 2a_2 \\ \ddot{\theta}_f = 2a_2 + 6a_3 t_f + 12 a_4 t_f^2 + 20 a_5 t_f^3 \end{cases} \tag{7-13}$$

解此方程组可得

$$\begin{cases} a_0 = \theta_0 \\ a_1 = \dot{\theta}_0 \\ a_2 = \dfrac{\ddot{\theta}_0}{2} \\ a_3 = \dfrac{20(\theta_f - \theta_0) - t_f(8\dot{\theta}_f + 12\dot{\theta}_0) - t_f^2(3\ddot{\theta}_0 - \ddot{\theta}_f)}{2 t_f^3} \\ a_4 = \dfrac{30(\theta_0 - \theta_f) + t_f(14\dot{\theta}_f + 16\dot{\theta}_0) + t_f^2(3\ddot{\theta}_0 - 2\ddot{\theta}_f)}{2 t_f^4} \\ a_5 = \dfrac{12(\theta_f - \theta_0) - 6 t_f(\dot{\theta}_f + \dot{\theta}_0) - t_f^2(\ddot{\theta}_0 - \ddot{\theta}_f)}{2 t_f^5} \end{cases} \tag{7-14}$$

代入式(7-12),即得到五次多项式轨迹函数 $\theta(t)$。

例 7-2:已知条件同例 7-1,额外要求起始点角加速度为 $5(°)/s^2$,目标点角加速度为 $-5(°)/s^2$。用五次多项式规划该关节的运动,求解该关节角位置、角速度和角加速度方程。

解:已知 $t_f = 5s$,$\theta_0 = 30°$,$\dot{\theta}_0 = 0$,$\ddot{\theta}_0 = 5(°)/s^2$,$\theta_f = 90°$,$\dot{\theta}_f = 0$,$\ddot{\theta}_f = -5(°)/s^2$,将已知条件代入式(7-14),可得

$$a_0 = 30,\ a_1 = 0,\ a_2 = 2.5,\ a_3 = 2.8,\ a_4 = -0.94,\ a_5 = 0.0752$$

由此得到的关节角位置、角速度和角加速度方程为

$$\begin{cases} \theta(t) = 30 + 2.5 t^2 + 2.8 t^3 - 0.94 t^4 + 0.0752 t^5 \\ \dot{\theta}(t) = 5t + 8.4 t^2 - 3.76 t^3 + 0.376 t^4 \\ \ddot{\theta}(t) = 5 + 16.8 t - 11.28 t^2 + 1.504 t^3 \end{cases}$$

7.3.4 用抛物线过渡的线性插值

对于给定了起始点和目标点的机器人关节空间轨迹规划,选择线性函数最为简单,但是线性插值会导致在起始点和目标点关节运动速度的不连续,导致刚性冲击。

为此,可在线性插值函数两端点的邻域内设置一段抛物线过渡域,如图 7-7 所示。由于抛物线函数对于时间的二阶导数为常数,即相应区段内的加速度恒定,因此可保证起始点和目标点的速度平滑过渡,从而使整个轨迹上的位置和速度连续。这种方法称为用抛物线过渡域的线性插值。这种路径规划方法具有多解性和对称性,如图 7-8 所示。

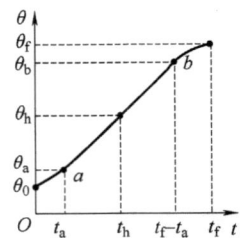

图 7-7 用抛物线过渡域的线性轨迹

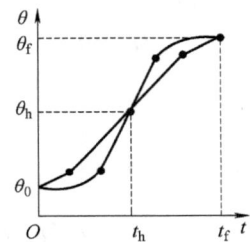

图 7-8 轨迹的多解性和对称性

每条轨迹都关于时间和位置点 (t_h, θ_h) 中心对称。为了保证轨迹的光滑性,抛物线轨迹的终点速度必须等于线性段的速度,即

$$\ddot{\theta} t_a = \frac{\theta_h - \theta_a}{t_h - t_a} \tag{7-15}$$

式中,θ_a 为过渡域终点 t_a 处的关节角度,其值可由式(7-16)求出;$\ddot{\theta}$ 为过渡域的加速度。

$$\theta_a = \theta_0 + \frac{1}{2} \ddot{\theta} t_a^2 \tag{7-16}$$

设关节从起始点到目标点的总运动时间为 t_f,而 $t_f = 2t_h$,并且

$$\theta_h = \frac{1}{2}(\theta_0 + \theta_f) \tag{7-17}$$

联立式(7-15)~式(7-17),可得

$$\ddot{\theta} t_a^2 - \ddot{\theta} t_f t_a + (\theta_f - \theta_0) = 0 \tag{7-18}$$

通常情况下,θ_0、θ_f、t_f 是已知量。根据式(7-18)可以选择相应的 $\ddot{\theta}$ 和 t_a,得到相应的轨迹。可先选定加速度 $\ddot{\theta}$ 的值,然后按式(7-18)求出相应的 t_a,即

$$t_a = \frac{\ddot{t}_f}{2} - \frac{\sqrt{\ddot{\theta}^2 t_f^2 - 4\ddot{\theta}(\theta_f - \theta_0)}}{2\ddot{\theta}} \tag{7-19}$$

由式（7-19）可知，为保证 t_a 有解，应有

$$\ddot{\theta} \geq \frac{4(\theta_f - \theta_0)}{t_f^2} \tag{7-20}$$

当式（7-20）中的等号成立时，轨迹线性段的长度缩减为零，整个轨迹由两个过渡域组成，这两个过渡或在衔接处的斜率（关节速度）相等。角加速度 $\ddot{\theta}$ 的值越大，过渡域的长度越短；当角加速度的值趋于无穷大时，轨迹退化为线性函数。

例 7-3：在例 7-1 中，假设该机器人的第一关节在 5s 内从初始角 $\theta_0 = 30°$ 运动到终止角 $\theta_f = 90°$，采用抛物线过渡的线性插值，过渡域的角加速度 $\ddot{\theta} = 10(°)/s^2$。求解所需的过渡时间 t_a 及两个过渡域和线性段对应的角位置、角速度和角加速度方程。

解：将 $\ddot{\theta} = 10(°)/s^2$，$t_f = 5s$，$\theta_0 = 30°$，$\theta_f = 90°$ 代入式（7-19），可得

$$t_a = \frac{5}{2} - \frac{\sqrt{10^2 \times 5^2 - 4 \times 10 \times (90 - 30)}}{2 \times 10} = 2(s)$$

因此，$t_b = t_f - t_a = 3s$，在 $[0, t_a)$、$[t_a, t_b)$、$[t_b, t_f]$ 三个区间内的角位置、角速度、角加速度方程分别为

$$\begin{cases} \theta = 30 + 5t^2 \\ \dot{\theta} = 10t \\ \ddot{\theta} = 10 \end{cases} \quad \begin{cases} \theta = 50 + 20(t-2) \\ \dot{\theta} = 20 \\ \ddot{\theta} = 0 \end{cases} \quad \begin{cases} \theta = 90 - 5(5-t)^2 \\ \dot{\theta} = 10(5-t) \\ \ddot{\theta} = -10 \end{cases}$$

7.4 笛卡儿空间轨迹规划方法

使用关节空间轨迹规划方法，可以保证机器人的末端经过起始点和目标点，但在两点之间的轨迹是未知的，它依赖于机器人的运动学模型。在弧焊等应用场景中，对轨迹中间点的位姿有严格的要求，此时必须使用笛卡儿空间轨迹规划。笛卡儿空间轨迹规划的基本流程如图 7-3 所示。笛卡儿空间轨迹规划的结果需要实时变换为相应的关节坐标，因此逆运动学求解的运算量很大，对硬件设备的计算速度要求高。此外，虽然在笛卡儿空间中得到的轨迹具有直观、准确等特点，但难以确保轨迹上不存在奇异点。为解决上述问题，可以指定机器人必须通过的中间点，以避开这些奇异点。正因为笛卡儿空间轨迹规划存在上述问题，现有的多数机器人轨迹规划器都具有关节空间轨迹规划

和笛卡儿空间轨迹规划两种功能，一般只在必要时才采用笛卡儿空间轨迹规划法。

笛卡儿空间中的轨迹也可以通过插值生成，通过插值（或插补）法进行笛卡儿空间轨迹规划的流程如图7-9所示。首先通过示教或其他方式获得轨迹上的若干路径点的位姿，为了保证运动的平稳性，在示教点之间采用插值或插补算法插入中间点，再通过逆运动学计算关节变量序列，对机器人进行控制。

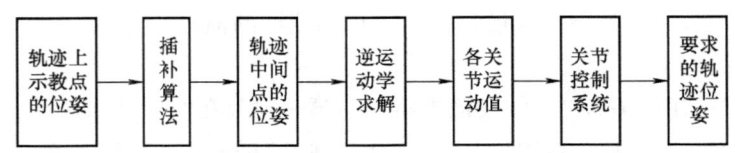

图7-9 通过插值法进行笛卡儿空间轨迹规划的流程

笛卡儿空间中的插值或插补主要包括直线、圆弧、椭圆、抛物线、正弦曲线等方法。其中直线和圆弧轨迹最为基础，下面分别进行介绍。

7.4.1 线性函数插值

直线的轨迹规划即线性函数插值，问题可描述为：已知直线起始点和目标点的位置和姿态，求直线上各路径点的位置和姿态。使用RPY角描述机器人的末端姿态，通过六维向量描述机器人的末端位姿，设机器人在起始点和目标点的位姿分别为 $P_1=(x_1,y_1,z_1,\alpha_1,\beta_1,\gamma_1)$ 和 $P_2=(x_2,y_2,z_2,\alpha_2,\beta_2,\gamma_2)$。则机器人笛卡儿空间的直线轨迹规划方法如下：

1）确定机器人末端操作器运动的速度 v、加速度 a、插补时间 t。插补时间是由机器人的伺服控制周期决定的，通常为毫秒级。

2）计算起始点和目标点的距离 l，即

$$l=\sqrt{(x_1-x_2)^2+(y_1-y_2)^2+(z_1-z_2)^2}$$

3）计算插补次数，步长 $\Delta=vt$，则插补次数 n 为

$$n=\begin{cases}\dfrac{l}{\Delta}, & \dfrac{l}{\Delta}\text{为整数} \\ \text{int}\left(\dfrac{l}{\Delta}\right)+1, & \dfrac{l}{\Delta}\text{为非整数}\end{cases}$$

4）计算机器人末端位姿的增量 dp，即

$$dp=\left[\dfrac{x_2-x_1}{n}\quad \dfrac{y_2-y_1}{n}\quad \dfrac{z_2-z_1}{n}\quad \dfrac{\alpha_2-\alpha_1}{n}\quad \dfrac{\beta_2-\beta_1}{n}\quad \dfrac{\gamma_2-\gamma_1}{n}\right]^T$$

5）由 $p_{k+1}=p_k+\mathrm{d}p$ 计算下一插补点的位姿，利用逆运动学计算关节变量 q_{k+1}。

6）将关节变量 q_{k+1} 周期性地发送给机器人的各个关节控制器，即可控制机器人末端按直线轨迹运动。

7.4.2 圆弧插值

空间圆弧插值，就是计算在一个插补周期 T 内，机器人末端从当前位置（x_i,y_i,z_i）和姿态（$\alpha_i,\beta_i,\gamma_i$）沿圆弧割线截取弦长 $f=FT$（F 为步长）后到达的下一个插值点的位置（x_{i+1},y_{i+1},z_{i+1}）和姿态（$\alpha_{i-1},\beta_{i+1},\gamma_{i-1}$）。其中姿态的插值一般采取线性方式。

圆弧的给出方式可以是圆弧的圆心、起始点和目标点的坐标，也可以是圆弧的起始点、中间点和目标点的坐标（需求出圆心坐标和半径值）。

图 7-10 所示为一任意空间圆弧，给定起始点坐标 $P_0(x_0,y_0,z_0)$、中间点坐标 $P_1(x_1,y_1,z_1)$、目标点坐标 $P_2(x_2,y_2,z_2)$，且已知圆心坐标 $C(x_C,y_C,z_C)$ 和半径 R。

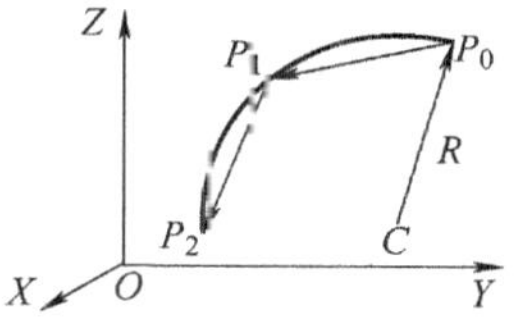

空间中的三个点确定了一个平面，平面的法向量 $\boldsymbol{n}=\overrightarrow{P_0P_1}\times\overrightarrow{P_1P_2}$，设 $\boldsymbol{n}=u\boldsymbol{i}+v\boldsymbol{j}+w\boldsymbol{k}$，则

图 7-10 空间圆弧

$$\begin{cases} u=(y_1-y_0)(z_2-z_1)-(z_1-z_0)(y_2-y_1) \\ v=(z_1-z_0)(x_2-x_1)-(x_1-x_0)(z_2-z_1) \\ w=(x_1-x_0)(y_2-y_1)-(y_1-y_0)(x_2-x_1) \end{cases} \quad (7-21)$$

则圆弧上任一点 $P_i(x_i,y_i,z_i)$ 处的切向量为

$$\boldsymbol{\tau}=\boldsymbol{n}\times\overrightarrow{CP_i}=m_i\boldsymbol{i}+n_i\boldsymbol{j}+l_i\boldsymbol{k} \quad (7-22)$$

设经过一个插补周期后，机器人的末端操作器从 $P_i(x_i,y_i,z_i)$ 沿圆弧切向移动 FT 后，到达 $P'_{i+1}(x'_{i+1},y'_{i+1},z'_{i+1})$，如图 7-11 所示，则

$$\begin{cases} x'_{i+1}=x_i+\Delta x_i=x_i+Em_i \\ y'_{i+1}=y_i+\Delta y_i=y_i+En_i \\ z'_{i+1}=z_i+\Delta z_i=z_i+El_i \end{cases} \quad (7-23)$$

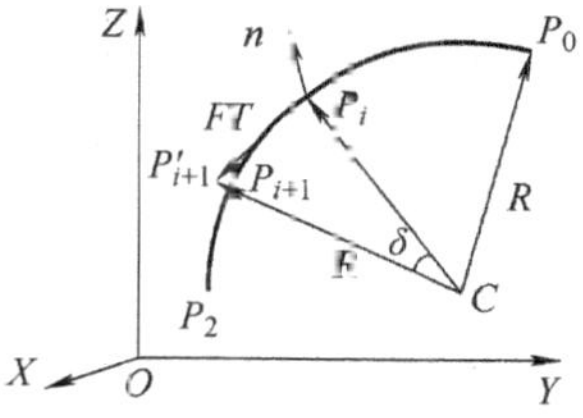

式中，$E=\dfrac{FT}{\sqrt{m_i^2+n_i^2+l_i^2}}$。

图 7-11 空间圆弧插值原理

从图 7-10 可以看出，点 P'_{i+1} 并不在圆弧上，为使所有插值点都落在圆弧上，需对式（7-23）进行修正。连接点 C 和点 P'_{i+1}，交圆弧于点 P_{i+1}，以 P_{i+1} 代替 P'_{i+1} 作为插补点，则插补点始终在圆弧上，且有

$$\begin{cases} x_{i+1} = x_C + G(x_i + Em_i - x_C) \\ y_{i+1} = y_C + G(y_i + En_i - y_C) \\ z_{i+1} = z_C + G(z_i + El_i - z_C) \end{cases} \quad (7\text{-}24)$$

式中，$G = \dfrac{R}{\sqrt{R^2 + FT^2}}$。

要计算圆弧插补次数 n，只需算出圆心角 θ 和步距角 δ，以两者的商作为插补次数，步距角 δ 的表示参见图 7-11，有

$$\delta = \arctan\left(\frac{FT}{R}\right) \approx \frac{FT}{R} \quad (7\text{-}25)$$

计算圆心角 θ 则要考虑 $\theta \leqslant \pi$ 和 $\theta > \pi$ 两种情况，如图 7-12 所示（$\theta \leqslant \pi$ 时，圆弧为 $\widehat{P_0 P_1 P_2}$；$\theta > \pi$ 时，圆弧为 $\widehat{P_0 P_1 P_2'}$）。

当 $\theta \leqslant \pi$ 时，有

$$\theta = 2\arcsin\frac{\sqrt{(x_2-x_0)^2+(y_2-y_0)^2+(z_2-z_0)^2}}{2R} \quad (7\text{-}26)$$

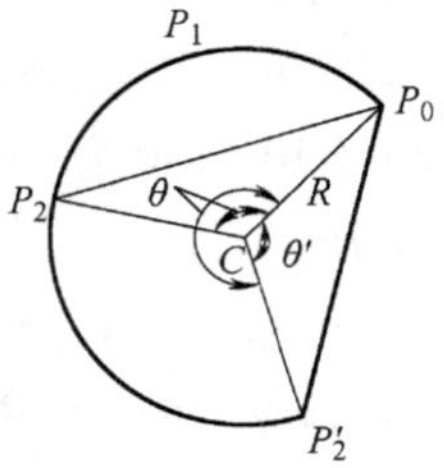

图 7-12 圆心角计算

当 $\theta > \pi$ 时，有

$$\theta = 2\pi - \theta' = 2\pi - 2\arcsin\frac{\sqrt{(x_2-x_0)^2+(y_2-y_0)^2+(z_2-z_0)^2}}{2R} \quad (7\text{-}27)$$

算出 δ 和 θ 后，即可计算插补次数 n（不包括 P_0），$n = \text{int}(\theta/\delta) + 1$。然后对插补点利用逆运动学求解出各关节变量，对各关节进行控制。

7.4.3 速度曲线

末端在笛卡儿空间中的运动轨迹与具体的工艺参数有关，除了让末端沿着特定形状的曲线运动，通常还要控制运动速度，避免机器人的速度、加速度突变带来的冲击。因此，需要对末端运动的速度曲线进行设计。常用的速度曲线有梯形速度曲线和 S 形速度曲线。

1. 梯形速度曲线

梯形速度曲线指速度的曲线为梯形。如图 7-13b 所示，描绘的是速度 $\dot{s}$ 随时间 t 的变化。在梯形速度曲线中，初始速度和终止速度均为 0。速度曲线为分段函数，有匀加速度段、匀速段和匀减速段，即

$$\dot{s}(t) = \begin{cases} at, & 0 \leqslant t < t_c \\ v_c, & t_c \leqslant t < t_f - t_c \\ v_c - a[t-(t_f - t_c)], & t_f - t_c \leqslant t \leqslant t_f \end{cases} \quad (7\text{-}28)$$

式中,a 为匀加速和匀减速时的加速度;v_c 为匀速段的速度大小;t_f 为总运动时间。因加速和减速时加速度大小相同,且终止速度也为 0,故加速时间和减速时间均为 t_c。

将式(7-28)对时间积分,得到位移函数,见式(7-29)。位移曲线如图 7-13a 所示,描绘的是位移 s 随时间 t 的变化。

$$s(t) = \begin{cases} \dfrac{1}{2}ct^2, & 0 \leq t < t_c \\ \dfrac{1}{2}ct_c^2 + v_c(t-t_c), & t_c \leq t < t_f - t_c \\ s_{\text{total}} - \dfrac{1}{2}a(t_f-t)^2, & t_f - t_c \leq t \leq t_f \end{cases} \tag{7-29}$$

式中,s_{total} 为总位移。

给定加速度 a 和匀速段的速度 v_c,可得到匀加速段的持续时间

$$t_c = \frac{v_c}{a} \tag{7-30}$$

注意到,速度曲线下的面积等于总位移,于是有

$$\frac{1}{2}v_c[t_f + (t_f - 2t_c)] = v_c\left(t_f - \frac{v_c}{a}\right) = s_{\text{total}} \tag{7-31}$$

则总运动时间为

$$t_f = \frac{s_{\text{total}}}{v_c} + \frac{v_c}{a} \tag{7-32}$$

将式(7-28)对时间微分,得到加速度函数,如图 7-13c 所示,描绘的是加速度 $\ddot{s}$ 随时间 t 的变化。

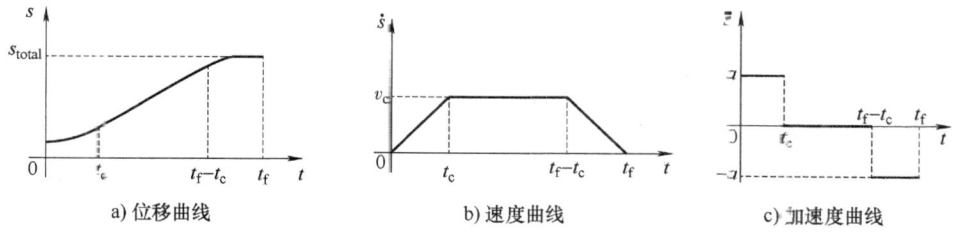

a)位移曲线 b)速度曲线 c)加速度曲线

图 7-13 梯形速度曲线的运动特性

2. S 形速度曲线

由图 7-13 可以看出,梯形速度曲线虽然速度连续,没有突变,但并不光滑,加速度会突变,在加速、匀速和减速段之间切换时会产生冲击。为避免这种情况,应使加速度也连续。如图 7-14 所示,将速度曲线的加速、减速段曲

线替换为抛物线过渡的直线轨迹,此时加速段曲线为字母 S 形,因此称为 S 形速度曲线。

假设起始和终止速度均为 0,加速和减速阶段均有匀加速和匀减速段,且有匀速运动阶段,则 S 形速度曲线可分为 7 段:① $0 \leq t < t_1$,

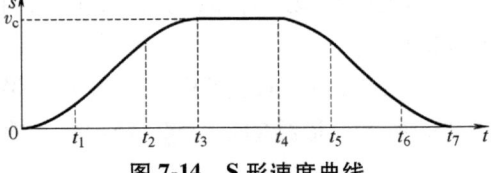

图 7-14 S 形速度曲线

加速度为正,均匀增大;② $t_1 \leq t < t_2$,加速度为正常数;③ $t_2 \leq t < t_3$,加速度为正,均匀减小,最终减至 0;④ $t_3 \leq t < t_4$,加速度为 0,匀速运动;⑤ $t_4 \leq t < t_5$,加速度为负,均匀增大;⑥ $t_5 \leq t < t_6$,加速度为负常数;⑦ $t_6 \leq t \leq t_7$,加速度为负,均匀减小,最终减至 0,速度也降为 0。因此加速度 $a(t)$ 的表达式为

$$\ddot{s}(t) = \begin{cases} jt, & 0 \leq t < t_1 \\ a_c, & t_1 \leq t < t_2 \\ a_c - j(t-t_2), & t_2 \leq t < t_3 \\ 0 & t_3 \leq t < t_4 \\ -j(t-t_4), & t_4 \leq t < t_5 \\ -a_c & t_5 \leq t < t_6 \\ -a_c + j(t-t_6), & t_6 \leq t \leq t_7 \end{cases} \quad (7\text{-}33)$$

式中,j 为加加速度(jerk);a_c 为匀加速及匀减速段的加速度。加速度段的持续时间为

$$t_1 = \frac{a_c}{j} \quad (7\text{-}34)$$

将式(7-33)对时间积分,得到速度的表达式,即

$$\dot{s}(t) = \begin{cases} \dfrac{1}{2}jt^2, & 0 \leq t < t_1 \\ \dfrac{1}{2}jt_1^2 + a_c(t-t_1), & t_1 \leq t < t_2 \\ v_c - \dfrac{1}{2}j(t_3-t)^2, & t_2 \leq t < t_3 \\ v_c, & t_3 \leq t < t_4 \\ v_c - \dfrac{1}{2}j(t-t_4)^2, & t_4 \leq t < t_5 \\ v_c - \dfrac{1}{2}j(t_5-t_4)^2 - a_c(t-t_5), & t_5 \leq t < t_6 \\ v_c - \dfrac{1}{2}j(t_5-t_4)^2 - a_c(t-t_5) + \dfrac{1}{2}j(t_6-t)^2, & t_6 \leq t \leq t_7 \end{cases} \quad (7\text{-}35)$$

式中，v_c 为均速度段的速度。

由于加速段的加速度曲线是一个等腰梯形，因此有

$$t_1 = t_3 - t_2 \tag{7-36}$$

根据速度的连续性可得

$$\dot{s}(t_3) = \frac{1}{2}jt_1^2 + a_c(t_2 - t_1) + \frac{1}{2}j(t_3 - t_2)^2 = v_c \tag{7-37}$$

联立式（7-36）和式（7-37），可计算出 t_2 和 t_3，即

$$\begin{cases} t_2 = t_1 + \dfrac{v_c - jt_1^2}{a_c} \\ t_3 = 2t_1 + \dfrac{v_c - jt_1^2}{a_c} \end{cases} \tag{7-38}$$

由加速度曲线的对称性可得

$$\begin{cases} t_7 - t_6 = t_1 \\ t_7 - t_5 = t_2 \\ t_7 - t_4 = t_3 \end{cases} \tag{7-39}$$

对式（7-35）进行积分，可得到位置的表达式，即

$$s(t) = \begin{cases} \dfrac{1}{6}jt^3, & 0 \leq t < t_1 \\ \dfrac{1}{6}jt_1^3 + \dfrac{1}{2}[jt_1^2 + a_c(t - t_1)](t - t_1), & t_1 \leq t < t_2 \\ s_3 - \dfrac{1}{6}j(t_3 - t)^3, & t_2 \leq t < t_3 \\ s_3 + v_c(t - t_3), & t_3 \leq t < t_4 \\ s_3 + v_c(t - t_3) - \dfrac{1}{6}j(t - t_4)^3, & t_4 \leq t < t_5 \\ s_7 - \dfrac{1}{6}j(t_7 - t_6)^3 - \dfrac{1}{2}[j(t_7 - t_6)^2 + a_c(t_6 - t)](t_6 - t), & t_5 \leq t < t_6 \\ s_7 - \dfrac{1}{6}j(t_7 - t)^3, & t_6 \leq t \leq t_7 \end{cases} \tag{7-40}$$

式中，s_3 表示加速段结束时的位移，有

$$s_3 = \frac{1}{2}v_c t_3 \tag{7-41}$$

根据曲线的对称性，加速段和减速段的位移相同。若 s_7 为总位移，t_c 为匀速段的持续时间，则有 $s_7 = 2s_3 + v_c t_c$，因此有

$$t_c = \frac{s_7 - 2s_3}{v_c} \tag{7-42}$$

由式（7-34）、式（7-36）、式（7-38）和式（7-42），可得到各个运动阶段的时间点表达式，即

$$\begin{cases} t_1 = \dfrac{a_c}{j} \\ t_2 = t_1 + \dfrac{v_c - jt_1^2}{a_c} \\ t_3 = 2t_1 + \dfrac{v_c - jt_1^2}{a_c} \\ t_4 = t_3 + t_c \\ t_5 = t_4 + t_1 \\ t_6 = t_4 + t_2 \\ t_7 = 2t_3 + t_c \end{cases} \tag{7-43}$$

7.5 基于 Robotics Toolbox 的轨迹规划

利用 Robotics Toolbox 提供的 jtraj() 函数和 ctraj() 函数可以实现关节空间轨迹规划、笛卡儿空间轨迹规划。

jtraj() 函数有以下几种调用格式：

[q qd qdd]=jtraj(q0,q1,n)
[q qd qdd]=jtraj(q0,q1,n,qd0,qd1)
[q qd qdd]=jtraj(q0,q1,t)
[q qd qdd]=jtraj(q0,q1,t,qd0,qd1)

其中，输出参数 q、qd、qdd 分别为关节变量 q0 到 q1 的关节变量序列及其一阶、二阶导数，是关节空间规划轨迹的结果；n 为规划的点数；t 为给定的时间向量的长度；qd0 和 qd1 为速度边界值。

ctraj() 函数有以下两种调用格式：

TC=ctraj(T0,T1,n)
TC=ctraj(T0,T1,r)

其中，输出参数 TC 为从 T0 到 T1 的位姿序列，是一个 $4 \times 4 \times n$ 的三维矩阵；n 为点的数量；r 为路径距离向量，r 的取值范围为 [0,1]。

例 7-4：使 PUMA560 机器人在 2s 内从零位形 qz（所有关节变量均为 0）平稳地运动到 "READY" 状态 qr，对这一过程做关节空间轨迹规划。

解：运行程序如下：

```
%% eg7_4
clear,clc,close all;
mdl_puma560;%调用内置机器人PUMA560
t=0:0.056:2;% 设置时间范围
q=jtraj(qz,qr,t);% 从起始关节变量到目标关节变量,做关节空间轨迹规划
Tjtraj=transl(p560.fkine(q));% 计算末端位姿,并提取位置部分
% 模型演示
figure('color',[1 1 1]);title('模型演示')
for i=1:1:36
    p560.plot(q(i,:));hold on;
    plot2(Tjtraj(i,:),'r.');
end
% 绘制末端位置变化曲线
figure('color',[1 1 1]);
plot(t,Tjtraj(:,1),'-',t,Tjtraj(:,2),'--',t,Tjtraj(:,3),'.');
grid on;
legend('X坐标','Y坐标','Z坐标');
xlabel('时间(s)');ylabel('末端位置(m)');title('末端位置变化曲线');
% 绘制末端运动轨迹
figure('color',[1 1 1]);
plot3(Tjtraj(:,1),Tjtraj(:,2),Tjtraj(:,3));
xlabel('X(m)');ylabel('Y(m)');zlabel('Z(m)');
title('末端运动轨迹');grid on;
```

运行结果如图 7-15～图 7-17 所示。

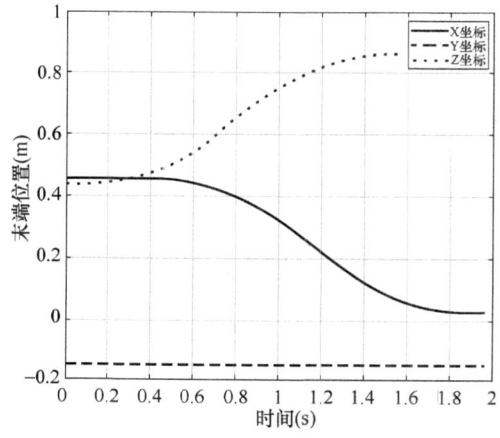

图 7-15　末端位置变化曲线

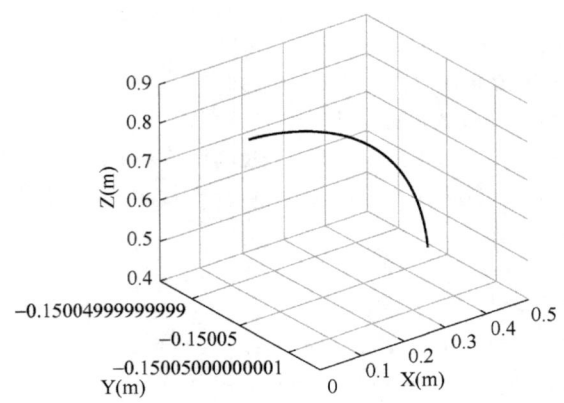

图 7-16　末端运动轨迹

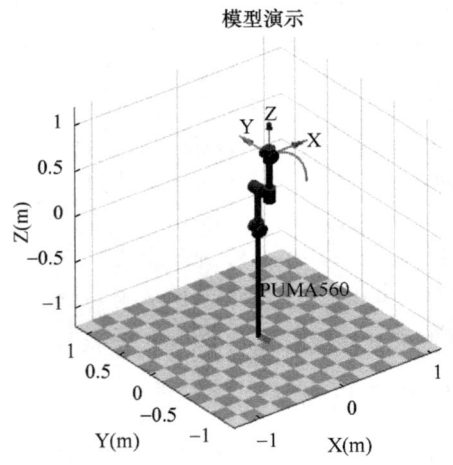

图 7-17　模型演示

例 7-5：对 PUMA560 机器人在 2s 内从某位置运动到另一位置做基于笛卡儿空间的轨迹规划。

解：运行程序如下：

```
%% eg7_5.m
clear,clc,close all;
mdl_puma560;% 调用内置机器人 PUMA560
t=0:0.056:2;% 设置时间范围
T1=transl(0.6,0.5,0);% 初始位姿
```

```
T2=transl(0.4,0.5,0.2);% 目标位姿
T=ctraj(T1,T2,length(t));% 关节空间轨迹规划
q=p560.ikine6s(T);% 计算位姿序列对应的关节变量
% 绘制关节变量曲线
figure('color',[1 1 1]);
LineStyle=['*','+','^',"-.","--","-"];% 设置线形
Legend=string(zeros(1,6));
for i=1:6
    Legend(i)=strcat("q_",num2str(i));% 设置标签
    plot(t,q(:,i),LineStyle(i));hold on;
end
xlabel('时间(t/s)');ylabel('关节角度(q/rad)');
legend(Legend);title('关节变量曲线');
% 提取位姿矩阵的位置部分
TT=transl(T);
% 绘制末端运动轨迹
figure('color',[1 1 1]);
plot3(TT(:,1),TT(:,2),TT(:,3),'r');grid on;
xlabel('X(m)');ylabel('Y(m)');zlabel('Z(m)');
title('末端运动轨迹');
```

运行结果如图 7-18 和图 7-19 所示。

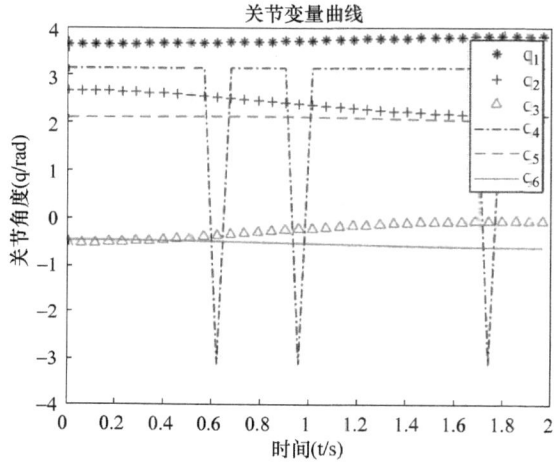

图 7-18 所有关节随时间变化曲线

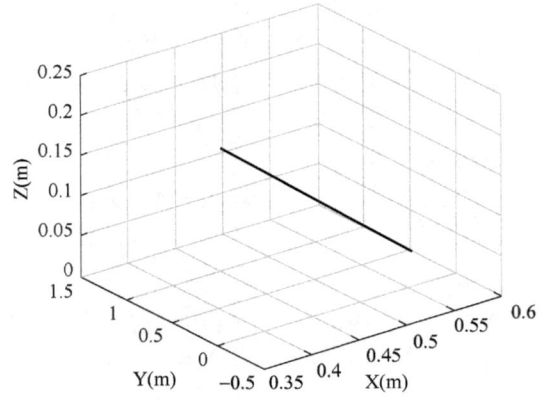

图 7-19　末端运动轨迹

7.6　小结

本章讨论了机器人的轨迹规划问题。首先介绍了机器人轨迹、机器人路径、机器人路径规划、机器人轨迹规划的概念。通过案例介绍了关节空间轨迹规划和笛卡儿空间轨迹规划的基本概念。此后介绍了机器人关节空间轨迹规划方法，给出了三次多项式插值、过路径点的三次多项式插值、高次多项式插值及用抛物线过渡的线性插值方法。对于机器人在笛卡儿空间的轨迹规划方法，着重介绍了线性函数插值、圆弧插值和速度曲线三种轨迹规划方法。最后利用 MATLAB Robotics Toolbox 分别实现了机器人关节空间和笛卡儿空间的轨迹规划仿真。

参考文献

[1] 黄小白的进阶之路. MATLAB 机器人工具箱［2］——轨迹规划［EB/OL］.（2020-12-06）［2023-12-27］. https://blog.csdn.net/huangjunsheng123/article/details/110739877.

[2] JY. G. Matlab 机器人工具箱（3）——轨迹规划［EB/OL］.（2020-04-20）［2023-12-27］. https://blog.csdn.net/weixin_43502392/article/details/105634856.

[3] 韩建海，等. 工业机器人［M］. 武汉：华中科技大学出版，2019.

[4] 战强，等. 机器人学：机构、运动学、动力学及运动规划［M］. 北京：清华大学出版社，2019.

[5] 杨润贤，等. 工业机器人技术基础［M］. 北京：化学工业出版社，2018.

[6] 陶勇，等. 机器人学及其应用导论［M］. 北京：清华大学出版社，2021.

[7] 蔡自兴,等. 机器人学基础 [M]. 3版. 北京:机械工业出版社,2021.
[8] 樊泽明,等. 机器人学基础 [M]. 北京:机械工业出版社,2022.
[9] 郝丽娜,等. 工业机器人控制技术 [M]. 武汉:华中科技大学出版社,2018.
[10] PETER CORKE. 机器人学、机器视觉与控制:MATLAB算法基础 [M]. 刘荣,等译. 北京:电子工业出版社,2016.

习题

1. 要求某机器人的第一关节用4s由初始角40°移动到终止角80°。假设机器人从静止开始运动,最终停在目标点上。用三次多项式规划该关节的运动,并计算在第1s、第2s、第3s和第4s时该关节的角位置、角速度和角加速度。

2. 要求某机器人的第三关节用4s由初始角20°移动到终止角60°。假设机器人由静止开始运动,抵达目标点时角速度为4(°)/s。采用三次多项式规划该关节的运动,求解该关节角位置、角速度和角加速度函数。

3. 某机器人的第二关节从静止开始用5s由初始角20°移动到80°角的中间点,然后用5s移动到25°角的目标点(停在目标点上)。采用三次多项式规划该关节的运动,试绘制关节的角位置、角速度和角加速度曲线。

4. 某机器人的第三关节用3s由初始角0°移动到终止角75°,机器人的起始点和目标点角速度均为零,初始角加速度为10(°)/s²,终止角加速度为 -10(°)/s²。用五次多项式规划该关节的运动,求解该关节角位置、角速度和角加速度函数。

5. 要求某机器人的第二关节用4s以角速度30(°)/s由初始角40°运动到终止角120°,若使用抛物线过渡的线性运动来规划轨迹,求解所需的过渡时间 t_a,并绘制该关节的角位置、角速度和角加速度曲线。

6. 比较梯形速度曲线和S形速度曲线的特点。

7. 对于PUMA560机器人,基于Robotics Toolbox,从初始关节变量q1到目标关节变量q2做关节空间轨迹规划,求解各关节角位置、角速度、角加速度函数,并绘制机械臂模型的运动过程。其中,q1 = [0 0 0 0 0 0],q2 = [-pi/2 -pi/3 -pi/4 pi/3 pi/5 pi/6]。

8. 对于PUMA560机器人,基于Robotics Toolbox,从初始位姿T1到目标位姿T2做笛卡儿空间轨迹规划,求解机器人末端位置、姿态随时间变化的函数,并绘制机械臂模型的运动过程。其中,T1 = trans(0.3,0,0.3) * rpy2tr(45,10,20),T2 = transl(0.6,0,0.6) * rpy2tr(45,20,25)。

第 8 章 协作机器人实例与应用

协作机器人（collaborative robot，简称 cobot 或 co-robot），是一种可以实现机-机协作或人-机协作的工业设备，它能够完成一些自主行为并且具有与人协作的能力，机器人与人在共同工作空间中时可以实现安全有效的近距离互动。本章将介绍协作机器人的基本体系结构，并以 AUBO-i5 机器人为例，建立运动学模型，并基于 MATLAB 进行运动学仿真。

8.1 引言

在前面的章节中讨论了机器人运动学建模方法、动力学建模方法、轨迹规划方法等，本章将以协作机器人 AUBO-i5 为实例，讨论其运动学建模和仿真。

8.2 协作机器人体系结构

以 AUBO-i5 机器人为例，其主要由本体、控制柜和示教器三部分组成，如图 8-1 所示。本体是机器人的执行机构，一般由多个关节和连杆组成；控制柜为本体和示教器提供能源，控制本体的运动，并提供一定的输入/输出接口；示教器提供人机交互界面，用于人操作机器人。

a) 本体

b) 控制柜

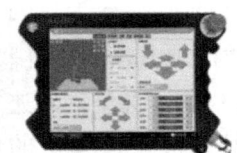
c) 示教器

图 8-1 AUBO-i5 机器人系统的组成

1. 机器人本体

本体是协作机器人带动工具完成所需任务的机构,主要由关节和连杆组成。其中,关节最为重要,它决定了机器人的主要性能。关节需要具有伺服控制、抱闸等功能,以保证机器人能按照需求完成任务,并能在断电情况下保持原有的构形。另外,为了保证操作的准确性,关节需要具有高刚度、高精度等特点。连杆决定了机器人的工作空间,臂杆长度越大,机器人的工作空间越大。为了增大机器人的负载能力,连杆要在满足刚度要求的前提条件下尽量轻量化,降低机器人自重对性能的影响。关节的选型和连杆长度的设计需要综合考虑,以利于充分发挥每个关节的能力,获得最优的性能。

关节与连杆的关系构成如图 8-2 所示。一般来说,对于有 N 个关节的机器人,从安装位置起,第一个连杆称为基座,各关节按顺序称为第 i 个关节 ($i=1,2,\cdots,N$),最后一个连杆称为机器人末端。机器人本体无法单独完成任务,通常在末端设计法兰盘,用于安装或连接必要的工具,并且一般会预留特定的电气插口,用于工具的供电和通信等。

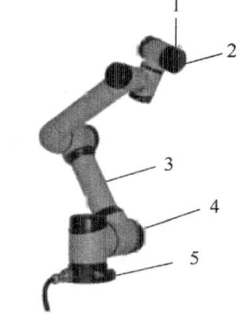

图 8-2 关节与连杆的关系构成

1—电气插口 2—末端法兰
3—连杆 4—关节 5—基座

2. 控制柜

控制柜是机器人的"大脑"。电力供应、运动控制器、外部插口等均在控制柜中,机器人本体和示教器都会与控制柜相连,从而构成一个完整的系统。如图 8-3 所示,控制柜的前面板包含电源开关、功能按钮、状态指示灯等,后面板包含线缆插口、网络和 USB(Universal Serial Bus)等外设插口以及 PLC(Programmable Logic Controller)电气插口。

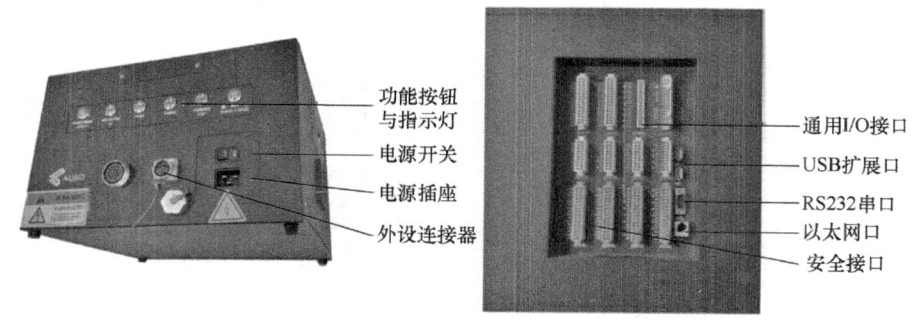

a) 控制柜前面板   b) 控制柜后面板

图 8-3 控制柜

3. 示教器

示教器提供图形操作界面，用于人机交互，其基本组成如图8-4所示。示教器上一般有：①电源开关，用于启动控制系统；②触摸屏，用于触屏操作；③急停按钮，用于系统的急停；④力控按钮，按下后可对机器人进行拖动示教；⑤示教器线缆插口，通过电缆与控制柜相连。

示教器是人与机器人进行交互的重要设备。通过示教器，人能对机器人发出基本的控制指令，例如关节运动控制、末端位姿控制、脚本编程等，

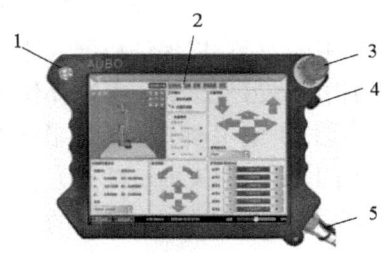

图8-4 示教器的基本组成

1—电源开关 2—触摸屏 3—急停按钮
4—力控按钮 5—示教器线缆插口

可完成一般的任务；此外，机器人的大部分状态信息，包括系统信息、关节角度、电动机温度等，也可以在示教器中查看。

4. 其他组成

除了本体、控制器和示教器，协作机器人系统还需包含特定的外围设备，以完成某一项具体的工作任务。例如，机器人的末端工具、安装底座、安全装置（防护网）和配套自动化设备等，如图8-5~图8-8所示。

图8-5 机器人末端工具

图8-6 机器人安装底座

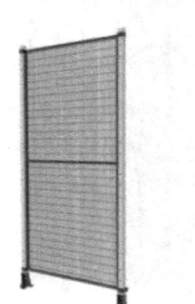

图8-7 机器人防护网

图8-8 机器人配套自动化设备

8.3 基于改进 D-H 法的协作机器人运动学建模与仿真

8.3.1 协作机器人正运动学建模

协作机器人的正运动学模型是以关节变量为输入、以末端点空间坐标为输出的运动学模型。以 AUBO-i5 协作机器人为例,为了建立正运动学模型,应先建立其连杆坐标系,本节中使用改进 D-H 法建立机器人的连杆坐标系,如图 8-9 所示。列出其 D-H 参数表,见表 8-1。然后推导末端坐标系到基坐标系的齐次变换矩阵,即

$$ {}^0_N T = {}^0_1 T\, {}^1_2 T\, {}^2_3 T\, {}^3_4 T \cdots {}^{N-1}_N T \qquad (8\text{-}1)$$

式中,${}^0_N T$ 为末端坐标系相对于基坐标系的位姿矩阵。

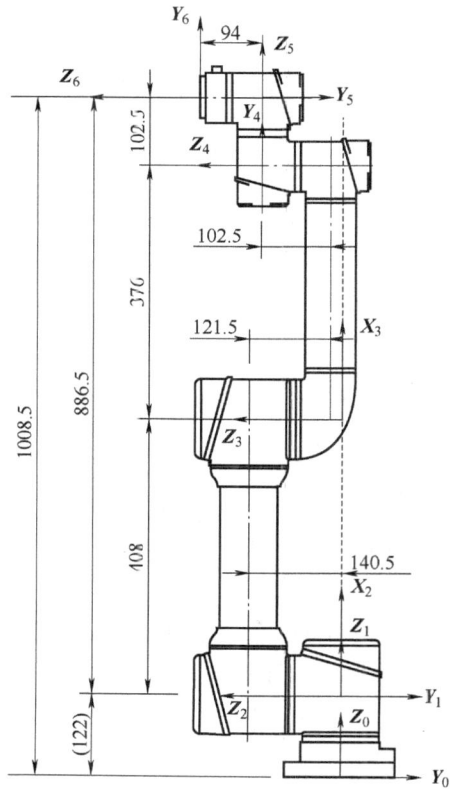

图 8-9 基于改进 D-H 法的 AUBO-i5 协作机器人连杆坐标系

表 8-1 AUBO-i5 协作机器人的改进 D-H 参数

关节 i	关节角 θ_i	连杆偏距 d_i/mm	连杆长度 a_{i-1}/mm	连杆扭转角 α_{i-1}
1	$\theta_1 = q_1$	$d_1 = 122$	0	0
2	$\theta_2 = q_2 + \pi/2$	0	0	$\pi/2$
3	$\theta_3 = q_3$	0	$a_2 = 408$	0
4	$\theta_4 = q_4 - \pi/2$	$d_4 = 121.5$	$a_3 = 376$	0
5	$\theta_5 = q_5$	$d_5 = 102.5$	0	$-\pi/2$
6	$\theta_6 = q_6$	$d_6 = 94$	0	$\pi/2$

注：$q_i(i=1,2,\cdots,6)$ 表示图 8-9 所示关节姿态为零时的关节角。

根据式（8-2）可计算出相邻坐标系 ^0_1T、^1_2T、^2_3T、^3_4T、^4_5T 和 ^5_6T 之间的齐次变换矩阵，见式（8-3）。

$$^{i-1}_iT = \begin{bmatrix} \cos\theta_i & -\sin\theta_i & 0 & a_{i-1} \\ \sin\theta_i\cos\alpha_{i-1} & \cos\theta_i\cos\alpha_{i-1} & -\sin\alpha_{i-1} & -d_i\sin\alpha_{i-1} \\ \sin\theta_i\sin\alpha_{i-1} & \cos\theta_i\sin\alpha_{i-1} & \cos\alpha_{i-1} & d_i\cos\alpha_{i-1} \\ 0 & 0 & 0 & 1 \end{bmatrix} \quad (8\text{-}2)$$

$$\begin{cases} ^0_1T = \begin{bmatrix} \cos q_1 & -\sin q_1 & 0 & 0 \\ \sin q_1 & \cos q_1 & 0 & 0 \\ 0 & 0 & 1 & d_1 \\ 0 & 0 & 0 & 1 \end{bmatrix}, \quad ^1_2T = \begin{bmatrix} -\sin q_2 & -\cos q_2 & 0 & 0 \\ 0 & 0 & -1 & 0 \\ \cos q_2 & -\sin q_2 & 0 & 0 \\ 0 & 0 & 0 & 1 \end{bmatrix} \\[2em] ^2_3T = \begin{bmatrix} \cos q_3 & -\sin q_3 & 0 & a_2 \\ \sin q_3 & \cos q_3 & 0 & 0 \\ 0 & 0 & 1 & 0 \\ 0 & 0 & 0 & 1 \end{bmatrix}, \quad ^3_4T = \begin{bmatrix} \sin q_4 & \cos q_4 & 0 & a_3 \\ -\cos q_4 & \sin q_4 & 0 & 0 \\ 0 & 0 & 1 & d_4 \\ 0 & 0 & 0 & 1 \end{bmatrix} \\[2em] ^4_5T = \begin{bmatrix} \cos q_5 & -\sin q_5 & 0 & 0 \\ 0 & 0 & 1 & d_5 \\ -\sin q_5 & -\cos q_5 & 0 & 0 \\ 0 & 0 & 0 & 1 \end{bmatrix}, \quad ^5_6T = \begin{bmatrix} \cos q_6 & -\sin q_6 & 0 & 0 \\ 0 & 0 & -1 & -d_6 \\ \sin q_6 & \cos q_6 & 0 & 0 \\ 0 & 0 & 0 & 1 \end{bmatrix} \end{cases} \quad (8\text{-}3)$$

根据式（8-2），通过 MATLAB 符号运算，可表达出末端坐标系到基坐标系的齐次变换矩阵 ^0_6T。运行以下程序：

```
%% MDH_AUBO-i5_forward_kinematics.m
  clear,clc,close all,dbstop if error;
%定义符号变量
  syms q1 q2 q3 q4 q5 q6;
  syms d1 d2 d3 d4 d5 d6;
```

```
syms a2 a3;
%改进D-H参数表
q=[q1 q2+pi/2 q3 q4-pi/2 q5 q6];
d=[d1 0 0 d4 d5 d6];
a=[0 0 a2 a3 0 0];
alpha=[0 pi/2 0 0 -pi/2 pi/2]';
T60=eye(4);
for i=1:6
    ci=cos(q(i));si=sin(q(i));
    cai=cos(alpha(i));sai=sin(alpha(i));
    % 计算Ti,i-1,T(:,:,1)对应T10,以此类推
    T(:,:,i)=[   ci      -si       0       a(i);
              si*cai   ci*cai    -sai   -sai*d(i);
              si*sai   ci*sai     cai    cai*d(i);
                0        0        0        1    ];
    for j=1:4
        for k=1:4
            % 修正:剔除小项
            if abs(coeffs(T(j,k,i)))<1e-5
                T(j,k,i)=0;
            end
        end
    end
    T(:,:,i)=simplify(T(:,:,i));
    T60=T60*T(:,:,i);
end
T60=simplify(T60)
save T60 T60   % 保存T60为*.mat文件
```

运行程序后，可计算得到正运动学模型$^0_6\boldsymbol{T}$，即下面的式（8-4），计算结果会保存为*.mat文件，文件位置在MATLAB的当前工作目录。获得每个相邻连杆坐标系之间的变换矩阵后，可得到机械臂的正运动学模型，即

$$^0_6\boldsymbol{T} = {}^0_1\boldsymbol{T}\,{}^1_2\boldsymbol{T}\,{}^2_3\boldsymbol{T}\,{}^3_4\boldsymbol{T}\,{}^4_5\boldsymbol{T}\,{}^5_6\boldsymbol{T} = \begin{bmatrix} r_{11} & r_{12} & r_{13} & p_{60x} \\ r_{21} & r_{22} & r_{23} & p_{60y} \\ r_{31} & r_{32} & r_{33} & p_{60z} \\ 0 & 0 & 0 & 1 \end{bmatrix} \quad (8\text{-}4)$$

式中，矩阵各元素为

$$\begin{cases} r_{11}=-c_6(s_1s_5-c_{234}c_1c_5)-s_{234}c_1s_6 \\ r_{21}=c_6(c_1s_5+c_{234}c_5s_1)-s_{234}s_1s_6 \\ r_{31}=c_{234}s_6+s_{234}c_5c_6 \\ r_{12}=s_6(s_1s_5-c_{234}c_1c_5)-s_{234}c_1c_6 \\ r_{22}=-s_6(c_1s_5+c_{234}c_5s_1)-s_{234}c_6s_1 \\ r_{32}=c_{234}c_6-s_{234}c_5s_6 \\ r_{13}=c_5s_1+c_{234}c_1s_5 \\ r_{23}=c_{234}s_1s_5-c_1c_5 \\ r_{33}=s_{234}s_5 \\ p_{60x}=d_6(c_5s_1+c_{234}c_1s_5)+d_4s_1-a_1c_1s_2-d_5s_{234}c_1-a_2c_1c_2s_3-a_2c_1c_3s_2 \\ p_{60y}=d_6c_{234}s_1s_5-d_6c_1c_5-a_1s_1s_2-d_5s_{234}s_1-a_2c_2s_1s_3-a_2c_3s_1s_2-d_4c_1 \\ p_{60z}=d_1+a_2c_{23}+a_1c_2+d_5(c_{23}c_4-s_{23}s_4)+d_6s_5(c_{23}s_4+s_{23}c_4) \end{cases}$$

其中，c_1、c_2、$\cdots$、c_6 分别代表 $\cos q_1$、$\cos q_2$、$\cdots$、$\cos q_6$；s_1、s_2、$\cdots$、s_6 分别代表 $\sin q_1$、$\sin q_2$、$\cdots$、$\sin q_6$；c_{23}、s_{23} 分别代表 $\cos(q_2+q_3)$、$\sin(q_2+q_3)$；c_{234}、s_{234} 分别代表 $\cos(q_2+q_3+q_4)$、$\sin(q_2+q_3+q_4)$。

为了后续的逆运动学求解，还需计算出 ^1_6T，留作备用。由式（8-3），有

$$^1_6T = {}^1_2T\,{}^2_3T\,{}^3_4T\,{}^4_5T\,{}^5_6T = \begin{bmatrix} t_{11} & t_{12} & t_{13} & p_{61x} \\ t_{21} & t_{22} & t_{23} & p_{61y} \\ t_{31} & t_{32} & t_{33} & p_{61z} \\ 0 & 0 & 0 & 1 \end{bmatrix} \tag{8-5}$$

式中，矩阵各元素为

$$\begin{cases} t_{11}=c_{234}c_5c_6-s_{234}s_6 \\ t_{12}=-s_{234}s_6-c_{234}c_5c_6 \\ t_{13}=c_{234}s_5 \\ t_{21}=c_6s_5 \\ t_{22}=-s_5s_6 \\ t_{23}=-c_5 \\ t_{31}=c_{234}s_6+s_{234}c_5c_6 \\ t_{32}=c_{234}c_6-s_{234}c_5s_6 \\ t_{33}=s_{234}s_5 \\ p_{61x}=d_6c_{234}s_5-a_3s_{23}-a_2s_2-d_5s_{234} \\ p_{61y}=-d_4-d_6c_5 \\ p_{61z}=a_3c_{23}+a_2c_2+d_5c_{234}+d_6s_5s_{234} \end{cases}$$

其中，c_2、s_2 分别代表 $\cos q_2$、$\sin q_2$；c_5、s_5 分别代表 $\cos q_5$、$\sin q_5$；c_6、s_6 分别代表 $\cos q_6$、$\sin q_6$；c_{234}、s_{234} 分别代表 $\cos(q_2+q_3+q_4)$、$\sin(q_2+q_3+q_4)$。

8.3.2 协作机器人正运动学仿真

1. 基于 Robotics Toolbox 建立 AUBO-i5 机器人的改进 D-H 模型

编写 MATLAB 程序，建立机器人的改进 D-H 模型。然后运行以下程序：

```matlab
%% MDH_Auboi5_modeling.m
clear,clc,close all,dbstop if error;
%% MDH 参数表
theta=[0 pi/2 0 -pi/2 0 0]';
d=[122 0 0 121.5 102.5 94]'/1e3;
a=[0 0 408 376 0 0]'/1e3;
alpha=[0 pi/2 0 0 -pi/2 pi/2]';
DH=[theta d a alpha];
% 创建连杆对象
L1=Link(DH(1,:),'modified');
L2=Link(DH(2,:),'modified');
L3=Link(DH(3,:),'modified');
L4=Link(DH(4,:),'modified');
L5=Link(DH(5,:),'modified');
L6=Link(DH(6,:),'modified');
% 通过工具箱的 SerialLink()函数创建机器人类对象
Auboi5=SerialLink([L1 L2 L3 L4 L5 L6],'name','Auboi5');
% 展示机器人的模型
figure('color',[1 1 1]);
view(3);
teach(Auboi5,[0 pi/2 0 -pi/2 0 0]);
zlim([0 1.6]);xlim([-0.8 0.8]);ylim([-0.8 0.8]);
% 保存机器人对象到当前工作路径
save Auboi5 Auboi5;
```

基于 Robotics Toolbox 建立的协作机器人模型如图 8-10 所示。

2. 编写 AUBO-i5 机器人的正运动学函数

根据正运动学计算结果，可编写正运动学函数 MDF_Auboi5_fk，其输入为关节角 **q**，输出为末端位姿矩阵 T，函数代码如下：

机器人学基础

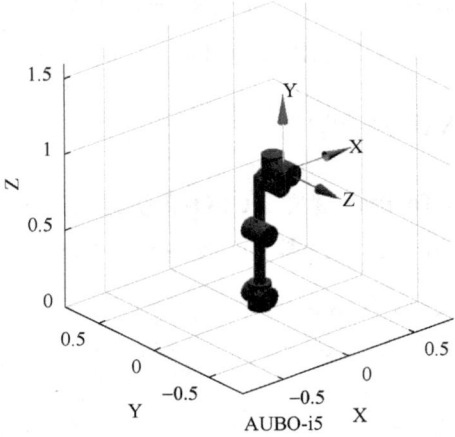

图 8-10 基于 Robotics Toolbox 建立的协作机器人模型

```
%%  MDH_Aubo_i5_fk.m
    function T=MDH_Auboi5_fk(q)
    q1=q(1);q2=q(2);q3=q(3);q4=q(4);q5=q(5);q6=q(6);
    T(1,1)=-cos(q6)*(sin(q1)*sin(q5)-cos(q2+q3+q4)*cos(q1)*cos(q5))...
         -sin(q2+q3+q4)*cos(q1)*sin(q6);
    T(1,2)=sin(q6)*(sin(q1)*sin(q5)-cos(q2+q3+q4)*cos(q1)*cos(q5))...
         -sin(q2+q3+q4)*cos(q1)*cos(q6);
    T(1,3)=cos(q5)*sin(q1)+cos(q2+q3+q4)*cos(q1)*sin(q5);
    T(1,4)=(243*sin(q1))/2000-(51*cos(q1)*sin(q2))/125+(47*cos(q5)*sin(q1))/500+...
         (47*cos(q2+q3+q4)*cos(q1)*sin(q5))/500-(41*cos(q2+q3)*cos(q1)*sin(q4))/400-...
         (41*sin(q2+q3)*cos(q1)*cos(q4))/400-...
         (47*cos(q1)*cos(q2)*sin(q3))/125-(47*cos(q1)*cos(q3)*sin(q2))/125;
    T(2,1)=cos(q6)*(cos(q1)*sin(q5)+cos(q2+q3+q4)*cos(q5)*sin(q1))...
         -sin(q2+q3+q4)*sin(q1)*sin(q6);
    T(2,2)=-sin(q6)*(cos(q1)*sin(q5)+cos(q2+q3+q4)*cos(q5)*sin(q1))...
         -sin(q2+q3+q4)*cos(q6)*sin(q1);
```

```
T(2,3)=cos(q2+q3+q4)*sin(q1)*sin(q5)-cos(q1)*cos(q5);
T(2,4)=(47*cos(q2+q3+q4)*sin(q1)*sin(q5))/500-(47*cos(q1)*cos(q5))/500-...
       -(51*sin(q1)*sin(q2))/125-(243*cos(q1))/2000-...
       (41*cos(q2+q3)*sin(q1)*sin(q4))/400-(41*sin(q2+q3)*cos(q4)*sin(q1))/400-...
       (47*cos(q2)*sin(q1)*sin(q3))/125-(47*cos(q3)*sin(q1)*sin(q2))/125;
T(3,1)=cos(q2+q3+q4)*sin(q6)+sin(q2+q3+q4)*cos(q5)*cos(q6);
T(3,2)=cos(q2+q3+q4)*cos(q6)-sin(q2+q3+q4)*cos(q5)*sin(q6);
T(3,3)=sin(q2+q3+q4)*sin(q5);
T(3,4)=(47*cos(q2+q3))/125+(51*cos(q2))/125+...
       sin(q5)*((47*cos(q2+q3)*sin(q4))/500+...
       (47*sin(q2+q3)*cos(q4))/500)+(41*cos(q2+q3)*cos(q4))/400-...
       (41*sin(q2+q3)*sin(q4))/400+61/500;
T(4,:)=[0 0 0 1];
end
```

将函数 MDH_Auboi5_fk 保存到当前工作路径，在命令行中输入以下指令：

```
>>q=[0 0 0 0 0 0]
>>T=MDH_Auboi5_fk(q)
```

运行结果如下：

T =

1.0000	0	0	0
0	0	-1.0000	-0.2155
0	1.0000	0	1.0085
0	0	0	1.0000

可见，当关节变量为 $q=[0\ 0\ 0\ 0\ 0\ 0]$ 时，机器人的末端位姿与图 8-9 所示的位姿一致。

8.3.3 协作机器人逆运动学建模

协作机器人的逆运动学是以机器人末端位姿矩阵为输入，以各关节变量为输出的运动学模型。机械臂的逆解求解方式可分为两种：解析法和数值法。解析法直接计算逆解的函数表达式，代入末端位姿矩阵中的相应参数计算出关节变量。解析法求解速度快、效率和精度高，但对于一般的机器人，往往难以求得其逆运动学封闭解。数值法是通过数值迭代的方式对逆运动学进行求解，适用于所有机械臂，但求解速度慢、实时性差。

AUBO-i5 协作机器人的逆运动学存在解析解，解析解的计算效率和精度高。下面通过代数法求机器人逆运动学的解析解。

假设机器人末端的位姿矩阵为

$$^0_6T = \begin{bmatrix} n_x & o_x & a_x & p_x \\ n_y & o_y & a_y & p_y \\ n_z & o_z & a_z & p_z \\ 0 & 0 & 0 & 1 \end{bmatrix} \tag{8-6}$$

式中，各元素均为已知的常数。

由式（8-6）及式（8-4），得到

$$\begin{bmatrix} n_x & o_x & a_x & p_x \\ n_y & o_y & a_y & p_y \\ n_z & o_z & a_z & p_z \\ 0 & 0 & 0 & 1 \end{bmatrix} = \begin{bmatrix} r_{11} & r_{12} & r_{13} & p_{60x} \\ r_{21} & r_{22} & r_{23} & p_{60y} \\ r_{31} & r_{32} & r_{33} & p_{60z} \\ 0 & 0 & 0 & 1 \end{bmatrix} \tag{8-7}$$

将式（8-7）两端同时左乘矩阵 ^0_1T 的逆矩阵，结合式（8-5），有

$$\begin{bmatrix} \cos q_1 & \sin q_1 & 0 & 0 \\ -\sin q_1 & \cos q_1 & 0 & 0 \\ 0 & 0 & 1 & -d_1 \\ 0 & 0 & 0 & 1 \end{bmatrix} \begin{bmatrix} n_x & o_x & a_x & p_x \\ n_y & o_y & a_y & p_y \\ n_z & o_z & a_z & p_z \\ 0 & 0 & 0 & 1 \end{bmatrix} = \begin{bmatrix} t_{11} & t_{12} & t_{13} & p_{61x} \\ t_{21} & t_{22} & t_{23} & p_{61y} \\ t_{31} & t_{32} & t_{33} & p_{61z} \\ 0 & 0 & 0 & 1 \end{bmatrix} \tag{8-8}$$

1. 求 q_1

由式（8-8）中等式两边矩阵的（2,4）和（2,3）元素对应相等，得到

$$\begin{cases} p_x \sin q_1 - p_y \cos q_1 = d_4 + d_6 \cos q_5 \\ a_x \sin q_1 - a_y \cos q_1 = \cos q_5 \end{cases} \tag{8-9}$$

联立式（8-9）中的两式，消去 $\cos q_5$，有

$$(p_x - a_x d_6) \sin q_1 + (a_y d_6 - p_y) \cos q_1 = d_4 \tag{8-10}$$

令

$$\begin{cases} A_1 = p_x - a_x d_6 \\ B_1 = a_y d_6 - p_y \\ D_1 = d_4 \end{cases} \tag{8-11}$$

作变换

$$\begin{cases} A_1 = r_1\cos(\phi_1) \\ B_1 = r_1\sin(\phi_1) \end{cases} \tag{8-12}$$

则有

$$\begin{cases} r_1 = \sqrt{A_1^2+B_1^2} \\ \phi_1 = \arctan2(B_1,A_1) \\ \sin(q_1+\phi_1) = \dfrac{D_1}{r_1} \\ \cos(q_1+\phi_1) = \pm\sqrt{1-\left(\dfrac{D_1}{r_1}\right)^2} \end{cases} \tag{8-13}$$

当 $D_1/r_1>1$ 时，逆解不存在；当 $D_1/r_1\leqslant 1$ 时，可解得 q_1，见式（8-14）。

$$q_1 = \arctan2\left(\frac{D_1}{r_1},\pm\sqrt{1-\left(\frac{D_1}{r_1}\right)^2}\right)-\phi_1 \tag{8-14}$$

式中，arctan2 为双变量反正切函数。

2. 求 q_5

将式（8-14）给出的 q_1 值代入式（8-9）中的第二式，得到

$$\begin{cases} \cos q_5 = a_x\sin q_1 - a_y\cos q_1 \\ \sin q_5 = \pm\sqrt{1-\cos^2 q_5} \end{cases} \tag{8-15}$$

因此有

$$q_5 = \arctan2\left(\pm\sqrt{1-\cos^2 q_5},\cos q_5\right) \tag{8-16}$$

3. 求 q_6

由式（8-8）中等式两边矩阵的（2,1）和（2,2）元素对应相等，有

$$\begin{cases} n_y\cos q_1 - n_x\sin q_1 = \sin q_5\cos q_6 \\ o_x\sin q_1 - o_y\cos q_1 = \sin q_5\sin q_6 \end{cases} \tag{8-17}$$

当 $\sin q_5 \neq 0$ 时，消去 $\sin q_5$，有

$$q_6 = \arctan2(o_x\sin q_1 - o_y\cos q_1, n_y\cos q_1 - n_x\sin q_1) \tag{8-18}$$

4. 求 $q_2+q_3+q_4$

由式（8-8）中等号两边矩阵的（1,3）和（3,3）元素对应相等，有

$$\begin{cases} a_x\cos q_1 + a_y\sin q_1 = \cos(q_2+q_3+q_4)\sin q_5 \\ a_z = \sin(q_2+q_3+q_4)\sin q_5 \end{cases} \tag{8-19}$$

当 $\sin q_5 \neq 0$ 时，消去 $\sin q_5$，有

$$q_{234} = q_2+q_3+q_4 = \arctan2(a_z, a_x\cos q_1 + a_y\sin q_1) \tag{8-20}$$

5. 求 q_3

由式（8-8）中等号两边矩阵的（1,4）和（3,4）元素对应相等，有

$$\begin{cases} p_x\cos q_1+p_y\sin q_1+d_5\sin(q_2+q_3+q_4)-d_6\cos(q_2+q_3+q_4)\sin q_5=-a_2\sin q_2-a_3\sin(q_2+q_3) \\ p_z-d_1-d_5\cos(q_2+q_3+q_4)-d_6\sin(q_2+q_3+q_4)\sin q_5=a_2\cos q_2+a_3\cos(q_2+q_3) \end{cases}$$

(8-21)

将式（8-21）中两式作平方和，整理得到

$$\cos q_3=(A_3^2+B_3^2-a_2^2-a_3^2)/2a_2a_3 \tag{8-22}$$

其中

$$\begin{cases} A_3=p_x\cos q_1+p_y\sin q_1+d_5\sin(q_2+q_3+q_4)-d_6\cos(q_2+q_3+q_4)\sin q_5 \\ B_3=p_z-d_1-d_5\cos(q_2+q_3+q_4)-d_6\sin(q_2+q_3+q_4)\sin q_5 \end{cases}$$

(8-23)

则有

$$q_3=\arctan 2(\pm\sqrt{1-\cos^2 q_3},\cos q_3) \tag{8-24}$$

6. 求 q_2

将式（8-21）的第二式改写为

$$p_z-d_1-d_5\cos(q_2+q_3+q_4)-d_6\sin(q_2+q_3+q_4)\sin q_5=a_2\cos q_2+a_3(\cos q_2\cos q_3-\sin q_2\sin q_3)$$

(8-25)

整理得到

$$(-a_3\sin q_3)\sin q_2+(a_3\cos q_3+a_2)\cos q_2=p_z-d_1-d_5\cos(q_2+q_3+q_4)-d_6\sin(q_2+q_3+q_4)\sin q_5$$

(8-26)

类似于 q_1 的求解过程，令

$$\begin{cases} A_2=-a_3\sin q_3 \\ B_2=a_3\cos q_3+a_2 \\ D_2=p_z-d_1-d_5\cos(q_2+q_3+q_4)-d_6\sin(q_2+q_3+q_4)\sin q_5 \\ r_2=\sqrt{A_2^2+B_2^2} \\ \phi_2=\arctan 2(B_2,A_2) \end{cases}$$

(8-27)

当 $D_2/r_2>1$ 时，逆解不存在；当 $D_2/r_2\leq 1$ 时，可解得 q_2，即

$$q_2=\arctan 2(D_2,\pm\sqrt{r_2^2-D_2^2})-\phi_2 \tag{8-28}$$

7. 求 q_4

由式（8-20）、式（8-24）及式（8-28），有

$$q_4=q_{234}-q_2-q_3 \tag{8-29}$$

至此，各关节变量已求解完毕，对每个可达的末端位姿可求得 16 组逆解，

这 16 组逆解中仅有一部分逆解是可用的。具体来说，对于某个位姿 T，若将计算得到的全部逆解分别输入正运动学模型，则每一组逆解理应对应到原先的位姿 T，但实际上，可能有若干组逆解不满足这一点，下面分析原因。

原则上，方程组的每一组解都应满足全部方程。然而，在上述运动学方程组的求解过程中，在求解每个关节变量时仅使用了部分方程，因此求得的一组解只满足部分方程，而未必满足全部方程。因此，为了得到正确的逆解结果，可在每次求得关节变量后，引入其他未使用的方程进行验证，以保证求解的正确性。

8.3.4 协作机器人逆运动学仿真

1. 通过函数实现 AUBO-i5 协作机器人的运动学逆解

编写函数 MDH_Auboi5_ik 实现逆运动学解析解。为了使逆解函数具有较好的通用性，可在输入变量中包含一个标志变量 flag，输入 flag=0 时，输出多组逆解，否则只输出求得的第一组逆解；使用 varargout( )函数控制输出参数个数，当用户输出参数个数为 1 时，仅输出可用的逆解，当用户输出参数个数为 2 时，两个输出参数分别为可用逆解、全部逆解。逆解函数实现的流程如图 8-11 所示，函数代码如下：

```
%% MDH_Auboi5_ik.m
% 求解关节变量的过程中涉及两类约束,其一是关节变量表达式自身的约束
% 其二是方程组中其他方程的约束。这两类约束在程序中体现为两个判断环节
% 这两类约束分别体现为"内部判断环节""外部判断环节"
% 输入1:位姿矩阵T,输入2:多解标志位(可缺省),输入3:多解选择位(可缺省)
  function varargout=MDH_Auboi5_ik(T,flag,index)
% 判断输出情况,flag 取 0 时输出多解,否则输出单解
% 输出单解时,通过 index 指定输出对应编号的解
  if nargin <3
        flag=0;% flag 缺省时输出单解
        index=1;% index 缺省时输出计算得到的第一组解
  end
% 输入位姿矩阵,输出关节变量
        d1=122/1e3;d4=121.5/1e3;d5=102.5/1e3;d6=94/1e3;
        a2=408/1e3;a3=376/1e3;
        nx=T(1,1);ny=T(2,1);nz=T(3,1);
        ox=T(1,2);oy=T(2,2);oz=T(3,2);
        ax=T(1,3);ay=T(2,3);az=T(3,3);
```

```
        px=T(1,4);py=T(2,4);pz=T(3,4);
    % 初始化
        q=[];
    % 判断目标位置是否可达
        if norm([px py pz])>0.784 || norm([px py])<0.245
            disp('目标位置不可达!');varargout{1}=NaN*ones(1,6);return;
        end
    % *************计算q1************
        A1=(px-ax*d6);
        B1=(-py+ay*d6);
        D1=d4;
        r=sqrt(A1^2+B1^2);phi=atan2(B1,A1);
    % q1内部判断环节
        if abs(D1/r)<=(1+1e-5)
            % 小误差修正
            if abs(D1/r)>1
                D1=r;
            end
            Q1(1)=atan2(D1,sqrt(r^2-D1^2))-phi;
            Q1(2)=atan2(D1,-sqrt(r^2-D1^2))-phi;
        else
            Q1(1:2)=NaN;disp('q1求解失败');% q1求解失败
        end
        for i=1:length(Q1)
            q1=Q1(i);% 固定q1,计算后续角度
    % *************计算q5(需要q1)*****
            c5=ax*sin(q1)-ay*cos(q1);
    % q5内部判断环节
            if abs(c5)<=(1+1e-5)
                % 小误差修正
                if abs(c5)>1
                    c5=1;
                end
                Q5(1)=atan2(sqrt(1-c5^2),c5);
                Q5(2)=atan2(-sqrt(1-c5^2),c5);
            else
```

```
            Q5(1:2)=NaN;% q5 求解失败
        end
        for j=1:length(Q5)
            q5=Q5(j);% 固定q5,计算后续角度
    % q5 外部判断环节
        testEq3=px*sin(q1)-py*cos(q1)-d4-d6*cos(q5);
        if abs(testEq3)>1e-5
            q5=NaN;
        end
% *************计算q6(需要q1)*********
        % q6 内部判断环节
        if sin(q5)~=0
            s6=ox*sin(q1)- oy*cos(q1);
            c6=-(nx*sin(q1)- ny*cos(q1));
            q6=atan2(s6,c6);
        else
            q6=NaN;% q6 求解失败
        end
% *************计算q234(需要q5,q6)****
        % q234 内部判断环节(条件同q6内部判断,因此可省略)
        B234=az;
        A234=ax*cos(q1)+ay*sin(q1);
        q234=atan2(B234,A234);
        % q234 外部判断环节
        testEq4=nx*cos(q1)+ny*sin(q1)-cos(q234)*cos(q5)*
cos(q6)+sin(q234)*sin(q6);
        testEq5=cos(q234)*sin(q6)+sin(q234)*cos(q5)*
cos(q6)-nz;
        testEq7=ox*cos(q1)+oy*sin(q1)+sin(q234)*cos(q6)+
cos(q234)*cos(q5)*sin(q6);
        testEq8=cos(q234)*cos(q6)-sin(q234)*cos(q5)*
sin(q6)-oz;
        if abs(testEq4)>1e-5 || abs(testEq5)>1e-5 || abs(testEq7)>
1e-5 || abs(testEq8)>1e-5
            q234=NaN;
        end
```

```matlab
% **************计算q3(需要q234,q1,q5)***********
tem1=px*cos(q1)+py*sin(q1)-d6*cos(q234)*sin(q5)+d5*sin(q234);
tem2=pz-d1-d5*cos(q234)-d6*sin(q5)*sin(q234);
c3=(tem1^2+tem2^2-a2^2-a3^2)/(2*a2*a3);
% q3 内部判断环节
if abs(c3)<=(1+1e-5)
    % 小误差修正
    if abs(c3)>1
        c3=1;
    end
    Q3(1)=atan2(sqrt(1-c3^2),c3);
    Q3(2)=atan2(-sqrt(1-c3^2),c3);
else
    Q3(1:2)=NaN;% q23 求解失败
end
for k=1:length(Q3)
    q3=Q3(k);
% **************计算q2(需要q1,q3,q234,q5)********
A2=-a3*sin(q3);
B2=a3*cos(q3)+a2;
D2=pz-d1-d5*cos(q234)-d6*sin(q5)*sin(q234);
r=sqrt(A2^2+B2^2);phi=atan2(B2,A2);
% q2 内部判断环节
if abs(D2/r)<=(1+1e-5)
    % 小误差修正
    if abs(D2/r)>1
        D2=r;
    end
    Q2(1)=atan2(D2,sqrt(r^2-D2^2))-phi;
    Q2(2)=-atan2(D2,sqrt(r^2-D2^2))-phi;
else
    Q2(1:2)=NaN;% q2 求解失败
end
for m=1:length(Q2)
    q2=Q2(m);% 固定q6,计算后续角度
% q2 外部判断环节
```

```
                        testEq1=d6*cos(q234)*sin(q5)-a2*
                    sin(q2)-...
                                d5*sin(q234)-a3*sin(q2+q3)-
                    px*cos(q1)-py*sin(q1);
                        testEq2=a3*cos(q2-q3)+a2*cos(q2)+
                    d5*cos(q234)+...
                                d6*sin(q234)*sin(q5)-pz+d1;
                        if abs(testEq1)>1e-5 | abs(testEq2)>
                    1e-5
                            q2=NaN;
                        end
                        q4=q234-q2-q3;
                        q=[q;q1 q2 q3 q4 q5 q6];
                        q=q.*(abs(q)>1e-5);% 小角度修正
                    end
                end
            end
        end
    end
% 将关节角限制在 0~2*pi 内
[I,J]=find(abs(q)>6.28);
q(I,J)=mod(q(I,J),2*pi);
q_u=q(~any(isnan(q),2),:);% 清除 NaN 行,获取可用的关节变量组
    if flag~=0
        if index<=size(q_u,1)
            varargout{1}=q_u(index,:);varargout{2}=varargout{1};
        else
            fprintf('第三个输入参数错误,请输入 1 到 %d',size(q_u,1));
        end
    end
    if flag==0
        num=size(q,1);num_u=size(q_u,1);
        fprintf('有 %d 组逆解,其中 %d 组可用\r',num,num_u);
        % 指定两个输出时,第一个输出为可用逆解,第二个输出为全部逆解
        if nargout==2
            varargout{1}=q_u;varargout{2}=q;
        else
            varargout{1}=q_u;
```

```
            end
        end
    end
```

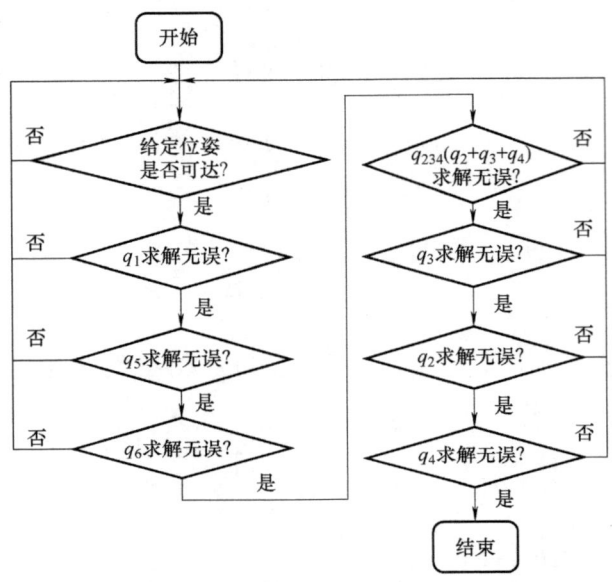

图 8-11 AUBO-i5 协作机器人逆解实现流程

2. 逆解函数验证

首先验证 MDH_Auboi5_ik 函数输出多解的情况,给定机器人工作空间内一点的末端位姿矩阵,通过逆解函数得到输出位姿,计算输出位姿与给定位姿的偏差,若偏差较小,则逆解函数得到验证。运行以下程序:

```
%% MDH_Auboi5_iktest_M.m
    clear,clc,close all,dbstop if error;
% 给定工作空间内一点的末端位姿矩阵
    p=[0.4 0 -0.2];
    T=MDH_Auboi5_fk([0 0 0 0 0 0]);
    T(1:3,4)=p';
    [qu,q]=MDH_Auboi5_ik(T)% 求 16 组逆解
    p1=zeros(size(qu,1),3);
    for i=1:size(qu,1)
        T0=MDH_Auboi5_fk(qu(i,:));
        p1(i,:)=transl(T0);
```

```
end
error=p1-p
```

运行结果如下：

有 16 组逆解，其中 4 组可用

qu =

0.5310	-2.9834	1.9221	4.2028	0.5310	3.1416
0.5310	-1.1780	-1.9221	6.2417	0.5310	3.1416
0.5310	-3.2117	2.1630	4.1903	-0.5310	3.1416
0.5310	-1.2017	-2.1630	0.2231	-0.5310	3.1416

q =

0.5310	-2.9834	1.9221	4.2028	0.5310	3.1416
0.5310	NaN	1.9221	NaN	0.5310	3.1416
0.5310	-1.1780	-1.9221	6.2417	0.5310	3.1416
0.5310	NaN	-1.9221	NaN	0.5310	3.1416
0.5310	-3.2117	2.1630	4.1903	-0.5310	3.1416
0.5310	NaN	2.1630	NaN	-0.5310	3.1416
0.5310	-1.2017	-2.1630	0.2231	-0.5310	3.1416
0.5310	NaN	-2.1630	NaN	-0.5310	3.1416
3.0722	NaN	1.9221	NaN	3.0722	-3.1416
3.0722	NaN	1.9221	NaN	3.0722	-3.1416
3.0722	NaN	-1.9221	NaN	3.0722	-3.1416
3.0722	NaN	-1.9221	NaN	3.0722	-3.1416
3.0722	NaN	1.8862	NaN	-3.0722	-3.1416
3.0722	NaN	1.8862	NaN	-3.0722	-3.1416
3.0722	NaN	-1.8862	NaN	-3.0722	-3.1416
3.0722	NaN	-1.8862	NaN	-3.0722	-3.1416

error =

1.0e-15 *

0	-0.0121	0.1110
-0.0555	-0.0416	0.1110
0.0555	-0.0278	-0.0555
0	0.0139	0

结果表明，在 16 组逆解中仅有 4 组可用，将这 4 组逆解输入正运动学模型，得到的末端位姿与给定值的误差很小，两者基本一致，由此验证了逆运动学模型的正确性。在实际使用时还需根据需求选择一组逆解。

然后验证 MDH_Auboi5_ik 函数输出单解的情况，指定机器人工作空间内的一条参考轨迹，通过逆解函数得到关节变量，通过正解函数得到输出位姿，根据输出位姿绘制机器人末端的实际运动轨迹，与参考轨迹对比，并计算输出位姿与给定位姿的偏差。首先运行 MDH_Auboi5_modeling.m，然后运行以下程序：

```
%% MDH_Auboi5_iktest_S.m
% 给定一条参考轨迹,将轨迹上每一点依次输入逆运动学函数,再输入正运动学函数
% 观察正运动学函数输出的实际轨迹与参考轨迹是否重合
    clear,clc,close all;
    load Auboi5;
%% 展示工作空间
    figure('color',[1 1 1]);
% 绘制工作空间内部
    r_in=0.245;
    [x_in,y_in,z_in]=cylinder(r_in,50);
    z_in=z_in*sqrt(0.784^2-0.245^2);
    z_in(1,:)=-z_in(2,:);
    s1=surf(x_in,y_in,z_in,'FaceAlpha',0.1);hold on;
    s1.EdgeColor='none';
% 绘制工作空间外部
    [x_out,y_out,z_out]=sphere(100);
    x_out=0.784*x_out;y_out=0.784*y_out;z_out=0.784*z_out;
    s2=surf(x_out,y_out,z_out,'FaceAlpha',0.1);hold on;
    s2.EdgeColor='none';
%% 设定参考轨迹
    t=0:0.05*pi:6*pi;
% 参考轨迹:螺旋线
    x=0.4*cos(t);y=0.4*sin(t);z=0.01+zeros(1,length(t));
    z=-0.4+0.04*t+zeros(1,length(t));
%% 绘制参考轨迹
    plot3(x,y,z,'--','LineWidth',1.5);
    hold on;
    zlim([-1 1]);xlim([-1 1]);ylim([-1 1]);
```

```
q0=[0 pi/2 0 -pi/2 0 0];
for i=1:length(t)
    T=transl([x(i) y(i) z(i)]);
    q(i,:)=MDH_Auboi5_ik(T,1,1);% 调用逆解函数,输出单解,且输出
第一组解
    p(i,:)=transl(MDH_Auboi5_fk(q(i,:)));
end
plot3(p(:,1),p(:,2),p(:,3));
teach(Auboi5,q+q0);
```

AUBO-i5 协作机器人通过逆解函数得到的末端轨迹如图 8-12 所示。

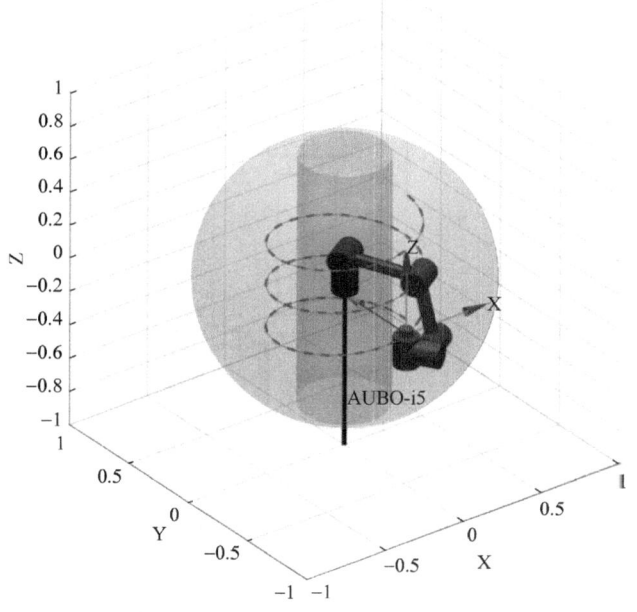

图 8-12　AUBO-i5 协作机器人通过逆解函数得到的末端轨迹

AUBO-i5 协作机器人的工作空间为半径 784mm 的球型区域除去半径 245mm 的圆柱区域,给定参考螺旋线轨迹,由函数 MDH_Auboi5_fk 及 MDH_Auboi5_ik 可计算出实际轨迹。由图 8-12 可见,实际轨迹与参考轨迹基本重合,再次验证了函数 MDH_Auboi5_fk 及 MDH_Auboi5_ik 的正确性。

8.4　基于标准 D-H 法的协作机器人运动学建模与仿真

还可以通过标准 D-H 法建立 AUBO-i5 协作机器人的运动学模型,并编写

相应的正逆解函数。标准 D-H 建模与改进 D-H 建模的过程非常相似,此处仅给出连杆坐标系的建立方法,感兴趣的读者可自行完成后续过程。根据标准 D-H 法,建立连杆坐标系,如图 8-13 所示。列出标准 D-H 参数表,见表 8-2。

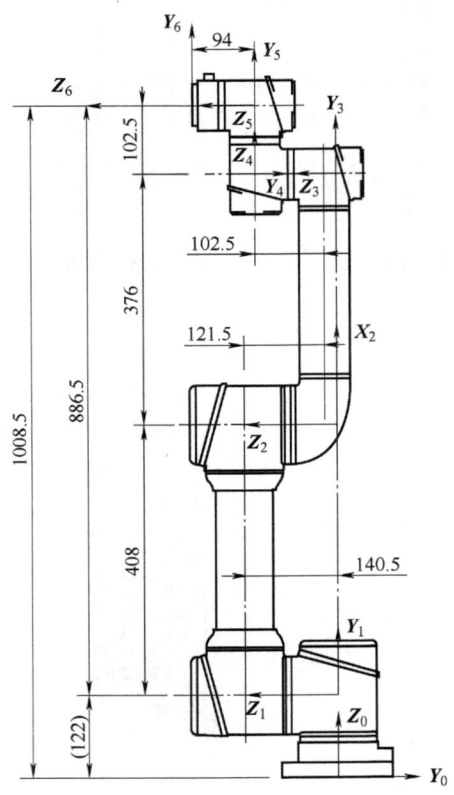

图 8-13　基于标准 D-H 法的 AUBO-i5 协作机器人连杆坐标系

表 8-2　AUBO-i5 协作机器人的标准 D-H 参数

关节 i	关节角 θ_i	连杆偏距 d_i/mm	连杆长度 a_i/mm	连杆扭转角 α_i
1	$\theta_1 = q_1$	$d_1 = 122$	0	$\pi/2$
2	$\theta_2 = q_2 + \pi/2$	0	$a_1 = 408$	0
3	$\theta_3 = q_3$	0	$a_2 = 376$	0
4	$\theta_4 = q_4 - \pi/2$	$d_4 = 121.5$	0	$-\pi/2$
5	$\theta_5 = q_5$	$d_5 = 102.5$	0	$\pi/2$
6	$\theta_6 = q_6$	$d_6 = 94$	0	0

注:$q_i(i=1,2,\cdots,6)$ 表示图 8-13 所示关节姿态为零时的关节角。

根据式（8-29）可计算出相邻坐标系 ^0_1T、^1_2T、^2_3T、^3_4T、^4_5T 和 ^5_6T 之间的齐次变换矩阵。

$$^{i-1}_iT = \begin{bmatrix} \cos\theta_i & -\sin\theta_i\cos\alpha_i & \sin\theta_i\sin\alpha_i & a_i\cos\theta_i \\ \sin\theta_i & \cos\theta_i\cos\alpha_i & -\cos\theta_i\sin\alpha_i & a_i\sin\theta_i \\ 0 & \sin\alpha_i & \cos\alpha_i & d_i \\ 0 & 0 & 0 & 1 \end{bmatrix} \quad (8-30)$$

请读者注意式（8-2）和式（8-30）的差异。根据式（8-30）可得到机器人的正运动学模型，进一步可以推导得到机器人的逆运动学封闭解，然后编程实现正逆解函数。

8.5 小结

本章以 AUBO-i5 协作型工业机器人为实例，详细介绍了机器人的组成及理论分析仿真方法。首先介绍了协作机器人的体系结构，分别对机器人本体、控制柜、示教器的功能作用、结构特点以及结构方式等进行了详细的说明；其次运用本书第 4 章及第 5 章中机器人正逆运动学相关理论，对 AUBO-i5 协作机器人进行了运动学建模，基于 MATLAB 编程实现正逆解函数，并基于 Robotics Toolbox 进行了验证。

参考文献

[1] 遨博智能. AUBO-i5 协作机器人产品中心［EB/OL］.［2023-12-27］. https://www.aubo-robotics.cn/i5product?CPID=i5.

[2] 无往而不胜. Matlab, simuink, 机械臂, 正解, 逆解, dh 参数, 验证等［EB/OL］.（2020-12-27）［2023-12-27］. https://blog.csdn.net/qq_15204179/article/details/111773955.

[3] ROBOTICSLEARNER. 遨博 Aubo-i10 机器人正逆运动学公式推导及其 C++ 编程实现［EB/OL］.（2019-07-23）［2023-12-27］. https://blog.csdn.net/l121€766050/article/details/96961989.

[4] 赵光哲, 李鸿志, 唐冬冬. 工业机器人技术及应用［M］. 北京：机械工业出版社, 2020.

[5] PETER CORKE. 机器人学、机器视觉与控制：MATLAB 算法基础［M］. 刘荣, 等译. 北京：电子工业出版社, 2016.

[6] 周鹏云. 遨博智能：做强中国协作机器人［J］. 中关村, 2021（4）：58-59.

[7] 谢春阳. 遨博智能：给协作机器人装上一颗"中国心"［J］. 中关村, 2023（4）：50-51.

[8] 王春璐,王士军,孟令军,等. 基于 MATLAB 的 AUBO-i5 协作机器人运动学分析与轨迹规划[J]. 制造技术与机床,2020(12):49-54.

[9] 孙凌云,罗福源,刘鹏. 基于 V-REP 和 MATLAB 的机器人建模及轨迹规划仿真验证[J]. 机械制造与自动化,2022,51(1):108-112.

[10] 范玫杉,刘嘉,马伟佳. 协作机器人技术与产业分析[J]. 科技和产业,2024,24(11):282-288.

习题

1. 简述目前协作机器人常用的驱动方式。
2. 简述协作机器人的主要性能参数。
3. 简述协作机器人和传统工业机器人的主要区别。
4. 简述协作机器人的特点。
5. 简述协作机器人的定义。
6. 简述协作机器人的应用场景。

部分习题答案

第1章 略。

第2章 略。

第3章

1.
$$R = R_x(45°)R_y(30°)$$
$$= \begin{bmatrix} 0.866 & 0 & 0.5 \\ 0.354 & 0.707 & -0.612 \\ -0.354 & 0.707 & 0.612 \end{bmatrix}$$

2.
$$R = R_z(30°)R_x(45°)$$
$$= \begin{bmatrix} 0.866 & -0.354 & 0.354 \\ 0.5 & 0.612 & -0.612 \\ 0 & 0.707 & 0.707 \end{bmatrix}$$

3. 点 P 在坐标系 $\{A\}$ 中的位置为 $^A P = [2 \quad 2.732 \quad 0.732]^T$。

4.
$$R_K(240°) = \begin{bmatrix} 0 & 0 & 1 \\ 1 & 0 & 0 \\ 0 & 1 & 0 \end{bmatrix}$$

5.
$$^B_C T = \begin{bmatrix} 0.5 & 0.75 & 0.433 & -6.575 \\ -0.75 & 0.625 & -0.217 & 19.788 \\ -0.433 & -0.217 & 0.875 & -28.318 \\ 0 & 0 & 0 & 1 \end{bmatrix}$$

6. 略。

7.

$$_B^AT = \begin{bmatrix} -1 & 0 & 0 & 3 \\ 0 & -1 & 0 & 0 \\ 0 & 0 & 1 & 0 \\ 0 & 0 & 0 & 1 \end{bmatrix}$$

$$_C^AT = \begin{bmatrix} 0 & -0.5 & 0.866 & 3 \\ 0 & 0.866 & 0.5 & 0 \\ -1 & 0 & 0 & 2 \\ 0 & 0 & 0 & 1 \end{bmatrix}$$

$$_C^BT = \begin{bmatrix} 0 & 0.5 & -0.866 & 0 \\ 0 & -0.866 & -0.5 & 0 \\ -1 & 0 & 0 & 2 \\ 0 & 0 & 0 & 1 \end{bmatrix}$$

$$_A^CT = \begin{bmatrix} 0 & 0 & -1 & 2 \\ -0.5 & 0.866 & 0 & 1.5 \\ 0.866 & -0.5 & 0 & -2.598 \\ 0 & 0 & 0 & 1 \end{bmatrix}$$

8. 旋转后该点在 $\{A\}$ 下的坐标为 $\begin{bmatrix} 1 & 1 & -1 \end{bmatrix}$

9. ~11. 略。

第 4 章

1. ~8. 略。

9. 题中所述三连杆机器人建立连杆坐标系，如下图所示：

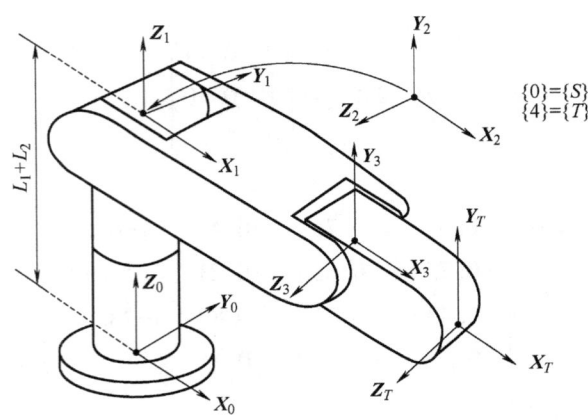

由上图可知三连杆机器人的 D-H 参数表：

杆件 i	α_{i-1}	a_{i-1}	d_i	θ_i
1	0	0	L_1+L_2	θ_1
2	90°	0	0	θ_2
3	0	L_3	0	θ_3
4	0	L_4	0	0

由 D-H 参数表可得各个连杆的变换矩阵：

$$_1^0T = \begin{bmatrix} c_1 & -s_1 & 0 & 0 \\ s_1 & c_1 & 0 & 0 \\ 0 & 0 & 1 & L_1+L_2 \\ 0 & 0 & 0 & 1 \end{bmatrix}, \quad _2^1T = \begin{bmatrix} c_2 & -s_2 & 0 & 0 \\ 0 & 0 & -1 & 0 \\ s_2 & c_2 & 0 & 0 \\ 0 & 0 & 0 & 1 \end{bmatrix}, \quad _3^2T = \begin{bmatrix} c_3 & -s_3 & 0 & L_3 \\ s_3 & c_3 & 0 & 0 \\ 0 & 0 & 1 & 0 \\ 0 & 0 & 0 & 1 \end{bmatrix}$$

10. 题中所述 3 自由度机器人建立连杆坐标系，如下图所示：

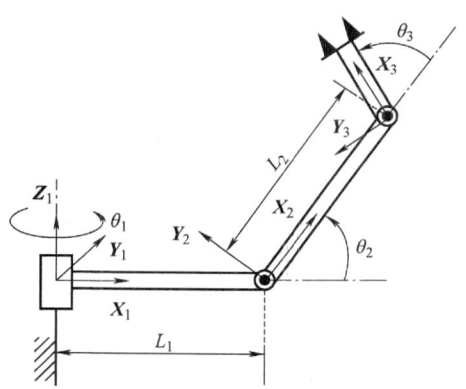

由上图可知 3 自由度机器人的 D-H 参数表：

杆件 i	α_{i-1}	a_{i-1}	d_i	θ_i
1	0	0	0	θ_1
2	90°	L_1	0	θ_2
3	0	L_2	0	θ_3

由 D-H 参数表可得各个连杆的变换矩阵，进而得运动学方程 $_W^BT$：

$$_W^BT = _3^0T = _1^0T \, _2^1T \, _3^2T$$

$$_W^BT = \begin{bmatrix} c_1c_{23} & -c_1s_{23} & s_1 & L_1c_1+L_2c_1c_2 \\ s_1c_{23} & -s_1s_{23} & -c_1 & L_1s_1+L_2s_1c_2 \\ s_{23} & c_{23} & 0 & L_2s_2 \\ 0 & 0 & 0 & 1 \end{bmatrix}$$

11.
$$^0\boldsymbol{P}_{\text{tip}} = \begin{bmatrix} l_1\cos\theta_1 + l_2\cos\theta_1\cos\theta_2 \\ l_1\sin\theta_1 + l_2\sin\theta_1\cos\theta_2 \\ l_2\sin\theta_2 \end{bmatrix}$$

12. 略。

13. 由题得
$$\{G\} = \{T\}$$

因此
$$^B_W\boldsymbol{T}\,^W_T\boldsymbol{T} = ^B_S\boldsymbol{T}\,^S_G\boldsymbol{T}$$

可得
$$^W_T\boldsymbol{T} = ^B_W\boldsymbol{T}^{-1}\,^B_S\boldsymbol{T}\,^S_G\boldsymbol{T}$$

14. ~16. 略。

第 5 章

1.、2. 略。

3. $\theta_3 = 45°$ 或 $\theta_3 = 135°$。

4. $\theta_3 = -90°$。

5. ~8. 略。

9. 记机器人末端相对于基坐标系的微分运动为 $\Delta\boldsymbol{D}$，则有
$$\Delta\boldsymbol{D} = \boldsymbol{J}\Delta\boldsymbol{q}$$

计算得到
$$\Delta\boldsymbol{D} = \begin{bmatrix} 0 & -0.1 & 0.1 & 0 & -0.1 & 0.2 \end{bmatrix}^T$$

10.
$$\Delta\boldsymbol{q} = \begin{bmatrix} -0.06 & -0.02 & -0.188 & -0.94 & 0.10 & -0.09 \end{bmatrix}^T$$

11. 末端相对于基坐标系的雅可比矩阵（不考虑末端角速度）为
$$\boldsymbol{J} = \frac{\mathrm{d}}{\mathrm{d}\boldsymbol{q}}(^0\boldsymbol{P}_{2ORG}) = \begin{bmatrix} -a_1\sin\theta_1 & \sin\theta_2 \\ a_1\cos\theta_1 & \cos\theta_2 \\ 0 & 0 \end{bmatrix}$$

机器人处于奇异位形时，满足
$$|\boldsymbol{J}_{2\times 2}| = \begin{vmatrix} -a_1\sin\theta_1 & \sin\theta_2 \\ a_1\cos\theta_1 & \cos\theta_2 \end{vmatrix} = -a_1\sin\theta_1\cos\theta_2 - a_1\cos\theta_1\sin\theta_2 = 0$$

即
$$\theta_1 = -\theta_2 \quad \text{或} \quad \theta_1 = 270° - \theta_2$$

第6章

1. 对于一个均匀的、质量为 M、长度为 L、半径为 R 的刚性圆柱体,其惯性张量可表示为:

$$I = \begin{bmatrix} \frac{1}{12}M(3R^2+L^2) & 0 & 0 \\ 0 & \frac{1}{12}M(3R^2+L^2) & 0 \\ 0 & 0 & \frac{1}{2}MR^2 \end{bmatrix}$$

2.
$${}^1\dot{\boldsymbol{\omega}}_1 = \begin{bmatrix} 0 \\ 0 \\ 2c \end{bmatrix}$$

$${}^1\ddot{\boldsymbol{r}}_{c1} = \begin{bmatrix} -2(b+2ct)^2 \\ 4c \\ 0 \end{bmatrix}$$

3. 略。

第7章

1.
$$\begin{cases} \theta(t) = 40+7.5t^2-1.25t^3 \\ \dot{\theta}(t) = 15t-3.75t^2 \\ \ddot{\theta}(t) = 15-7.5t \end{cases}$$

2.
$$\begin{cases} \theta(t) = 20+6.5t^2-t^3 \\ \dot{\theta}(t) = 13t-3t^2 \\ \ddot{\theta}(t) = 13-6t \end{cases}$$

3. 因为该关节用5s从初始角度20°移动到80°角的中间点,然后再用5s运动到25°角的目标点,由于中间点前后的两段线段的斜率改变了符号,即0~5s加速,5~10s减速,因此通常将这种情况的中间点速度取为0,$\dot{\theta}(5) = 0$,则,

1) 当 $t=0\sim5$s 时,该关节角位置、角速度和角加速度方程:

$$\begin{cases} \theta(t) = 20+7.2t^2-0.96t^3 \\ \dot{\theta}(t) = 14.4t-2.88t^2 \\ \ddot{\theta}(t) = 14.4-5.76t \end{cases}$$

269

2) 当 $t = 5 \sim 10\mathrm{s}$ 时，该关节角位置、角速度和角加速度方程：

$$\begin{cases} \theta(t) = -195 + 132t - 19.8t^2 + 0.88t^3 \\ \dot{\theta}(t) = 132 - 39.6t + 2.64t^2 \\ \ddot{\theta}(t) = -39.6 + 5.28t \end{cases}$$

曲线图略。

4.

$$\begin{cases} \theta(t) = 5t^2 + \dfrac{190}{9}t^3 - \dfrac{100}{9}t^4 + \dfrac{40}{27}2t^5 \\ \dot{\theta}(t) = 10t + \dfrac{190}{3}t^2 - \dfrac{400}{9}t^3 + \dfrac{200}{27}t^4 \\ \ddot{\theta}(t) = 10 + \dfrac{380}{3}t - \dfrac{400}{3}t^2 + \dfrac{800}{27}t^3 \end{cases}$$

5. $t_a = \dfrac{4}{3}\mathrm{s}$，曲线图略。

6.～8. 略。

第 8 章　略。